工业和信息产业科技与教育专著出版资金资助出版

U0158154

雷达目标检测
稀疏域理论及应用

陈小龙　关　键　于晓涵　黄　勇　著

电子工业出版社

Publishing House of Electronics Industry

北京·BEIJING

内 容 简 介

本书主要介绍雷达目标检测稀疏域理论及其应用。全书分三部分共 9 章，内容包括雷达目标检测概述、稀疏表示和雷达回波稀疏特性、基于稀疏优化的稀疏时频分析雷达目标检测方法、基于稀疏傅里叶变换（SFT）的稀疏分数阶表示域动目标检测方法、基于自适应双门限SFT 的雷达动目标检测方法、稀疏分数阶表示域杂波抑制和动目标检测、稀疏长时间相参积累动目标检测方法、基于稀疏表示的阵列雷达空距频聚焦处理，以及回顾与展望。附录中给出了雷达数据库与海杂波抑制的内容和缩略语对照表。

本书可作为信号处理、目标检测和识别等相关专业研究生或高年级本科生的教学参考书，也可供从事该领域工作的研究人员或技术开发人员学习参考。

未经许可，不得以任何方式复制或抄袭本书之部分或全部内容。
版权所有，侵权必究。

图书在版编目（CIP）数据

雷达目标检测稀疏域理论及应用/陈小龙等著. —北京：电子工业出版社，2024.1
ISBN 978-7-121-46674-8

I. ①雷… II. ①陈… III. ①雷达目标－目标检测－研究 Ⅳ. ①TN951

中国国家版本馆 CIP 数据核字（2023）第 219282 号

责任编辑：谭海平
印　　刷：北京捷迅佳彩印刷有限公司
装　　订：北京捷迅佳彩印刷有限公司
出版发行：电子工业出版社
　　　　　北京市海淀区万寿路 173 信箱　　邮编：100036
开　　本：720×1000　1/16　印张：14.75　字数：297 千字
版　　次：2024 年 1 月第 1 版
印　　次：2024 年 1 月第 1 次印刷
定　　价：89.00 元

凡所购买电子工业出版社图书有缺损问题，请向购买书店调换。若书店售缺，请与本社发行部联系，联系及邮购电话：（010）88254888，88258888。

质量投诉请发邮件至 zlts@phei.com.cn，盗版侵权举报请发邮件至 dbqq@phei.com.cn。

本书咨询联系方式：（010）88254552，tan02@phei.com.cn。

陈小龙，海军航空大学教授，长期从事雷达弱小目标探测、智能信号处理等领域的研究工作。曾获国家自然科学基金优秀青年基金资助，已出版学术专著 3 部，其中 1 部获国家科学技术学术著作基金资助，参与制定中国电子学会标准 1 项。获省部级科技奖励 5 项。被评为中国电子学会优秀科技工作者，担任中国电子学会青工委委员、信号处理分会委员，《信号处理》《雷达学报》期刊优秀编委。

关键，海军航空大学教授。研究方向为海上目标探测。已出版专著 3 部，曾获国家科技进步二等奖 1 项、省部级科技奖一等奖 4 项；获中国科协"求是奖"、全国优秀博士学位论文奖；国家百千万人才工程国家级人选。

于晓涵，海军研究院工程师，海军航空大学博士；从事雷达目标检测、稀疏信号处理、大数据等方面的研究工作；作为主要完成人参与国家自然科学基金项目 1 项、军队"十四五"规划重点项目 2 项；已发表 SCI、EI 等高水平学术论文 9 篇，获得国家/国防发明专利 5 项。

黄勇，海军航空大学教授，研究领域为雷达信号处理、海上目标探测。曾获首届山东省高等学校青创科技团队带头人、山东省优秀创新团队"信息融合及应用创新团队"核心成员等荣誉。发表学术论文 50 余篇，获得国家发明专利 20 余项，出版专著 2 部。获省部级奖励 3 项。

序 一

　　复杂背景下雷达微弱目标检测是雷达领域的一大难题，基于傅里叶变换的传统处理方法难以获得理想或满足实际需求的探测性能，亟需发展新的目标检测理论和方法。本书紧密围绕复杂环境下低可观测目标探测，集中介绍了域理论及其在雷达目标检测中的应用。全书共分三部分。第一部分介绍基于优化求解的稀疏时频分析理论，将稀疏表示理论引入时频分析方法中，构建了短时稀疏域理论模型，提出了多种短时稀疏变换动目标检测方法。第二部分介绍基于稀疏傅里叶变换（SFT）的快速稀疏变换理论，主要针对强杂波抑制及恒虚警检测器设计，使其更好地适应复杂多变的雷达目标探测环境，包括稀疏分数阶傅里叶变换、稀疏分数阶模糊函数、自适应双门限 SFT、稳健稀疏分数域处理及杂波抑制等方法。第三部分为稀疏长时间相参积累理论，通过延长观测时间提高积累增益，同时利用稀疏变换的优势实现快速运算。

　　本书将传统的傅里叶变换雷达动目标检测方法扩展为稀疏域，既扩展了信号处理的维度，又延伸了稀疏表示和经典时频变换的理论及应用。因此，对促进学科专业发展具有重要意义。本书注重原理，联系应用，大部分方法经过雷达实测数据验证，为复杂动目标检测及精细化处理提供了有效支撑，具有重要的理论价值和应用价值。

序　二

　　稀疏表示自提出以来，已在电气工程、计算机视觉和图像处理等领域得到了广泛应用，尽管已有很多优秀的专著书籍，但目前还没有雷达信号处理和目标检测相关专著出版，关于稀疏变换也鲜有涉及。本书作者团队深耕雷达信号处理二十余年，在恒虚警检测、分形处理、变换域检测等领域深入研究，已出版三本学术专著。本书从精细化特征提取、大数据量高效处理等角度，主要介绍雷达目标检测的稀疏域理论及应用，利用目标回波在多种表示域中具有稀疏性的特点，创新性地将动目标检测问题转换为稀疏域中的求解和检测问题，分别以稀疏优化和稀疏傅里叶变换为基础，发展和完善了雷达稀疏变换理论模型，提出了高分辨时频特征提取和检测方法。

　　本书涵盖了经典雷达动目标检测方法、稀疏表示、时频变换、分数阶傅里叶变换理论、稀疏傅里叶变换、长时间相参积累、阵列雷达信号处理等内容，从稀疏表示、稀疏时频分布、稀疏分数阶处理、稀疏长时间相参积累、杂波抑制、目标检测等多个角度阐述，各章之间紧密联系并递进，便于读者理解掌握，对于从事复杂场景下雷达弱小目标检测、目标识别等领域的专业技术人员有重要的参考价值，是一本很好的学术专著。

　　本书作者团队围绕雷达目标探测，长期开展海上目标探测试验，获取了不同平台、不同波段、不同海况、多种目标的雷达实测数据，用于验证本书的理论和方法，并且进行了详细深入的分析与讨论，部分成果已在多型雷达装备中得到了验证和应用。愿本书的出版能对稀疏域信号处理理论的发展及提升雷达目标探测能力起到重要作用。

前　言

雷达作为目标探测和监视领域的主要手段，在军事和民用领域都发挥着重要作用。然而，受复杂探测环境和目标复杂运动特性的影响，目标回波不同程度地表现出低可观测性。低可观测目标回波信杂比（SCR）低，且具有非平稳、非均匀特性，这增大了雷达探测的难度。此外，新体制雷达多采用数字化阵列技术，在提高信号采样质量的同时增加了数据量，对系统的实时处理性能提出了更高的要求。因此，迫切需要创新雷达探测技术，亟待发展高时频分辨率、大数据量、自适应以及适用于多分量信号分析的方法和手段。

本书在分析总结国内外主要工作的基础上，结合团队近五年的研究成果与工程实践经验，阐述稀疏域理论雷达目标检测方法。团队在雷达目标检测领域已出版三本学术专著：第一本是《雷达目标检测与恒虚警处理》（清华大学出版社），全面介绍了近年来雷达目标检测领域的新技术和新进展，讨论如何自适应形成门限，实现恒虚警（CFAR）检测，目前已出版了第三版；第二本是《雷达目标检测的分形理论及应用》（电子工业出版社），主要通过非线性分形特征区分杂波和目标；第三本是《雷达目标检测分数域理论及应用》（科学出版社），该书获得2020 年国家科学技术学术著作出版基金资助，主要从目标能量积累和信杂比改善的角度，介绍分数阶傅里叶变换（FRFT）抑制杂波和检测微动信号的方法与应用。本书则从精细化特征提取、大数据量高效处理等角度，介绍雷达目标检测的稀疏域理论及应用，内容涵盖经典雷达动目标检测方法、稀疏表示、时频变换、分数阶傅里叶变换理论、稀疏傅里叶变换、长时间相参积累、杂波抑制、目标检测器设计等，结合稀疏表示和稀疏变换的优势，在稀疏域实现雷达回波的高分辨率、低复杂度时频表示，并进行目标检测和运动参数估计。书中部分方法已在导航雷达、机载对海搜索雷达、高分辨调频连续波雷达、探鸟雷达等系统中得到验证和应用。

全书分三部分，共 9 章，各章节的具体内容安排如下。

第一部分包括第 1 章～第 3 章，基于稀疏优化求解的稀疏变换理论，实现动目标高分辨时频表示。第 1 章对雷达动目标检测技术进行概述，介绍稀疏域动目标检测技术的研究现状，对其优势及存在的问题进行分析。第 2 章介绍稀疏表示的基本原理及常用的稀疏分解方法，并在时频分布模型的基础上采用实测数据分析雷达回波稀疏特性；第 3 章重点阐述短时稀疏分数阶表示域（ST-SFRRD）的理论模型及动目标检测方法。

第二部分包括第 4 章～第 6 章，基于稀疏傅里叶变换（SFT）的稀疏变换理论，实现杂波背景下动目标的快速 CFAR 检测。第 4 章重点介绍 SFT 的基本框架、快速实现方法，以及稀疏 FRFT（SFRFT）和稀疏分数阶模糊函数（SFRAF）动目标检测器。第 5 章和第 6 章重点阐述稀疏变换杂波抑制和 CFAR 检测器设计方法，主要介绍自适应双门限 SFT、稳健 SFRFT、SFRAF 自适应杂波抑制及动目标检测方法，实现强杂波背景中动目标的有效检测。

第三部分包括第 7 章～第 9 章，介绍新体制雷达稀疏变换长时间处理理论。第 7 章首先阐述雷达长时间积累的概念和模型，然后分别从参数搜索类长时间相参积累（LTCI）、稀疏变换 LTCI、非参数搜索 LTCI 及杂波虚警点剔除等方面介绍稀疏 LTCI 动目标检测方法，实现跨距离和多普勒单元的动目标回波的快速积累和检测。第 8 章首先介绍基于稀疏表示的阵列雷达空距频聚焦处理方法。第 9 章介绍稀疏表示技术在雷达信号处理中的应用展望，主要包括稀疏表示与新体制雷达信号处理、高分辨成像、深度学习、目标识别等内容。

本书的出版得到了工业和信息产业科技与教育专著出版资金、国家自然科学基金、山东省自然科学基金、山东省重点研发计划等项目的支持。本书由陈小龙、关键、于晓涵、黄勇著，陈小龙统稿，薛永华、汪兴海、刘宁波、王国庆、赵志坚、丁昊、董云龙、张林、周伟、张海、苏宁远、陈宝欣、牟效乾、裴家正等参与了试验数据的采集与处理工作，在此向他们表示感谢。特别感谢何友院士、龙腾院士、廖桂生教授、陶然教授对我们的研究工作所给予的指导、关心和帮助，以及为本书提出的宝贵意见和建议。书中引用了一些作者的论著及研究成果，在此也向他们表示深深的感谢。

本书难以覆盖所有方面，书中若有不妥之处，恳请读者批评指正。

联系人：陈小龙；E-mail：cxlcxl1209@163.com。

2023 年 8 月

目　录

第1章 雷达目标检测概述

1.1 雷达目标检测研究现状

1.1.1 雷达目标检测面临的难题

雷达作为目标探测的主要手段，在环境监视和预警探测等民用和军事领域发挥着重要的作用。然而，受目标复杂运动特性和复杂背景环境的影响，目标回波不同程度地表现出低可观测特性，增大了雷达探测的难度。复杂背景下低可观测目标的有效检测已成为雷达技术领域的世界性难题[1]，具体表现为：① 目标特性复杂，种类多样，包括"低、慢、小、快、隐"等多种类型，表现出不同的雷达散射特性和多普勒特性，检测难度大[4]；② 雷达探测环境复杂，背景杂波认知难度大（地杂波、海杂波、气象杂波等），杂波对目标检测产生不利影响，强杂波极易淹没目标回波信号，并形成大量类似于目标的尖峰信号，如海尖峰，严重影响雷达对低可观测目标的探测性能；③ 雷达观测范围广，回波数据量大，新体制雷达如相控阵雷达、泛探雷达、多输入多输出（Multiple-Input and Multiple-Output，MIMO）雷达[10]等，多采用数字化阵列等技术，在提高信号采样质量的同时进一步增加了数据量，从而对算法的运算效率和系统实时性提出了更高的要求。因此，迫切需要研究新型低可观测目标检测理论和方法，以适应复杂环境和目标特性带来的挑战。

低可观测目标回波信杂/噪比（Signal-to-Clutter/Noise Ratio，SCR/SNR）低，且呈现出非均匀和非平稳特性[11]。为了有效抑制杂波、提高目标回波的SNR/SCR，现代雷达普遍采用了大系统带宽的高分辨雷达体制，以提高对目标精细化描述的能力，但在目标探测方面还存在较多的问题：对慢速微弱目标探测与鉴别的能力相对较弱；针对隐形目标的探测能力尚显不足；对地和对海观测时，杂波幅度强、抑制效果差；大带宽和高数据量带来的运算量显著增加；多利用回波信号的幅度和多普勒信息，对目标的精细化描述能力差等。因此，研究高分辨率、大数据量、自适应及适用于非平稳信号的处理方法和手段，对雷达动目标探测性能的提升具有重要意义。

1.1.2 雷达目标统计检测

一般情况下，噪声均作为随机信号看待，而由于杂波的似噪声性，一般都将杂波条件下的目标检测问题视为统计检测理论范畴的问题。通常做法是将海杂波建模为各种统计分布，然后做统计假设检验，目标检测问题便可归结为一个二元假设检验问题，传统的二元信号假设检验采用基于似然比的假设检验方法，方法流程如图 1.1 所示[12]。在计算似然比函数时，经典的目标检测方法根据不同的实际情况对目标信号、杂波与噪声做不同的假设，从而形成多种不同的最佳检测系统，如相关检测器、匹配滤波器等。图 1.1 中的门限判决主要采用贝叶斯、极小极大或尼曼－皮尔逊等准则进行选取。在处理过程中，传统的目标检测方法是对待检测信号的时域（或频域）幅度进行建模与处理，利用目标与杂波在时域（或频域）中的位置或幅度差异进行区分，此类检测方法可归为能量检测器范畴，因此传统目标检测器的性能受 SCR/SNR 的影响较大，在信杂（噪）比较低时，能量检测器通常不具有良好的目标检测性能。

图 1.1　经典雷达目标检测流程图

半个多世纪以来，雷达目标检测方法的研究基本上都是基于统计理论的，即将回波信号视为随机序列，采用统计模型对杂波幅度建模，然后从杂波中提取各种统计特征构造能量检测器，以实现目标检测。但是，雷达目标检测研究发展至今，待检测目标与目标所处的环境都已相当复杂，目标和杂波模型均呈多样化发展趋势，尤其是杂波分布模型，在现代目标检测的复杂环境中往往不成立或者不完全成立，这就使得经典雷达目标检测方法因模型失配而不能取得预期的检测结果。另外，雷达目标检测所面临的是种类繁多的杂波与干扰，由它们构成的环境往往是非线性的、时变的，尤其是随着雷达自身技术的发展，如新体制的采用、分辨率的提高等，回波信号变得非平稳、非高斯。此时，经典雷达目标检测方法所做的独立、线性、平稳、高斯背景等假设不成立，或者不完全成立，原来设计的最佳目标检测策略的性能必然下降。

经典的雷达低可观测目标检测理论，尤其是杂波背景下的雷达目标检测理论，是建立在杂波是随机过程的基础上的，杂波的统计模型研究时间最长、发展最成熟，同时又是最基本的一种杂波模型。但是，杂波的产生通常依赖于诸多因素，如海杂波，包括雷达的工作状态（入射角、发射频率、极化、分辨率等）和环境状况（如海况、风速、风向等）。随着基于统计理论的目标检测技术不断向深化、复杂化方向发展，新出现的统计模型更贴近实际，但都是针对特定背景或者特定环境的，而且提出的越来越复杂的检测方法带来的是实时性的急剧降低或者缺乏可实现性。

雷达目标检测技术在实际应用过程中面临的背景并不是三类背景（即均匀背景、杂波边缘背景和多目标环境）中的任意单一类型，而是由海面、岛屿、陆地、其他目标、强散射点距离旁瓣以及不同海情等形成的、涵盖三类背景类型的复杂非均匀环境，这就使得基于统计模型的常规目标检测技术面临两难的参数选择问题。基于背景杂波统计分布的雷达目标检测方法的典型代表是恒虚警检测器（Constant False Alarm Rate，CFAR），根据杂波的分布模型可分为高斯杂波模型与非高斯杂波背景模型下的 CFAR 检测器；根据数据处理方式的不同可分为参量型与非参量型 CFAR 技术；根据数据处理域的不同可分为时域 CFAR 技术和频域 CFAR 技术；根据数据形式的不同又可分为标量 CFAR 算法与向量 CFAR 算法。另外，还可分为单参数 CFAR 算法与多参数 CFAR 算法、单传感器与多传感器 CFAR 算法[12]。

　　CFAR 检测技术在形成检测门限时一般包括两个步骤：一是估计背景均值，二是计算门限因子。这两个步骤很大程度上都依赖于对背景杂波类型的假设。其中，在 CFAR 要求下，门限因子的计算依赖于对背景杂波统计分布类型的假设，但是在目前的工程实际应用中，很难获得复杂非均匀环境下每个距离单元背景杂波的统计分布类型，因此也很难根据设定的虚警概率来求得门限因子。在估计背景均值时，传统 CFAR 检测方法总是基于背景类型的某个假设来获取足够的独立同分布样本。例如，工程中常用的单元平均 CFAR（Cell average-CFAR，CA-CFAR）方法基于均匀背景假设，相应的检测单元背景均值是用邻近距离单元的样本均值来估计的；选大 CFAR（Greatest Of-CFAR，GO-CFAR）方法则基于杂波边缘背景假设，相应的检测单元背景均值是通过选择两侧邻近距离单元样本均值中的较大者来估计的；选小 CFAR（Smallest of-CFAR，SO-CFAR）方法则基于单边有多目标的背景假设，相应的检测单元背景均值是通过选择两侧邻近距离单元样本均值中的较小者来估计的。然而，在实际雷达工作环境中，多数是针对复杂非均匀环境的。这种复杂非均匀环境使得基于单一背景类型假设设计的 CFAR 检测算法难以获得足够的独立同分布样本来进行背景均值估计，同时保护距离单元数和参考距离单元数的设置往往面临着两难问题。

　　因此，经典的目标检测方法在复杂的目标检测环境和日益提高的现代目标检测要求下，越来越显得捉襟见肘，主要表现在两个方面：① 难以适应现代多样化的目标信号模型；② 对目标检测环境的时变性、非平稳性考虑不足，当杂波分布类型偏离假设时，检测器的性能往往大幅下降，甚至难以保持 CFAR 性能。

　　在相干雷达脉冲体制下，自适应类检测算法将海杂波建立在某种特定的统计模型下[13]，发展出了一系列对应于该模型的最优或近最优检测器，自适应检测方法流程图如图 1.2 所示[14]。经典方法有广义似然比检测器（Generalized Likelihood Ratio Test，GLRT）和自适应匹配滤波（Adaptive Matched Filter，AMF）检测器等。自适应检测方法适用于短时相干累积，主要用于搜索或扫描模式下的广域警戒雷达和监视雷达，因为要兼顾扫描效率，所以通常在一个波位驻留时间内，可积累的脉冲数有限。然而，当目标速度较低时，目标回波往往会淹没在强杂波中，这时需要长时间的观测，采用提高积累脉冲数的办法改善信杂比，因此对于微弱目标检测，自适应检测方法性能存在较大程度的下降。

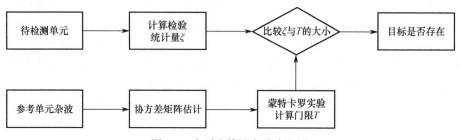

图 1.2　自适应检测方法流程图

1.1.3　雷达目标特征检测

采用杂波和目标回波的一个或多个差异性特征实现联合检测的方法，称为**基于特征的检测技术**，简称**特征检测技术**[14]。海杂波背景下基于多特征的检测方法通过对雷达和目标回波提取具有差异性的特征，将杂波与目标高重叠的观测空间降维到低重叠的特征空间，在特征空间中对目标进行检测。图 1.3 所示为特征检测方法的流程图。

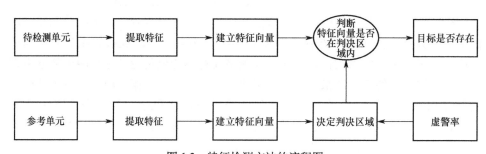

图 1.3　特征检测方法的流程图

传统杂波中的目标检测技术研究主要依赖于某种统计特征，且期望所提特征对杂波和目标具有稳定的差异度和线性可分性，但这一研究过程未系统全面地考虑两个方面的因素：① 背景杂波是一个多参数函数，即雷达系统参数（包括雷达频段、极化方式、脉冲重频、掠射角、观测距离、分辨单元尺寸、扫描速度、发射波形等）和环境参数（包括海域、海况、风速、风向、云雨、大气与海洋温度等）的函数，杂波与诸多参数间表现为复杂的非线性依赖关系，且依各参数呈现出不同的非线性规律，这些信息对增强不同频段杂波与目标特征差异度是十分有益的，但在形成统计特征过程中未被充分利用；② 存在目标时，目标与杂波间不是简单的线性叠加关系，而是复杂的非线性合成关系，但在线性近似或模型简化的过程中往往会损失部分信息，导致仅有局部信息用于区分杂波和目标，实际上这种非线性关系往往会使杂波与目标间存在一种非线性可分的状态。

对低可观测目标进行检测时，判断目标的有无其实是对目标和杂波或噪声进行分类，特征检测器就基于这样的思想，即判断回波是否属于背景所在的类。大致的思路是提取出目标回波和背景杂波之间稳健的、具有可分性的特征空间，根据特征的差别做出判别。基于这种架构，有些研究人员设计了目标检测的创新方法。最典型的方法是利用目标和杂波背景的非线性特征差异设计检测器，非线性特性是杂波复杂性的直观体现，相关文献已分别从散射机理和实测数据等方面研究了杂波的非线性特性，尤其是海杂波[15]。从内容上看，非线性是对传统统计分布特性的补充和完善，它们是研究同一问题的不同数学工具。分形属于非线性特性研究领域的典型内容，它主要研究杂波的起伏结构。分形模型可以较好地描述信号的粗糙程度，背景与目标的粗糙程度不同，其分形特征有所差异，因此可将该差异用于目标检测。然而，时域分形差异特征在低 SNR/SCR 条件下不明显，检测性能下降。为此，有学者研究了变换域中的非线性特征检测方法，将回波信号进行相参积累后构造非线性特征差异，提高了该类检测方法对低可观测目标的检测能力，但对回波时间序列的长度和训练数据的数据量具有很高的要求，极大地增加了算法复杂性，且变换域非线性特征的理论机理尚不完备，仅适合特定条件下的数据分析和目标检测。

随着特征的增多，我们能够更全面地反映目标和杂波的差异性，且利用机器学习算法对高维特征空间进行目标检测的方法也被人们相继提出，极大地提高了检测性能。随着特征数量的增多，单一特征检测会造成一定的性能损失，联合多特征进行检测是大势所趋。然而，联合多特征检测中如何确定检测门限成了多特征检测的难题。

1.2 雷达动目标检测技术概述

1.2.1 经典动目标检测及杂波抑制方法

对于雷达动目标，往往利用多普勒信息对其进行积累检测。高速动目标，例如飞机、导弹等，其回波信号多具有较大的多普勒频移，而杂波通常处于静止或者慢速运动状态，其能量主要集中在低频段，用相应的低通滤波器对回波信号进行处理，慢速杂波的能量就能被有效滤除。这种利用径向速度差异抑制杂波的方法称为动目标显示（Moving Target Indication，MTI）[16]。MTI 通常仅利用少数几个脉冲即可实现，具有计算简单的优点，但其无法对目标的速度进行估计。通过在 MTI 后面串接一个窄带多普勒滤波器组来覆盖整个重复频率的范围，从而达到动目标检测的目的，即为经典的动目标检测（Moving Target Detection，MTD）[17]。MTD 利用杂波和目标多普勒频率的差异从杂波中检测目标，同时能够根据滤波器的输出计算出多普勒频移来估计目标的径向速度。然而，当背景杂波较强时，杂波谱在多普勒域中有一定的展宽，导致动目标的多普勒频率淹没在杂波谱内，此时采用 MTI 和 MTD 技术对动目标进行检测将变得十分困难[18]。此外，MTD 方法基于傅里叶变换（Fourier Transform，FT）实现，其形成的多普勒滤波器组仅适用于分析平稳的匀速运动目标，而对运动特性复杂的动目标，经 MTD 处理后的回波频谱将跨越多个多普勒单元，能量发散，难以在单一多普勒通道内形成峰值，检测性能下降。

1.2.2　基于时频变换的动目标检测方法

对于运动目标，其多普勒频率与运动速度近似为线性关系，匀加速、变加速等高机动目标的回波均体现为对多普勒的调制，可建模为频率调制（Frequency Modulation，FM）信号。FM 信号最显著的特点就是频率随时间变化，具有时变特性。时频变换方法将一维频域处理扩展为时间－频率二维处理，能够反映多普勒频率随时间的变化，是分析时变信号的有力工具。时频变换整体上可分为线性变换和非线性变换两种类型。典型的线性时频变换方法包括短时 FT（Short-time FT，STFT）[19]和小波变换（Wavelet Transform，WT）[20]等。STFT 在快速 FT（Fast FT，FFT）的基础上加上一个长度恒定的滑动时间窗函数，可以得到信号的时频分布（Time-Frequency Distribution，TFD），但是受不确定原理的制约，其时间分辨率和频率分辨率不能同时得到优化。WT 采用可调的时频窗，较好地解决了时间分辨率和频率分辨率的矛盾，但在实际中小波基的选取较为困难，分解层数也需要预先设置，而且分解的细节系数中很可能包含部分目标信息，导致 SCR 损失。在非线性变换方法中，最典型的是 Wigner-Vill 分布（Wigner-Vill Distribution，WVD）[21]，它定义为信号自相关函数的傅里叶变换，对非平稳信号具有良好的时频聚集性，但由于 WVD 是一种二次型时频分布，当输入信号为多分量信号时，产生的交叉项将严重干扰目标的检测。平滑伪 WVD（Smoothed Pseudo WVD，SPWVD）[22]通过对 WVD 施加窗函数和平滑函数，可以有效地抑制交叉项，但其时频聚集性下降，且运算量大，在实际工程中的应用受限。

以 FT 为核心的理论体系在处理平稳信号时显示出了极佳的性能，但雷达低可观测动目标的 SCR 低，回波信号常呈现出时变、非平稳、非均匀等复杂特性，FT 理论体系在用于雷达目标探测领域时遇到了新的挑战。作为 FT 的广义形式，分数阶傅里叶变换（Fractional FT，FRFT）[23, 24]对线性调频（Linear FM，LFM）信号具有良好的能量聚集性，能够实现介于时域和频域之间的任意分数域表征，适合于处理时变的非平稳信号，且无交叉项的干扰，引起了信号处理领域的广泛关注，大批学者对基于 FRFT 的理论体系展开了系统而深入的研究[25]。在雷达动目标检测方面，陈小龙等人[32]针对海上动目标回波 SCR 低、难以有效积累等问题，研究了分数域海杂波抑制与动目标检测方法，采用 FRFT 谱[18]及短时 FRFT（Short-Time FRFT，STFRFT）对目标信号匹配增强，实现了时变非平稳信号的高分辨时频表示。

基于时频变换的雷达目标检测方法实质上是时间和多普勒维对 MTD 方法的扩展，能够提升雷达对非平稳信号的处理性能。但是，该类方法多为参数搜索类方法，例如 FRFT 需要对变换角进行匹配搜索，运算效率难以满足实际要求，且参数估计精度受时频分辨率和搜索步长的限制。此外，若变换方法与目标运动特性不匹配，则相参积累增益低，难以达到显著改善 SCR 的效果。

1.2.3 动目标长时间积累检测方法

在雷达目标检测中，可以通过延长积累时间来增加目标能量，改善信号的 SCR/SNR，从而提高对动目标的检测性能，也就是通常所说的长时间积累[33, 34]。数字相控阵雷达和 MIMO 雷达的发展，为目标的长时间积累提供了可能性。根据积累时是否利用了信号的相位信息，可将长时间积累方法分为非相参积累和相参积累两类。非相参积累方法因对 SCR/SNR 的改善效果不明显，多数不适用于复杂背景下的动目标检测问题。目标的高速运动和高机动性（加速、高阶运动及转动等）会导致雷达回波在积累时间内产生距离徙动（Range Cell Migration，RCM）和多普勒徙动（Doppler Frequency Migration，DFM）效应[35]，使得目标能量在距离维和多普勒维均发散，传统相参积累方法，如基于单个距离单元的 MTD，积累增益和检测性能严重下降[39, 40]。而长时间相参积累方法能够有效地完成 RCM 和 DFM 补偿，极大地提高目标信号的积累增益，进而提高雷达对低可观测动目标的探测能力。图 1.4 所示为南非科学与工业研究中心（Centre of Scientific and Industrial Research，CSIR）对海雷达数据库（见附录 A）中 TFC17-006 数据进行的分析，即海上动目标的距离和多普勒徙动，其中图 1.4(a)所示的距离—时间图表明雷达观测时间为 100s，观测范围约为 45 个距离单元，仅通过幅度难以从强海杂波中发现目标。图 1.4(b)所示为目标距离徙动、GPS 轨迹和多项式拟合曲线，可知目标在观测时间内跨越了多个距离单元，具有高机动特性。进一步分析回波的时频谱图 [见图 1.4(c)]，可以看出目标多普勒频率随时间变化，近似有周期振荡性，海杂波频谱较宽，覆盖了大部分目标频谱。因此，目标回波能量在距离维和多普勒维均发散，需要进行补偿，以提高相参积累增益。

目前，根据目标运动特征的不同，长时间相参积累方法大致可分为以下三类（见图 1.5）[41]：① 第一类方法基于匀速运动模型，即假设目标在积累时间内作匀速运动。典型方法包括 Radon FT（RFT）[42]、Keystone 变换（Keystone Transform，KT）[43, 44]、时间序列反转变换[45]、变尺度逆 FT[46]等，其中 RFT 和 KT 使用最广泛，二者分别通过距离—速度维联合搜索和尺度变换进行 RCM 补偿。

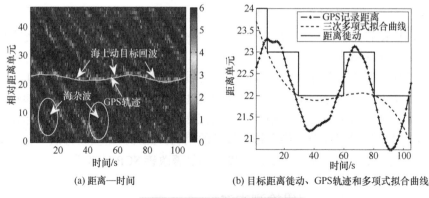

(a) 距离—时间

(b) 目标距离徙动、GPS轨迹和多项式拟合曲线

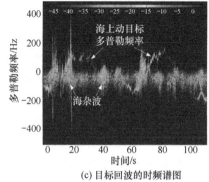

(c) 目标回波的时频谱图

图 1.4 海上动目标的距离和多普勒徙动（X 波段 CSIR 雷达数据）

但是，此类方法仅能消除 RCM 效应而无法对 DFM 进行补偿。② 第二类方法基于匀加速运动模型，典型方法包括 Radon FRFT（RFRFT）[47]、Radon Lv 分布（Radon Lv's Distribution，RLVD）[48]、Radon 线性正则变换（Radon Linear Canonical Transform，RLCT）[49]等，可用于空中高速高机动目标及海上微弱动目标的检测。③ 第三类方法考虑了目标的急动度，基于变加速运动模型，如广义 RFT（Generalized RFT，GRFT）[50]、相邻互相关函数（Adjacent Cross Correlation Function，ACCF）[51]、Radon 线性正则模糊函数（Radon Linear Canonical Ambiguity Function，RLCAF）[52]、离散多项式相位变换（Discrete Polynomial-Phase Transform，DPPT）[53]等方法。其中，GRFT 通过多维联合搜索可以获得最优的积累性能，但运算量较大；基于 ACCF 的积累方法计算复杂度最低，但需要以牺牲积累增益和检测性能为代价；而基于 DPPT 的积累方法需要在相参积累性能和计算复杂度之间进行折中。另外，分步徙动校正法也是一类有效的长时间相参积累方法，例如采用广义 KT 和去斜方法分别对距离和多普勒徙动进行分步补偿[38]，但该类方法的问题是后续多普勒徙动补偿的效果受距离徙动补偿结果的影响。此外，无变换参数搜索法也是该领域的热点研究方向，这种方法可直接将目标的运动特征体现在设计的变换域中，以提高参数估计精度[2]。

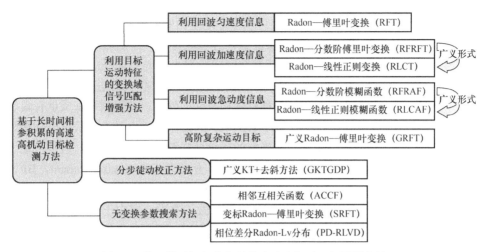

图 1.5　基于长时间相参积累的高速高机动目标检测方法

时频变换类和长时间相参积累等方法极大推动了雷达动目标检测理论和应用的发展，但在复杂探测环境下，性能仍有待改进，主要体现如下：① 积累和检测方法的通用性差，处理过程复杂，参数和影响因素多；② 需要大量的回波脉冲做积累，多适用于凝视或重点观测模式，受目标运动及雷达资源的限制，需要权衡积累脉冲数和积累增益，如何利用有限的回波脉冲在短时观测条件下有效地提取目标的特征并用于检测，成为亟需研究的问题；③ 单一变换和处理方法难以有效应对复杂的目标运动特性。因此，仍需研究计算效率高、可靠性强、适用于复杂背景和多目标特性的信号分析方法。

1.3　稀疏域动目标检测技术研究现状

近年来，随着压缩感知（Compressive Sensing，CS）[54]理论的发展，稀疏表示技术[58]引起了国内外学者的广泛关注。这种技术的基本思想是，利用信号在某个域中的稀疏特性，采用少量的观测样本，通过求解最优化问题，在稀疏域中实现对信号的高分辨表示。稀疏表示技术在信号处理、图像处理、机器学习和计算机视觉等领域表现出了巨大的应用潜力，也为雷达探测技术提供了新的研究思路。此外，雷达体制的变革为信号的高分辨和精细化处理提供了硬件平台支撑，进而为雷达信号处理提供了新的途径。尽管稀疏表示处理方法能够突破采样定理的限制，具有高分辨、适合多类信号分析等优点，但用于复杂背景下的雷达动目标检测时仍有很多问题亟待解决和研究。

1.3.1　稀疏表示技术研究概述及优势

CS 是信号获取与压缩重构的有效途径，它突破了采样定理的限制，且在压缩后的信号中即使丢失了某几项，仍然可以很好地重构原始信号。因此，CS 理论在信号提取、雷达目标检测、成像和特征识别等领域有着广泛的应用前景。在将雷达信号映射到低维空间上后，仅在低维空间中提取少量的主采样值就能重构出原始数据，这种函数的数量远小于未知参数的情况对稀疏重构算法提出了很高的要求，于是 CS 算法的有效性就取决于稀疏重构算法的性能。在观测矩阵满足有限等距约束（Restricted Isometry Property，RIP）[59]的条件下，由于 l_1 范数可以获得与 l_0 范数最小化问题一致的最优解，在当前的压缩感知算法中应用广泛。但是，基于 l_1 范数最小的凸优化方法的算法原理相对简单，例如基追踪（Basis Pursuit，BP）等。缺点是计算量大、收敛慢、运行时间长，且重构容易出现误差。贪婪算法是另一种典型的稀疏重构算法，它在重构速度上做了改进，但由于一般求解得到的是问题的局部最优解，其精度仍然不够准确。此外，还有非凸优化算法思想，如Focal Underdetermined System Solver（FOCUSS）算法及基于贝叶斯统计的反演算法等，它们通过引入一些合理的假设，重构精度更高。

　　稀疏表示技术[58, 60]起源于压缩感知，是一种典型的线性表示方法（Linear Representation Methods，LRM）[61, 62]。压缩感知理论突破了采样定理的限制，对噪声不敏感，且具有可压缩性的信号即使通过少量的观测值也能够重构原始信号[64, 65]。作为压缩感知理论必不可少的前提条件，稀疏表示技术在信号处理、图像处理、机器学习和计算机视觉等领域有着广泛的应用前景[65]。传统信号稀疏表示的研究一般都建立在某些正交变换基的基础上，如经典的 FT、离散 WT（Discrete WT，DWT）、离散余弦变换（Discrete Cosine Transform，DCT）等[67]。由于信号自身的构成可能错综复杂，采用单一空间正交基对信号进行稀疏表示往往不能取得较好的效果，这种建立在正交基上的信号分解方法具有一定的局限性。因此，一些学者开始考虑将信号投影到几个不同的组合正交基上，以获得更好的稀疏表达[73]。实验表明，基于组合正交基的稀疏分解方法能够获得比单一基下更稀疏的表示结果，同时有效提高总体计算速度[75]。上述稀疏表示方法已被广泛用于图像处理领域，但其对复杂信号，尤其是时频变化范围很广的信号，处理效果仍不理想。如何根据信号自身的特点，自适应地选择合适的基函数，最稀疏地表达信号，近年来引起了一些学者的极大研究兴趣。Mallat 最早提出了基于过完备字典的信号稀疏表示方法[76]，其基本思想是，用过完备的冗余函数库取代基函数，成为过完备字典，将字典中的元素称为**原子**，此时字典的构成不再局限于正交基。目前信号在过完备字典下的稀疏表示研究主要集中在两个方面：一是如何构造符合信号特征的过完备字典，并提高过完备字典的普适性，字典的建立一般可以通过特定的线性变换或者从信号样本中进行学习[77, 78]；二是如何设计合适的稀疏分解算法，以快速有效地实现信号的稀疏表示，稀疏分解优化算法大致可以分为贪婪算法[79, 80]、约束优化策略[81]、逼近算法[82]、同伦算法[83]等四类。

　　稀疏表示中的原子模型应尽可能好地逼近信号结构，然后进行稀疏求解以求取系数，因此基于稀疏表示的信号分析方法也是参数模型分析方法的一种[84]。作为一种新兴的信号处理方法，其在雷达信号处理方面具有很大的优势：① 对于多分量信号，通过稀疏分解能够实现信号分离，将多分量信号转化为单分量信号进行处理，从而避免交叉项的影响[85, 86]；② 利用目标与杂波或噪声的稀疏性差异，在目标稀疏域抑制杂波或噪声，改善 SCR/SNR，有利于提高杂波或噪声干扰下微弱信号的检测性能[87]；③ 基于信号稀疏表示的参数估计方法对频率具有超分辨能力，从而有利于描述目标的精细运动特征[88]；④ 结合快速算法，能够降低运算量，提高运算效率[89]。

1.3.2 稀疏域杂波特性分析及抑制

基于变换域的杂波抑制方法实质上利用了杂波在这些域中的稀疏性，但在这方面研究得更多的是从有效积累目标能量的角度来考虑的，而从回波信号特征的角度分析稀疏特性的研究尚未见报道。杂波回波在距离单元之间和多普勒单元之间存在相关性，因此隐含着固有的、稀疏的信息，可在某种空间基下或某个字典下稀疏表示，即可用包含杂波绝大部分信息的少数系数来稀疏表示杂波的本质特征，利用杂波的相关性进行稀疏表示和建模，可以达到抑制杂波的目的，提高对微弱运动目标的探测性能[90]。

目前，已有不少学者意识到 CS 和稀疏表示理论在雷达信号处理与检测方面的重要性，美国等国家的知名大学如加州理工大学、斯坦福大学、莱斯大学、杜克大学等都成立了专门的课题组对信号稀疏性进行研究。"CS 理论在雷达、声呐和遥感中的应用（CoSeRa）"系列国际会议（由 IEEE 信号处理 SP 分会、航空 AESS 分会和 IET 承办）已举办了多届，涉及信号稀疏特性分析、高分辨成像、目标检测、阵列信号处理等内容，为提高雷达性能提供了新的思路。

国内关于稀疏表示的研究主要集中在稀疏重构理论算法研究、无线电、雷达信号检测、SAR 成像、遥感图像处理等方面。众多高校和科研机构也开始跟踪稀疏表示方面的研究，如清华大学、中国科学院电子所、西安交通大学、国防科技大学、西安电子科技大学、深圳大学等。目前，从已有的文献来看，稀疏域信号分析方法多用于噪声抑制：一方面是对含噪信号进行稀疏分解，分解为稀疏成分和其他成分，其中的稀疏成分是有用信息，其他成分被认为是噪声，再由信号的稀疏部分重建原始信号，达到恢复原始信号并去除噪声的效果；另一方面是从字典中选取适当的原子表示纯净信号，进而将纯净信号从含噪信号中分离出来。此外，采用训练的过完备字典线性组合对杂波进行建模并解决稀疏表示问题，能够提高杂波建模的准确性，从而改善杂波抑制能力。关于稀疏表示理论的基础研究还有许多亟待解决的问题，例如过完备字典的构建、稀疏分解方法的设计，以及优化计算、抑制杂波等。

1.3.3 基于稀疏分解的动目标检测方法

稀疏表示作为一种有潜力的信号处理工具，最早应用于图像处理领域[93-100]。Mallat 提出的基于过完备字典的稀疏表示思想及匹配追踪（Matching Pursuit，MP）分解算法，开创了利用稀疏分解进行信号分析的新方向[91]。由于通过稀疏分解能够得到贴近信号本质特征的稀疏表示，因此受到了国内外学者的广泛关注[92]，该技术已在谱估计、波达方向（Direction Of Arrival，DOA）估计、雷达成像、盲源分离等领域取得了重要应用[93]。稀疏分解可以灵活设计字典等参数，而且稀疏性有利于突出目标特征，使其与背景更加线性可分，为目标检测研究提供了新的思路[98]。

在实际中，目标的运动状态复杂多样，例如海上低可观测目标。一方面，海杂波的存在降低了回波信号的 SCR；另一方面，由于海面波动以及目标本身推动力的作用或机动，目标不仅存在平动，而且绕参考点作三轴转动，导致回波的多普勒频率随时间非线性变化。因此，新的检测算法应能适用于时变和非平稳信号处理，提取信号的精细特征。图 1.6 给出了典型海上低可观测目标的回波特性，可知海杂波剧烈变化，海面目标受海况的影响具有时变特性，且 SCR 较低，表现为低可观测性，传统统计检测方法难以实现可靠检测。目标雷达回波可视为少数强散射中心回波的叠加，在某些表示域中回波具有稀疏特性。因此，采用稀疏表示方法分析低可观测目标信号并进行参数估计是非常适合的。

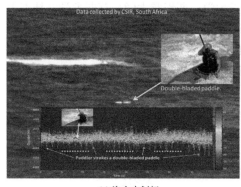

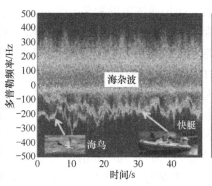

(a) 海上皮划艇　　　　　　　　　　　(b) 海上快艇及海鸟

图 1.6　典型海上低可观测目标的回波特性

目前，已有一些学者从典型信号的稀疏分解方法入手，开展雷达目标检测、特征提取及分析等方面的研究，其优势表现在频率超分辨、无交叉项、抗噪性好等，从而有利于获得目标精细特征。北京电磁散射重点实验室王艳清等人[103]以直升机的雷达散射截面积（Radar Cross Section，RCS）为研究对象，利用具有良好时频聚集性的 Gabor 函数构建过完备原子库并对信号进行优化分解，对分解得到的最佳匹配原子做 WVD 变换实现直升机旋翼的微动特性分析，在保持高时频分辨率的同时有效抑制了交叉项。西安电子科技大学周叶剑等人[104]对平动补偿后的弹道目标回波信号进行局部分段，采用离散调频傅里叶变换（Discrete Chirp FT，DCFT）基对信号进行稀疏分解，并对微多普勒（Micro-Doppler，M-D）调频参数进行估计，在提高算法抗噪性能的同时降低了目标角闪烁效应对估计性能的影响，对弹道目标微动特性分析及识别具有一定的应用价值。全英汇等人[105]利用目标多普勒的稀疏特性，通过构建多普勒频率远大于发射脉冲重复频率（Pulse Repetition Frequency，PRF）的过完备字典，并在优化分解的过程中抑制杂波，实现了无模糊的目标多普勒恢复。西安电子科技大学朱圣棋等人[106]针对星载雷达高分辨、动目标检测数据量大的难题，提出了稀疏采样下多通道雷达动目标有效检测方法，并在机载雷达试验系统中得到了验证。罗迎等人[107]利用目标"距离—慢时间"的复图像空间构造微多普勒信号原子集，并采用 OMP 分解法对微动特征进行提取。本书作者团队利用雷达回波信号组成成分的形态差异，分别构建适用于海杂波和微动目标信号的稀疏分解字典，使两个字典仅能对相对应的信号进行稀疏表示，能够更好地区分海杂波和微多普勒目标[87]。

上述思路和方法对于基于稀疏分解的动目标检测方法具有示范作用。但是，在实际中，目标的运动状态复杂多样，尤其是低可观测目标具有不同的多普勒特性和雷达散射特性；此外，对于复杂回波信号，不仅包含时变的动目标，而且包含背景杂波，杂波与目标在时域和频域均有所交叠[108, 109]。若用于稀疏分解的字典与目标特性不相匹配，则无法对动目标信号进行很好的稀疏表示，达不到通过稀疏分解来区分背景杂波和目标信号的目的，导致检测性能下降。如何通过深度学习等机器学习方法自适应地构造符合信号特征的过完备字典，并在保证精度的同时提高稀疏分解的效率，将是该领域研究的热点和难点。

1.3.4 稀疏时频分布技术

受目标运动和雷达资源的限制，需要权衡积累脉冲数和积累增益。于是，如何利用有限的回波脉冲在短时观测条件下有效地提取目标的特征并用于检测，就成为亟需研究的问题。信号时频处理方法在分析非平稳信号时具有一定的优势，但估计性能受时频分辨率的限制，而且若目标特性与变换方法不相匹配，则对信杂比的改善不明显。非平稳时变信号在时频域往往具有较好的稀疏性[110]，受稀疏表示技术的启发，国内外一些学者将稀疏分解的局部优化思想引入时频分析，即采用稀疏时频分布（Sparse Time-Frequency Distribution，STFD）[111]的方法对目标特性进行研究，能够有效提高信号时频聚集性和参数估计性能。

目前，该领域理论和应用较为完备的代表是美国麻省理工学院（MIT）的研究团队，该团队于 2012 年提出了稀疏傅里叶变换（Sparse FT，SFT），并且逐步发展了多个版本的快速算法。SFT 是一种次线性算法，核心思想是通过"分筐"将 N 点长序列转换为 B 点短序列并做 DFT 运算，将傅里叶变换的计算复杂度由

$O(N\log N)$ 降至 $O(k\log N)$ （N 为信号长度，k 为稀疏度）[117-121]。尽管目前 SFT 算法存在很多不同的版本，但整体上都遵循如图 1.7 所示的 SFT 理论框架。SFT 方法克服了传统 FFT 算法运算量随采样点线性指数增加的不足，运算量近似保持线性增加，极大提高了大数据量条件下的运算效率，被评为十大信息处理技术之一，主要应用在频谱感知、医学成像、图像检测和大数据处理等领域。图 1.8 所示为其开发的 SFFT 3.0 与 FFT 算法的运算量对比，可以看出相比经典 FFT，SFFT 能够极大地降低运算量，提高运算效率，因此非常适合雷达信号的实时处理。然而，该方法不能反映信号频率随时间的变化特性，也不能处理具有高阶相位或高次调频的动目标信号。

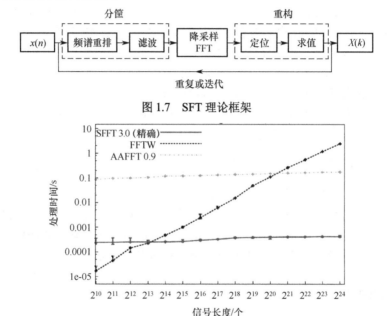

图 1.7　SFT 理论框架

图 1.8　SFFT 3.0 与 FFT 算法的运算量对比（美国 MIT 实验室）

目前，一些学者已将 STFD 技术应用于非平稳信号的检测和特性分析方面。作者团队将 STFD 理论引入雷达动目标检测领域，建立了短时 STFD（Short Time STFD，ST-STFD）的原理模型，在深入研究海杂波和目标信号实测数据稀疏特性的基础上，提出了两种稀疏域微动信号特征提取和检测方法。Whitelonis 等人[122]提出一种基于 WVD 和 CS 的联合时频分布方法对雷达信号进行分析，在保证时频聚集性的同时有效减少了交叉项。文献[123]通过稀疏时频分析提高了信号瞬时频率的估计精度。图 1.9 给出了传统时频分析和稀疏时频分析技术的人体运动目标回波分析结果，可以看出，稀疏时频分析技术不仅能够获得高分辨的信号谱特征，而且能很好地抑制背景杂波和噪声，改善 SCR，因此可用于雷达低可观测运动目标检测。

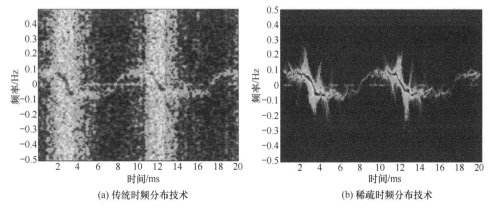

(a) 传统时频分布技术　　　　　　　　(b) 稀疏时频分布技术

图 1.9　传统时频分析和稀疏时频分析技术的人体运动目标回波分析结果

STFD 方法能够突破采样定理的限制，具有时频聚集性好、抗杂波、适合多分量信号分析等优点，为雷达动目标检测提供了新的思路和方向。在分析雷达回波稀疏性的基础上，利用高分辨 STFD 技术以及局部优化理论和自适应优化算法，开发具有低复杂度的稀疏分解算法和自适应稀疏分解算法，降低相参积累算法的运算量，有望实现短时观测条件和有限脉冲条件下的动目标检测，可极大拓展算法的工程应用，进而提升雷达的动目标探测性能。

1.3.5　基于稀疏傅里叶变换的雷达动目标检测

SFT 方法已在频谱感知、图像检测、医学成像等领域取得了较好的应用效果，若能将其应用于雷达信号处理领域，则有望实现信号处理效率的有效提升[124]。例如，张秀丽等人[125]给出了 SFT 处理雷达信号时的数学表达式，并将其应用于雷达距离维解调和脉压，在计算速度方面优于传统算法，可以提高目标信号参数的估计速度。Pang 等人[126]提出了一种基于 SFT 的动目标长时间积累检测方法，与传统 RCM 补偿方法相比具有计算复杂度方面的优势。刘升恒等人[127]在 SFT 的基础上研究了稀疏离散 FRFT（Sparse Discrete FRFT，SDFRFT）的理论框架（下文简称为 **SFRFT**），并提出了一种 DPPT 与 SFRFT 相结合的 LFM 信号快速参数估计方法，在取得良好估计性能的同时显著降低了计算量[128]。

然而，SFT 方法仍存在如下两个方面的缺陷：一是，大多数 SFT 方法需要对信号的稀疏度进行预设，而在实际应用中，信号的稀疏度往往是未知的或者可能发生改变的；二是，SFT 在频域降采样后仅结合稀疏度和循环过程中频点出现的概率对大值系数进行估计，这在较低信杂噪比（Signal-to-Noise and Clutter Ratio，SNCR）的情况下难以保证重构信号的可靠性。因此，基于 SFT 的动目标检测方法难以满足复杂环境中的雷达目标检测需求。为此，国内外学者从稀疏度预估、频域系数估值方式修正、闭式解推导等方面对 SFT 方法进行了改进[129]。

其中，Wang 等人[129, 132]提出的稳健 SFT（Robust SFT，RSFT）算法为 SFT 理论在雷达目标检测中的应用开拓了新思路。RSFT 不需要已知信号稀疏度，且在噪声背景中具有稳健的性能[132]。但是，该算法研究的是高斯白噪声背景中的检测问题，利用事先计算好的噪声门限进行判决。而雷达目标检测通常面临杂波背景，杂波往往强于噪声，有时强出若干数量级，如海杂波背景中的动目标检测。频域聚集形成的强杂波点增加了回波数据的稀疏度，大大降低了算法对目标信号的重构性能。另外，SFT 和 RSFT 算法都是在重构目标信号多普勒的同时判决目标的有无，该检测判决是在窗函数滤波降低了 SCNR 的情况下做出的，就检测性能而言，这种做法不利于杂波背景下的目标检测问题。因此，仍需要研究能适应杂波背景的 SFT 类目标检测方法。

参 考 文 献

[1] 杨建宇. 雷达技术发展规律和宏观趋势分析[J]. 雷达学报, 2012, 1(1): 19-27.

[2] 陈小龙, 关键, 黄勇, 等. 雷达低可观测目标探测技术[J]. 科技导报, 2017, 35(11): 30-38.

[3] 何友, 黄勇, 关键, 等. 海杂波中的雷达目标检测技术综述[J]. 现代雷达, 2014, 36(12): 1-9.

[4] 陈小龙, 关键, 等. 雷达低可观测动目标精细化处理及应用[J]. 科技导报, 2017, 35(20): 19-27.

[5] 陈小龙, 薛永华, 张林, 等. 机载雷达系统与信息处理[M]. 北京: 电子工业出版社, 2021.

[6] Zuo L, Li M, Zhang X W, et al. An efficient method for detecting slow-moving weak targets in sea clutter based on time-frequency iteration decomposition [J]. *IEEE Transactions on Geoscience and Remote Sensing*, 2013, 51(6): 3659-3672.

[7] 许稼, 彭应宁, 夏香根, 等. 空时频检测前聚焦雷达信号处理方法[J]. 雷达学报, 2014, 3(2): 129-141.

[8] 陈小龙, 关键, 何友. 微多普勒理论在海面目标检测中的应用及展望[J]. 雷达学报, 2013, 2(1): 123-134.

[9] 许稼, 彭应宁, 夏香根, 等. 基于检测前聚焦的临近空间高动态飞行器雷达探测研究[J]. 雷达学报, 2017, 6(3): 229-238.

[10] Zheng N, Sun Y, Song X Y, et al. Joint resource allocation scheme for target tracking in distributed MIMO radar systems [J]. *Journal of Systems Engineering and Electronics*, 2019, 30(4): 709-719.

[11] 陈小龙, 刘宁波, 黄勇, 等. 雷达目标检测分数域理论及应用[M]. 北京: 科学出版社, 2022.

[12] 何友, 关键, 黄勇, 等. 雷达目标检测与恒虚警处理[M]. 北京: 清华大学出版社, 2023.

[13] 黄勇, 刘宁波, 陈小龙, 等. MIMO 雷达理论与应用[M]. 北京: 国防工业出版社, 2022.

[14] 许述文, 白晓惠, 郭子薰, 等. 海杂波背景下雷达目标特征检测方法的现状与展望[J]. 雷达学报, 2020, 9(4): 684-714.

[15] 关键, 刘宁波, 黄勇. 雷达目标检测的分形理论及应用[M]. 北京: 电子工业出版社, 2011.

[16] 宋杰, 何友, 关键. 一种双模杂波抑制的准自适应 MTI 系统[J]. 兵工学报, 2009, 30(5): 546-550.

[17] 马晓岩, 袁俊泉. 基于离散小波变换提高 MTD 检测性能的仿真分析[J]. 信号处理, 2001, 17(2): 148-151.

[18] Guan J, Chen X L, Huang Y, et al. Adaptive fractional Fourier transform-based detection algorithm for moving target in heavy sea clutter [J]. *IET Radar, Sonar and Navigation*, 2012, 6(5): 389-401.

[19] Yonina C E, Pavel S, Dustin G M, et al. Sparse phase retrieval from short-time Fourier measurements [J]. *IEEE Signal Processing Letters*, 2015, 22(5): 638-642.

[20] Gilles J. Empirical wavelet transforms [J]. *IEEE Transactions on Signal Processing*, 2013, 61(16): 3999-4010.

[21] Qazi S, Georgakis A, Stergioulas L K, et al. Interference suppression in the Wigner distribution using fractional Fourier transformation and signal synthesis [J]. *IEEE Transactions on Signal Processing*, 2007, 55(6): 3150-3154.

[22] Yasotharan A, Thayaparan T. Time-frequency method for detecting an accelerating target in sea clutter [J]. *IEEE Transactions on Aerospace and Electronic Systems*, 2006, 42(4): 1289-1310.

[23] 陶然, 邓兵, 王越. 分数阶傅里叶变换及其应用[M]. 北京: 清华大学出版社, 2009.

[24] 陈小龙, 关键, 黄勇, 等. 分数阶傅里叶变换在动目标检测和识别中的应用: 回顾和展望[J]. 信号处理, 2013, 29(1): 85-97.

[25] Feng Q, Li B Z. Convolution and correlation theorems for the two dimensional linear canonical transform and its applications [J]. *IET Signal Processing*, 2016, 10(2): 125-132.

[26] Tao R, Li X M, Li Y L, et al. Time-delay estimation of chirp signals in the fractional Fourier domain [J]. *IEEE Transactions on Signal Processing*, 2009, 57(7): 2852-2855.

[27] Tao R, Zhang F, Wang Y. Fractional power spectrum [J]. *IEEE Transactions on Signal Processing*, 2008, 56(9): 4199-4206.

[28] Tao R, Li Y L, Wang Y. Short-time fractional Fourier transform and its applications [J]. *IEEE Transactions on Signal Processing*, 2010, 58(5): 2568-2580.

[29] 沙学军, 史军, 张钦宇, 等. 分数傅里叶变换原理及其在通信系统中的应用[M]. 北京: 人民邮电出版社, 2013.

[30] Liu X P, Shi J, Xiang W, et al. Sampling expansion for irregularly sampled signals in fractional Fourier transform domain [J]. *Digital Signal Processing*, 2014, 34: 74-81.

[31] Shi J, Xiang W, Liu X P, et al. A sampling theorem for the fractional Fourier transform without band-limiting constraints [J]. *Signal Processing*, 2014, 98: 158-165.

[32] Chen X L, Guan J, Bao Z H, et al. Detection and extraction of target with micro-motion in spiky sea clutter via short-time fractional Fourier transform [J]. *IEEE Transactions on Geoscience and Remote Sensing*, 2014, 52(2): 1002-1018.

[33] Xing M D, Su J H, Wang G Y, et al. New parameter estimation and detection algorithm for high speed small target [J]. *IEEE Transactions on Aerospace and Electronic Systems*, 2011, 47(1): 214-224.

[34] 吴孙勇, 廖桂生, 朱圣棋, 等. 提高雷达动目标检测性能的二维频率域匹配方法[J]. 电子学报, 2012, 40(12): 2415-2420.

[35] Li X L, Sun Z, Yi W, et al. Computationally efficient coherent detection and parameter estimation algorithm for maneuvering target [J]. *Signal Processing*, 2019, 155: 130-142.

[36] Huang S Q, Liu D Z. Some uncertain factor analysis and improvement in spaceborne synthetic aperture radar imaging [J]. *Signal Processing*, 2007, 87(12): 130-142.

[37] Zhong H, Liu X Z. An effective focusing approach for azimuth invariant bistatic SAR processing [J]. *Signal Processing*, 2010, 90(1): 395-404.

[38] Sun Z, Li X L, Yi W, et al. Detection of weak maneuvering target based on keystone transform and matched filtering process [J]. *Signal Processing*, 2017, 140: 127-138.

[39] Li X L, Sun Z, Yeo T S, et al. STGRFT for detection of maneuvering weak target with multiple motion models [J]. *IEEE Transactions on Signal Processing*, 2019, 67.

[40] Huang P H, Liao G S, Yang Z W, et al. Long-time coherent integration for weak maneuvering target detection and high-order motion parameter estimation based on keystone transform [J]. *IEEE Transactions on Signal Processing*, 2016, 64(5): 4013-4026.

[41] 陈小龙，黄勇，关键，等. MIMO 雷达微弱目标长时积累技术综述[J]. 信号处理，2020, 36(12): 1947-1964.

[42] Xu J, Yu J, and Peng Y N, et al. Radon-Fourier transform (RFT) for radar target detection (I): generalized Doppler filter bank processing [J]. *IEEE Transactions on Aerospace and Electronic systems*, 2011, 47(2): 1186-1202.

[43] Li G, Xia X G, Peng Y N. Doppler keystone transform: An approach suitable for parallel implementation of SAR moving target imaging [J]. *IEEE Geoscience and Remote Sensing Letters*, 2008, 5(4): 573-577.

[44] Zhu D Y, Li Y, Zhu Z D. A keystone transform without interpolation for SAR ground moving-target imaging [J]. *IEEE Geoscience and Remote Sensing Letters*, 2007, 4(1), 18-22.

[45] Li X L, Cui G L, Yi W, et al. Sequence-reversing transformbased coherent integration for high-speed target detection [J]. *IEEE Transactions on Aerospace and Electronic Systems*, 2017, 53(3): 1573-1580.

[46] Zheng J B, Su T, Zhu W T, et al. Radar high-speed target detection based on the scaled inverse Fourier transform[J]. *IEEE J. Sel. Topics Appl. Earth Observ. Remote Sens.*, 2015, 8(3): 1108-1119.

[47] Chen X L, Guan J, Liu N B, et al. Maneuvering target detection via radon-fractional Fourier transform-based long-time coherent integration [J]. *IEEE Transactions on Signal Processing*, 2014, 62(4): 939-953.

[48] Li X L, Cui G L, Yi W, et al. Coherent integration for maneuvering target detection based on Radon-Lv's distribution [J]. *IEEE Signal Processing Letters*, 2015, 22(9): 1467-1471.

[49] Chen X L, Guan J, Liu N B, at al. Detection of a low observable sea-surface target with micromotion via the Radon-linear canonical transform [J]. *IEEE Geoscience and Remote Sensing Letters*, 2014, 11(7): 1225-1229.

[50] Xu J, Xia X G, Peng S B, et al. Radar maneuvering target motion estimation based on generalized Radon-Fourier transform [J]. *IEEE Transactions on Signal Processing*, 2012, 60(12): 6190-6201.

[51] Li X L, Cui G L, Yi W, et al. A fast maneuvering target motion parameters estimation algorithm based on ACCF [J]. *IEEE Signal Processing Letters*, 2015, 22(3), 270-274.

[52] Chen X L, Guan J, Huang Y, et al. Radon-linear canonical ambiguity function-based detection and estimation method for marine target with micromotion [J]. *IEEE Transactions on Geoscience and Remote Sensing*, 2015, 53(4): 2225-2240.

[53] Yu W C, Su W M, Gu H. Ground maneuvering target detection based on discrete polynomial-phase transform and Lv's distribution [J]. *Signal Processing*, 2018, 144: 364-372.

[54] Donoho D L. Compressed sensing [J]. *IEEE Transactions on Information Theory*, 2006, 52(4): 1289-1306.

[55] Baraniuk R G. Compressive sensing [J]. *IEEE Signal Processing Magazine*, 2007, 24(4): 118-121.

[56] Candès E J, Wakin M B. An introduction to compressive sampling [J]. *IEEE Signal Processing Magazine*, 2008, 25(2): 21-30.

[57] 焦李成，杨淑媛，刘芳，等. 压缩感知回顾与展望[J]. 电子学报，2011, 39(7): 1651-1662.

[58] Zhang Z, Xu Y, Yang J, et al. A survey of sparse representation: algorithms and applications [J]. *IEEE Access*, 2015, 3, 490-530.

[59] Candés E, Tao T. Decoding by linear programming [J]. *IEEE Transactions on Information Theory*,

2005, 51(12): 4203-4215.

[60] 李清泉, 王欢. 基于稀疏表示理论的优化算法综述[J]. 测绘地理信息, 2019, 44(4): 1-9.

[61] Natarajan B K. Sparse approximate solutions to linear systems [J]. *SIAM J. Comput.*, 1995, 24(2): 227-234.

[62] Huang M. Brain extraction based on locally linear representation based classification [J]. *NeuroImage*, 2014, 92(5): 322-339.

[63] Candès E J, Romberg J, Tao T. Robust uncertainty principles: Exact signal reconstruction from highly incomplete frequency information [J]. *IEEE Transactions on Information Theory*, 2006, 52(2): 489-509.

[64] Tsaig Y, Donoho D L. Extensions of compressed sensing [J]. *Signal Processing*, 2006. 86(3): 549-571.

[65] Lu X Q, Li X L. Group sparse reconstruction for image segmentation [J]. *Neurocomputing*, 2014, 136(7): 41-48.

[66] M. Elad, M. A. T. Figueiredo, Y. Ma. On the role of sparse and redundant representations in image processing [J]. *Proc. IEEE*, 2010, 98(6): 972-982.

[67] S. Mallat. A Wavelet Tour of Signal Processing: The Sparse Way [M]. *New York, NY, USA: Academic*, 2008.

[68] J.-L. Starck, F. Murtagh, J. M. Fadili. Sparse Image and Signal Processing: Wavelets, Curvelets, Morphological Diversity [M]. *Cambridge, U.K.: Cambridge Univ. Press*, 2010.

[69] M. Elad. Sparse and Redundant Representations: From Theory to Applications in Signal and Image Processing [M]. *New York, NY, USA: Springer-Verlag*, 2010.

[70] A. M. Bruckstein, D. L. Donoho, M. Elad. From sparse solutions of systems of equations to sparse modeling of signals and images [J]. *SIAM Rev.*, 2009, 51(1): 34-81.

[71] Xu Y, Zhang D, Yang J, Yang J Y. A two-phase test sample sparse representation method for use with face recognition [J]. *IEEE Trans. Circuits Syst. Video Technol.*, 2011, 21(9): 1255-1262.

[72] J. Wright, Y. Ma, J. Mairal, et al. Sparse representation for computer vision and pattern recognition [J]. *Proc. IEEE*, 2010, 98(6): 1031-1044.

[73] J. L. Starck, D. L. Donoho, E. J. Candès. Very high quality image restoration by combining wavelets and curvelets [C]. *Proceedings of SPIE*, 2001: 9-19.

[74] M. Elad, A. M. Bruckstein. A generalized uncertainty principle and sparse representation in pairs of bases [J]. *IEEE Transactions on Information Theory*, 2002(48): 2558-2567.

[75] 邹建成, 车冬娟. 信号稀疏表示方法研究进展综述[J]. 北方工业大学学报, 2013, 25(1), 1-4.

[76] S. Mallat, Z. Zhang. Matching pursuits with time-frequency dictionaries [J]. *IEEE Transactions on Signal Processing*, 1993, 41: 3397-3415.

[77] R. Rubinstein, A. M. Bruckstein, M. Elad. Dictionaries for sparse representation modeling [J]. *Proc. IEEE*, 2010, 98(6): 1045-1057.

[78] 黄晓生, 黄萍, 曹义亲, 等. 一种改进的基于 K-SVD 字典学习的运动目标检测算法[J]. 微电子学与计算机, 2014, 31(3): 5-8, 13.

[79] 刘亚新, 赵瑞珍, 胡绍海, 等. 用于压缩感知信号重建的正则化自适应匹配追踪算法[J]. 电子与信息学报, 2010, 32(11): 2713-2717.

[80] Donoho D L, Tsaig Y, Drori I, et al. Sparse solution of underdetermined systemsof linear equations by stagewise orthogonal matching pursuit [J]. *IEEE Transactions on Information Theory*, 2012, 58(2): 1094-1121.

[81] Koh K, Kim S J, Boyd S. An interior-point method for large-scale l_1-regularized logistic regression [J].

Journal of Machine Learning Research, 2007, 8: 1519-1555.

[82] Zeng J S, Lin S B, Wang Y, et al. $l_{1/2}$ regularization: convergence of iterative half thresholding algorithm [J]. *IEEE Transactions on Signal Processing*, 2014, 62(9): 2317-2329.

[83] Asif M S, Romberg J. Fast and accurate algorithms for re-weighted l_1-norm minimization [J]. *IEEE Transactions on Signal Processing*, 2012, 61(23): 5905-5916.

[84] 李刚, 夏向根. 参数化稀疏表征在雷达探测中的应用[J]. 雷达学报, 2016, 5(1): 1-7.

[85] 陈小龙, 关键, 何友, 等. 高分辨稀疏表示及其在雷达动目标检测中的应用[J]. 雷达学报, 2017, 6(3): 239-251.

[86] Xu J, Wang W, Gao J H, et al. Monochromatic noise removal via sparsity-enabled signal decomposition method [J]. *IEEE Geoscience and Remote Sensing Letters*, 2013, 10(3): 533-537.

[87] 陈小龙, 关键, 董云龙, 等. 稀疏域海杂波抑制与微动目标检测方法[J]. 电子学报, 2016, 44(4): 860-867.

[88] 罗倩. 基于稀疏表示的杂波建模和微弱运动目标探测[J]. 现代雷达, 2016, 38(2): 43-46.

[89] H. Hassanieh, P. Indyk, et al. Simple and practical algorithm for sparse Fourier transform [C]. *Proceedings of Annual ACM-SIAM Symposium on Discrete Algorithms, ACM*, 2012: 1183-1194.

[90] 陈小龙, 关键, 何友, 等. 高分辨稀疏表示及其在雷达目标检测中的应用[J]. 雷达学报, 2017, 6(3): 239-251.

[91] S. Mallat, Z. Zhang. Matching pursuits with time-frequency dictionaries [J]. *IEEE Transactions on Signal Processing*, 1993, 41: 3397-3415.

[92] 肖正安. 基于稀疏分解的 LFM 回波信号检测算法[J]. 湖北第二师范学院学报, 2016, 33(8): 8-11.

[93] Yang J G, Thompson J, Huang X T, et al. Random-frequency SAR imaging based on compressed sensing [J]. *IEEE Transactions on Geoscience and Remote Sensing*, 2013, 51(2): 983-994.

[94] Zhu S Q, Liao G S, Qu Y, et al. Ground moving targets imaging algorithm for synthetic aperture radar [J]. *IEEE Transactions on Geoscience and Remote Sensing*, 2011, 49(1): 462-477.

[95] Zhao Y H, Zhang L R, Gu Y B, et al. An efficient sparse representation method for wideband DOA estimation using focus operation [J]. *IET Radar, Sonar and Navigation*, 2017, 11: 1673-1678.

[96] 赵永红, 张林让, 刘楠, 等. 采用协方差矩阵稀疏表示的 DOA 估计方法[J]. 西安电子科技大学学报, 2016, 43(2): 58-63.

[97] Yang Z C, Li X, Wang H Q, et al. On clutter sparsity analysis in space-time adaptive processing airborne radar [J]. *IEEE Geoscience and Remote Sensing Letters*, 2013, 10(5): 1214-1218.

[98] 高仕博, 程咏梅, 肖利平, 等. 面向目标检测的稀疏表示方法研究进展[J]. 电子学报, 2015, 43(2): 320-332.

[99] 方明, 戴奉周, 刘宏伟, 等. 基于联合稀疏恢复的宽带雷达动目标检测方法[J]. 电子与信息学报, 2015, 37(12): 2977-2983.

[100] Laura A, Arian M, Matern O, et al. Design and analysis of compressed sensing radar detectors [J]. *IEEE Transactions on Signal Processing*, 2013, 61(4): 813-827.

[101] 严韬, 陈建文, 鲍拯. 一种基于压缩感知的天波超视距雷达短时海杂波抑制方法[J]. 电子与信息学报, 2017, 39(4): 945-952.

[102] 罗迎, 张群, 王国正, 等. 基于复图像 OMP 分解的宽带雷达微动特征提取方法[J]. 雷达学报, 2012, 1(4): 361-369.

[103] 王艳清, 霍超颖, 殷红成, 等. 基于稀疏时频分解的空中目标微动特征分析[J]. 宇航计测技术, 2018, 38(5): 32-37.

[104] 周叶剑, 张磊, 菅毛, 等. 多频调频稀疏分解的微动目标参数估计方法[J]. 电子与信息学

报，2017, 39(10): 2360-2365.

[105] 全英汇. 稀疏信号处理在雷达检测和成像中的应用研究[D]. 西安电子科技大学，2012.

[106] Zhu Sheng-qi, Liao Gui-sheng, Qu Yi, et al. Ground moving targets imaging algorithm for synthetic aperture radar [J]. *IEEE Transactions on Geoscience and Remote Sensing*, 2011, 49(1): 462-477.

[107] 罗迎，张群，王国正，等. 基于复图像 OMP 分解的宽带雷达微动特征提取方法[J]. 雷达学报，2012, 1(4): 361-369.

[108] Chen C, Li F, Ho S S, et al. Micro-Doppler effect in radar: phenomenon, model, and simulation study [J]. *IEEE Transactions on Aerospace and Electronic Systems*, 2006, 42(1): 2-21.

[109] Chen C, David Tahmoush, and William J. Miceli. Radar micro-Doppler signature: processing and applications [M]. *UK: IET*, 2014.

[110] Gotz E. Pfander and Holger Rauhut. Sparsity in time-frequency representations [J]. *Journal of Fourier Analysis and Applications*, 2010, 16(2): 233-260.

[111] Flandrin P, Borgnat P. Time-frequency energy distributions meet compressed sensing [J]. *IEEE Transactions on Signal Processing*, 2010, 58(6): 2974-2982.

[112] Jokanovic B, Amin M. Reduced interference sparse time-frequency distributions for compressed observations [J]. *IEEE Transactions on Signal Processing*, 2015, 63(24): 6698-6709.

[113] Gholami A. Sparse time-frequency decomposition and some applications [J]. *IEEE Transactions on Geoscience and Remote Sensing*, 2013, 51(6): 3598-3604.

[114] 陈小龙，关键，于晓涵，等. 基于短时稀疏时频分布的雷达目标微动特征提取及检测方法[J]. 电子与信息学报，2017, 39(5): 1017-1023.

[115] Zhao Z C, Tao R, Li G, et al. Fractional sparse energy representation method for ISAR imaging[J]. *IET Radar, Sonar and Navigation*, 2018, 12(9): 988-997.

[116] 陈小龙，关键，于晓涵，等. 雷达动目标短时稀疏分数阶傅里叶变换域检测方法[J]. 电子学报，2017, 45(12): 3030-3036.

[117] H. Hassanieh, P. Indyk, D. Katabi, et al. Nearly optimal sparse Fourier transforms [C]. *Proceedings of Annual ACM-SIAM Symposium on Theory of Computing, ACM*, 2012: 563-577.

[118] H. Hassanieh, F. Adid, D. Katabi, et al. Faster GPS via the sparse Fourier transform [C]. *Proceedings of Annual Int Conf on Mobile Computing and Networking, ACM*, 2012: 353-364.

[119] *Sparse Fast Fourier Transform* [EB/OL]. [2019-08-31].

[120] J. Schumacher. High performance sparse fast Fourier transform [D]. *Master's thesis, Computer Science, ETH Zurich, Switzerland*, 2013.

[121] C. Gilbert A., Indyk P., Iwen M., et al. Recent developments in the sparse Fourier Transform: A compressed Fourier transform for big data [J]. *IEEE Signal Proc. Mag.*, vol. 31, no. 5, pp. 91-100, 2014.

[122] N. Whitelonis, H. Ling. Application of a compressed sensing based time-frequency distribution for radar signature analysis[C]. *2012 IEEE Antennas and Propagation Society International Symposium and USNC/URSI National Radio Science Meeting*, 2012.

[123] Branka Jokanovic, Moeness G. Amin, Srdjan Stankovic. Instantaneous frequency and time-frequency signature estimation using compressive sensing [C]. *Proceedings of the SPIE - The International Society for Optical Engineering*, 2013.

[124] Chen X, Guan J, He Y, et al. High-resolution sparse representation and its applications in radar moving target detection [J]. *Journal of Radars*, 2017, 6(3): 239-251.

[125] 张秀丽，王浩全，庞存锁. 稀疏傅里叶变换在雷达中的应用研究[J]. 电子测量技术，2017, 40(10): 148-152.

[126] Pang C, Liu S, Han Y. High-speed target detection algorithm based on sparse Fourier transform [J]. *IEEE Access*, 2018, 6: 37828-37836.

[127] Liu S H, Shan T, Tao R, et al. Sparse discrete fractional Fourier transform and its applications [J]. *IEEE Transactions on Signal Processing*, 2014, 62(24): 6582-6595.

[128] 刘升恒. 稀疏分数阶变换理论及其在探测中的应用[D]. 北京理工大学，2016.

[129] Wang S, Vishal M P, and Athina P. RSFT: a realistic high dimensional sparse Fourier transform and its application in radar signal processing[C]. *Military Communications Conference, MILCOM 2016*, 888-893, 2016.

[130] A. Rauh, G. R. Arce. Optimized spectrum permutation for the multidimensional sparse FFT [J]. *IEEE Transactions on Signal Processing*, 2017, 65(1): 162-172.

[131] Chen G L, Tsai S, Yang K J. On performance of sparse Fast Fourier transform and enhancement algorithm [J]. *IEEE Transactions on Signal Processing*, 2017, 65(21): 5716-5729.

[132] Wang S G, Patel V M, Petropulu A. A robust sparse Fourier transform and its application in radar signal processing [J]. *IEEE Transactions on Aerospace and Electronic Systems*, 2017, 53(6): 2735-2755.

第 2 章　稀疏表示和雷达回波稀疏特性

具有低可观测性能的动目标回波 SCR 低，且经常呈现高阶相位和高次调频等时变、非平稳特性[1]。信号时频变换方法，如 STFT、WT、WVD 等，能够反映多普勒频率随时间的变化，作为非平稳信号分析工具具有一定的优势，已用于特征提取、目标成像和识别中。但该类方法仍存在时频聚集程度低、分辨率有限、部分受交叉项影响、运算量大等缺点，在实际工程应用中受限。此外，该类方法多为信号的匹配增强方法，时频变换需与目标运动特性相匹配，但在实际中动目标信号复杂，积累增益下降[2]。

目标雷达回波可视为少数强散射中心回波的叠加，回波具有稀疏特性，因此，采用稀疏表示的方法分析微动信号并进行参数估计是非常适合的。但实际中目标回波信号较复杂，不仅包含时变的目标多普勒信号，而且有背景杂波，在时域和频域中均有所交叠，往往达不到稀疏表示目标信号的效果，导致性能下降，稀疏域杂波和信号难以区分，增大了目标特征提取的难度。基于信号稀疏特性的高分辨率表示技术利用信号在某个域中的稀疏特性，采用少量的观测样本，通过求解最优化问题，在稀疏域中实现对该信号的高分辨率表示[3]。目前，随着 CS 和稀疏表示理论和技术的发展，稀疏表示处理技术得到了国内外学者的高度关注，在雷达成像、目标检测和识别等方面开展了多项有针对性的研究[4, 5]。本章首先介绍稀疏表示的基本原理及常用的稀疏分解算法，为后续的稀疏域雷达信号处理奠定基础；然后阐述时频分布与稀疏表示的关系，建立动目标的时频分布模型；最后基于 C 波段和 S 波段雷达实测数据，对典型海上动目标的稀疏性进行分析。

2.1　稀疏表示基本原理

2.1.1　稀疏逼近与稀疏表示

稀疏表示的基本思想是采用过完备字典中尽可能少的原子组合来表示信号，是一种线性表示方法。图 2.1 中给出了基本的稀疏表示模型[3]。

设输入信号 $y \in \mathbf{R}^{K \times 1}$，给定的过完备字典 $D = [d_1, d_2, \cdots, d_N] \in \mathbf{R}^{K \times N}$，$D$ 中的元素 $d_i \in \mathbf{R}^{K \times 1}, i = 1, 2, \cdots, N$ 表示原子，N 为原子数量且 $K \ll N$，则 y 利用 D 中原子组合得到的线性表示，即在 D 中自适应地选取 n 个原子对信号 y 做 n 项逼近：

$$y = D\rho = \sum_{i=1}^{N} \rho_i d_i \qquad (2.1)$$

式中，$\rho \in \mathbf{R}^{N \times 1}$ 表示系数向量，而上式定义的逼近称为**稀疏逼近**。

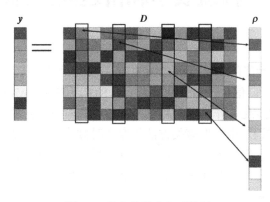

图 2.1　基本的稀疏表示模型

在稀疏表示中，字典 D 的组成元素是非正交的和过完备的，在字典 D 中选择信号 y 的最稀疏表示可以等价为如下优化问题，即如式（2.2）所示，若 ρ 中非零元素的个数足够少，即通过优化分解过程求解出最稀疏的 ρ，则称 ρ 为信号 y 的**稀疏表示**：

$$\min_{\rho} \|\rho\|_0, \quad \text{s.t. } y = D\rho \qquad (2.2)$$

式中，$\| \ \|_0$ 表示 l_0 范数，它定义为系数向量 ρ 中非零系数的个数。

因为 $\| \ \|_0$ 是非凸的，所以式（2.2）中欠定方程最稀疏解的求解问题是一个 NP-hard（Non-deterministic Polynomial hard）问题[6]。为了准确重建稀疏信号，E. Candés 和 T. Tao 给出并证明了字典 D 必须满足约束等距性（RIP）条件[7]。满足此条件时，l_0 范数的最小化问题可以等价为 l_1 范数的凸优化问题[8]，即

$$\hat{\rho} = \arg\min_{\rho} \|\rho\|_1, \quad \text{s.t. } y = D\rho \qquad (2.3)$$

考虑噪声等因素的影响，上式可松弛为不等约束：

$$\rho = \arg\min_{\rho} \|\rho\|_1, \quad \text{s.t. } \|y - D\rho\|_2 \leqslant \varepsilon \qquad (2.4)$$

式中，ε 为噪声项。

2.1.2　常用的稀疏分解算法

从函数逼近的角度讲，稀疏表示是高度的非线性逼近。在过完备函数集合中，使用高度非线性的方法来逼近给定的函数仍是一个富有挑战的问题。因此，信号稀疏表示的一个非常重要的研究内容就是设计和完善稀疏分解算法。式（2.2）将求解过完备字典中信号的最优逼近问题转化为按照各自的准则或代价

函数来求解线性方程组 $y = D\rho$ 的问题。目前，关于求解方程 $y = D\rho$，研究人员给出了多种算法，如框架方法、最佳正交基方法、交互投影法、FOCUSS 算法、匹配跟踪算法和基追踪算法等。

l_0 范数是最直接的稀疏性度量函数，但 l_0 范数是非凸的，现实中不存在准确求解该最优化问题的多项式算法，只能利用组合方法来求解。虽然组合方法能给出最优的稀疏解，但计算速度极慢。另外，l_0 范数不具有稳健性，对信号逼近和噪声污染信号分析不具有适应能力。通常选择其他的稀疏性度量函数来逼近 l_0 范数，l_p 范数就是最常用的稀疏性度量函数。选择 l_1 范数作为稀疏性度量函数时，式（2.2）定义的问题就是基追踪方法，该方法在稀疏表示中具有重要的地位。选择 l_1 范数时，可用摩尔逆或框架方法直接求得式（2.2）的唯一解析解。但是，这种解不具有稀疏性（有效的稀疏性度量函数都是对 l_0 范数的凹逼近，而框架方法是凸逼近，因此不具有稀疏性）。对一般的 l_p 范数作为稀疏性度量函数的情况，利用 FOCUSS 方法求解可以得到稀疏解，但不一定是最优解。最佳正交基方法、交互投影法和匹配跟踪算法都是采用某种准则来求稀疏解的贪婪算法。匹配跟踪算法将优化问题通过迭代的贪婪算法转化为求有限个单项最优逼近的问题。匹配跟踪算法得到的分解系数虽然不如基追踪算法稀疏，但是其效果已经接近基追踪算法，而且算法的复杂度也比基追踪算法的低得多。另外，相对于最佳正交基方法、交互投影法，匹配跟踪算法具有更好的计算精度。

1. 贪婪算法

贪婪算法的主要原理是，通过原子与信号的相关性确定位置索引，以选择一个局部最优解来逐步逼近原始信号。Mallat 和 Zhang[9]提出了匹配追踪（Matching Pursuit，MP）算法，其基本思想是从超完备字典中选择与原始信号最匹配的原子，然后用该原子进行重建，并求出与原始信号的残差，经过一定次数的迭代，直至残差能量小于给定的阈值。但是，其在已选定基向量集合上的投影的非正交性可能会使每次迭代的结果是次最优的，因此收敛需要经过较多次数的迭代。为了克服上述缺点，Pati 等人[10]在 MP 算法的基础上提出了正交匹配追踪（Orthogonal Matching Pursuit，OMP）算法。该算法将选中的原子正交投影到由所选原子张成的空间中，然后重新计算残差，循环上述过程，减少达到收敛的迭代次数，降低时间复杂度。后来的诸多贪婪算法都在 MP 算法和 OMP 算法的基础上做了不同的改进。例如，正则化正交匹配追踪[11]（Regularized Orthogonal Matching Pursuit，ROMP）算法利用 RIP 边界作为稀疏恢复的理论支持；分段正交匹配追踪[12]（Stagewise OMP，StOMP）算法通过每次迭代选择多个原子进一步提高计算速度，从而更适合求解大规模问题；压缩采样匹配追踪[13]（Compressive Sampling Matching Pursuit，CoSaMP）算法在分段正交匹配追踪算法的基础上，引入了对支撑集进行修剪的策略，同时以 RIP 边界作为理论支持，从本质上获得了最优性能的保证[14]。

MP 算法的步骤首先是初始化，具体如下。

初始迭代次数为 $t = 0$；r 为残差向量，$r^{(0)} = y$；稀疏度 k 初始化为 0，稀疏表示系数为 $\rho^{(0)}$，初始化解支撑集为 $S^{(0)} = \text{support}\{\rho^{(0)}\} = \varnothing$。

① 对所有字典原子 j 采用 $z_j^* = \alpha_j^T r^{(t-1)} / \|\alpha_j\|_2^2$，计算

$$e(j) = \min_{z_j} \|\alpha_j z_j - r^{(t-1)}\|_2$$

② 找到最大值及其对应的原子，即找到 j_0 使得 $\forall j \notin S^{(t-1)}, e(j_0) \leqslant e(j)$，并且升级 $S^{(t)} = S^{(t-1)} \bigcup j_0$。

③ 计算 $\rho^{(t)}$，即满足 $\text{support}\{\rho\} = S^{(t)}$ 的 $\|D\rho - y\|_2^2$ 的最小值。

④ 计算残差 $r^{(t)} = y - D\rho^{(t)}$。

⑤ 若残差小于给定阈值，即 $\|r^{(t)}\|_2 < \eta$，则停止迭代；否则，$t = t + 1$，并转向步骤①。

⑥ 输出经过 t 次迭代后的 $\rho^{(t)}$。

若稀疏表示向量 ρ 是矩阵 D 中的 k_0 个列向量线性组合而成的，则其平均时间复杂度为 $O(n^{k_0} m k_0^2)$。在匹配追踪过程中，由于每次迭代并不能保证残差信号与由全部所选原子张成的子空间相互正交，因此降低了收敛速度。为了解决这个问题，在 MP 算法的基础上，人们提出了 OMP 算法。OMP 算法的核心与 MP 算法的相同，都需要采用每步的残差，通过最小均方误差逼近目标值。不同的是，OMP 算法需要对所选原子进行正交化处理，接着将信号投影到由这些正交原子构成的空间上，然后重新计算残差。通过这种处理，更新后的残差就与之前选定的原子相互正交。从收敛速度上看，OMP 算法的收敛速度比 MP 算法的更快，因此，在精度相同的情况下，OMP 算法选择更少的原子表示信号，也就是说，OMP 算法表示的信号更稀疏。OMP 算法的平均时间复杂度为 $O(k_0 m n)$，与 MP 算法的平均时间复杂度 $O(n^{k_0} m k_0^2)$ 相比，有了大幅度的改进[15]。

OMP 算法的步骤首先是初始化，具体如下。

初始迭代次数为 $t = 0$；r 为残差向量，$r^{(0)} = y$；稀疏度 k 初始化为 0，稀疏表示系数为 $\rho^{(0)}$，设置索引集 $S = \varnothing$。

① 对所有字典原子 j 采用 $z_j^* = \alpha_j^T r^{(t-1)} / \|\alpha_j\|_2^2$，计算

$$e(j) = \min_{z_j} \|\alpha_j z_j - r^{(t-1)}\|_2$$

② 在字典 D 中找到一个与残差最相关的列向量 $n^{(t)} \in \arg\max_n |\langle r^{(t-1)}, \varphi_n \rangle|$，并且升级 $S^{(t)} = S^{(t-1)} \bigcup \{n^{(t)}\}$。

③ 找到一个能量最佳近似信号的列向量 $\boldsymbol{\rho}^{(t)}$，$\boldsymbol{\rho}^{(t)} = \arg\min_{\rho} \|\boldsymbol{y} - \boldsymbol{D}\boldsymbol{\rho}\|_2$。

④ 计算残差 $\boldsymbol{r}^{(t)} = \boldsymbol{y} - \boldsymbol{D}\boldsymbol{\rho}^{(t)}$。

⑤ 若残差小于给定的阈值，即 $\|\boldsymbol{r}^{(t)}\|_2 < \eta$，则停止迭代；否则，$t = t+1$，并转向步骤①。

⑥ 输出经过 t 次迭代后的 $\boldsymbol{\rho}^{(t)}$。

2．凸优化算法

最小 l_1 范数是一个凸优化问题，可转化为一个线性规划问题加以求解，这种方法也称**基追踪**（Basis Pursuit，BP）**算法**[16]。该算法的基本思想是，满足一定条件的 l_1 范数最小化与 l_0 范数最小化具有相同的稀疏解[17]，因此可通过求解 l_1 范数最小化问题重构稀疏信号。BP 算法仅需要求解一个线性凸优化问题，计算简单，容易实现，且相较于贪婪算法，需要的测量值维数较少，但 BP 算法所需的计算量较大，对大规模的单观测稀疏重构问题难以求解。

最小 l_1 范数也可使用内点法[18]、梯度投影法[19]、谱投影梯度法（Spectral Projected Gradient，SPG）[20] 及同伦算法[21]等求解。比较而言，内点法的速度较慢但非常精确，梯度投影法则具有很好的运算速度，而同伦算法对小尺度问题比较实用。此外，为了进一步降低测量噪声对重构算法的影响，E. Candés 等人还提出了加权最小 l_1 范数重构算法[22]，这种方法通过重新设置最小化范数问题来提高稀疏信号的重构质量。

凸优化算法的特点是需要一定的计算复杂度，而且需要选择合适的参数。但是，当信号稀疏性不是很好且测量中的噪声较大时，其效果通常较匹配追踪系列算法的更好。针对含噪声的单观测稀疏重构问题，最常见的方法有基追踪降噪（Basis Pursuit DeNoising，BPDN）算法[23]和 DS（the Dantzig Selector）算法[24]，这两种算法均是对 BP 算法的改进。BPDN 算法采用 l_2 范数对噪声进行约束，重构稀疏信号来求解 l_1 范数优化和 l_2 范数约束的问题。

2.2　目标时频分布（TFD）及稀疏性分析

作为时变特征分析工具，信号时频处理方法具有不可比拟的优势，但是估计性能受时频分辨率的限制。基于时频分析的参数估计方法可视为在时频基函数上分解信号，如果信号的特性与分解的基函数相匹配，就可采用几个基函数的组合来表示原始信号，即信号稀疏表示[25]。时频分析方法将信号在一组完备的时频基上展开，如果用能够很好地表征信号局部时频结构的时频原子构成的过完备字典替代完备基函数，使信号的自适应表示成为可能，那么参数估计问题就转化为信号的稀疏表示问题。

2.2.1 目标信号稀疏特性的 TFD 分析方法

动目标是低可观测目标中很重要的目标类型之一，往往利用多普勒信息对其进行积累检测。以滤波器为典型处理手段的经典频域滤波方法是 MTI 和 MTD，它们通过设计一定的低通或高通滤波器或窄带多普勒滤波器组来实现频域滤除杂波，以便保留动目标。然而，对具有复杂运动特性的动目标回波来说，其回波信号具有时变、非平稳特性，难以在单一多普勒通道内形成峰值，检测性能下降。为此，将一维频域处理扩展为时间－频率二维处理，即时频分析，适合分析时变信号，将其用于雷达动目标检测，能够反映多普勒频率随时间的变化。根据多分量信号变换后是否存在交叉项（变换是否为线性变换），可将时频分析分为线性时频表示和非线性时频表示，前者最典型的是 STFT 和 WT 等，后者主要是Cohen 类时频分布，典型的是 WVD、伪 WVD（Pseudo WVD，PWVD）、平滑伪WVD（SPWVD）等。表 2.1 中比较了几种典型的变换域目标检测技术。

表 2.1　几种典型的变换域目标检测技术

方　法	技术原理	优　缺　点
STFT	在 FT 的基础上加一个长度恒定的窗函数，变换出窗内信号的时频信息	适合匀速运动目标。时频聚集程度较低，没有交叉项
WVD	对时域信号进行二次型变换	适合匀变速运动目标，存在交叉项，时频聚集程度较高
PWVD	对 WVD 施加窗函数	适合匀变速运动目标，一定程度上抑制了交叉项，时频聚集程度降低
SPWVD	对 WVD 施加窗函数和平滑函数	适合匀变速运动目标，运算量大，时频聚集程度下降，可有效抑制交叉项
WT	采用可调时频窗	适合慢速运动目标，较好地解决了时间分辨率和频率分辨率之间的矛盾
FRFT	时频平面旋转投影	适合匀加速运动目标，无交叉项干扰，不能反映信号任意时刻的频率变化

傅里叶分析理论体系在分析与处理平稳信号时具有极大的优越性，但在雷达高速高机动目标探测中，信号呈现出时变、非平稳等复杂特性。分数阶傅里叶变换（FRactional Fourier Transform，FRFT）以 LFM 为基函数，介于时域和频域之间的任意分数域表征，能够反映多普勒频率的变化规律，适合处理时变的非平稳信号，且无交叉项干扰。后续为了能够实现时变非平稳信号的时频谱表示，作者团队在短时 FRFT（STFRFT）理论的基础上，提出了 STFRFT 动目标检测方法，并用于低慢小目标的检测，同时对具有高阶相位的高机动目标，提出了分数阶模糊函数（FRactional Ambiguity Function，FRAF）及线性正则模糊函数等，均在动目标检测中得到了很好的应用。对具有急动度或高阶运动目标的多普勒徙动补偿方法，则主要以时频分析技术和高阶信号处理技术为主，包括对时频平面进行旋

转处理的 FRFT、对多项式相位信号进行降阶处理的高阶模糊函数（High-order Ambiguity Function，HAF）、对信号多项式系数进行参数搜索处理的多项式傅里叶变换（Polynomial FT，PFT）以多项式相位变换（Polynomial Phase Transform，PPT）等。其中，FRFT 仅适用于处理 LFM 信号，基于降阶的参数估计算法和高阶匹配相位变换参数估计法，算法复杂，且高阶次的非线性变换会产生交叉项，影响参数估计和信号检测。此外，上述方法的补偿性能均受可利用信号长度的限制。

变换域动目标检测实质上利用了信号在变换域中的稀疏性，若用能够很好地表征信号局部时频结构的时频原子构成的过完备字典替代完备基函数，则参数估计问题转化为信号的稀疏表示问题。下面首先给出动目标信号的变换域分析方法，然后结合实测数据分析海杂波和目标信号在变换域的稀疏特性，为后续高分辨 STFD 设计奠定基础。

1. 短时傅里叶变换（STFT）

对时间窗滑动做傅里叶变换，得到信号的 TFD，它可用于描述信号在 FT 基下的稀疏特性：

$$\text{STFT}(t,\omega) = \int_{-\infty}^{\infty} x(\tau)g^*(\tau-t)\mathrm{e}^{-\mathrm{j}\omega\tau}\,\mathrm{d}\tau \tag{2.5}$$

式中，$g(t)$ 为窗函数，t 为时间。STFT 为线性时频表示，受不确定原理的制约，其时间分辨率和频率分辨率不能同时得到优化，限制了 STFT 对信号的时频描述。

2. Wigner-Vill 分布（WVD）

WVD 是一种二次型时频分布，定义为信号自相关函数的傅里叶变换，对非平稳信号具有良好的时频聚集性。LFM 信号在 WVD 谱中表现出明显的峰值，因此 WVD 可用于描述信号在 LFM 基下的稀疏特性：

$$\text{WVD}(t,\omega) = \int_{-\infty}^{\infty} x^*(t-\tau/2)x(t+\tau/2)\mathrm{e}^{-\mathrm{j}\omega\tau}\mathrm{d}\tau \tag{2.6}$$

由于互相关项的影响，WVD 出现交叉项，存在多目标时，交叉项将严重影响目标的检测。

3. 平滑伪 WVD（SPWVD）

参考 STFT 的基本思想，在 WVD 基础上施加窗函数并进行平滑处理，可有效降低交叉项的影响。SPWVD 可用于分析高阶调频信号的稀疏特性：

$$\text{SPWVD}(t,\omega) = \int_{-\infty}^{\infty}\int_{-\infty}^{\infty} g(u)h(\tau)s(t-u+\tau/2)s^*(t-u-\tau/2)\mathrm{e}^{-\mathrm{j}\omega\tau}\mathrm{d}u\mathrm{d}\tau \tag{2.7}$$

4. 分数阶傅里叶变换（FRFT）

分数阶傅里叶变换以 LFM 为基函数，是介于时域和频域之间的任意分数域表征，能够反映多普勒频率的变化规律：

$$X_\alpha(u) = \int_{-\infty}^{+\infty} x(t)K_\alpha(t,u)\mathrm{d}t \tag{2.8}$$

$$K_\alpha(t,u) = \begin{cases} A_\alpha \exp\left\{ j\left[\frac{1}{2}t^2 \cot\alpha - ut\csc\alpha + \frac{1}{2}u^2 \cot\alpha \right] \right\}, & \alpha \neq n\pi \\ \delta[u - (-1)^n t] & , \alpha = n\pi \end{cases} \qquad (2.9)$$

式中，α 为旋转角，$A_\alpha = \sqrt{(1 - j\cot\alpha)/2\pi}$ 。

FRFT 无交叉项的干扰，可作为分析信号在 Chirp 基下稀疏特性的有利工具。

2.2.2 稀疏分解与时频分析

从 FT、STFT、WVD 到 FRFT，信号分析处理能力不断增强，它们之间的区别表现在不同的时频分辨能力上，而线性时频表示方法的时频分辨能力由其所用基函数的时间和频率聚集性决定。若将信号空间视为二维时频空间，信号空间的基就可视为对时频空间的划分。不同信号变换或基分解的区别体现在其采用的基函数对时频空间划分的不同上。基分解中采用的基函数对信号空间来说是完备的，因此所有基函数对应的时频支撑域可将整个时频空间铺满，没有空隙。正交基函数之间是相互无关的，它们对应的时频支撑域在时频空间不但没有空隙，而且没有重叠[26]。

在实际应用中，通常选择和信号的内在时频结构相近的时频空间划分来分析给定的信号。如果信号是由几个正弦分量组成的，那么用 FT 来分析它就是最优的；如果信号正好是以几个小波函数为分量组成的，利用小波变换就更能获得信号中的信息。可以说，基于基分解的传统线性时频表示让我们在分析信号时有了足够多的选择，但是这类表示方法却有很多局限性。例如，分解结果不是稀疏的，由于基函数之间是线性无关的，使得基函数在信号空间中的分布是稀疏的，信号的能量在分解后将分散分布在不同的基函数上。这种分散的能量分布将导致信号表示结果的不简洁性，即信号表示不是稀疏的。此外，时频分析方法也无法有效地揭示信号的局部时频特性。虽然可以设计某种信号变换，使得其对时频空间的划分非常精细（每个时频块都满足不确定性原理），但是由于待分析信号的能量分散在不同的基函数上，仍然无法得到满足不确定性原理的最高时频分辨率。

为了实现对信号更灵活、简洁和自适应的表示，研究人员提出了稀疏分解的概念，其主要思想为：分解结果越稀疏，则越接近信号的本征或内在结构。如果分解中选用的基函数能够使分解结果更稀疏，就认为这种基函数更优。如果选择用来表示信号的基函数和信号的内在结构相似，则仅用少数几个基函数就可表示信号。信号中的信息也集中在这几个基函数上，便于提取和解释。

信号稀疏表示理论的基本思想是：基函数集合用称为**原子字典**的过完备冗余函数集合取代，信号表示为原子字典中少数向量的线性组合。信号空间的过完备向量集合称为**过完备原子库**或**过完备原子字典**，简称**原子字典**或**过完备字典**。原子字典的过完备性使得其中的向量在信号组成的空间中足够密，向量间的正交性将不再被保证。因此，此时的向量不再是信号空间的基，而改称为**原子**。信号在过完备字典上的分解结果将是稀疏的，信号可表示为少数原子的线性和，即信号稀疏表示。利用过完备字典得到信号稀疏表示的过程称为**信号的稀疏分解**。相对于传统的分析方法，信号的稀疏表示更能满足分析信号的要求。

相对于传统的时频信号分析方法，稀疏表示方法具有以下优点：① 稀疏分解满足信号稀疏表示的需要。信号包含的信息或能量集中在少数原子上，便于雷达对目标能量的积累和检测；② 稀疏表示满足信号自适应表示的需要。相对于传统的基分解，稀疏分解采用的过完备原子字典包含各种原子，因此可以自适应地从字典中选取与信号内在结构最匹配的原子来表示信号，进而提高目标和杂波的区分能力；③ 稀疏表示可以有效地揭示时变信号的时频结构。一般来说，过完备原子字典中的原子都具有非常好的时频聚集性，因此能有效地表达时变变化规律。

2.3　动目标时频分布模型

为了获得高分辨率和远探测距离，假设雷达发射信号为 LFM 形式，即

$$s_t(\hat{t}) = \text{rect}\left(\frac{\hat{t}}{T_p}\right) \exp\left[\text{j}2\pi\left(f_c\hat{t} + \frac{1}{2}k\hat{t}^2 \right) \right] \tag{2.10}$$

式中，

$$\text{rect}(u) = \begin{cases} 1, & |u| \leqslant 1/2 \\ 0, & |u| > 1/2 \end{cases}$$

式中，$\hat{t}$ 为脉内快时间，f_c 为雷达载频，T_p 为脉宽，$k = W/T_p$，W 为带宽。于是，雷达接收到的信号形式为

$$s_r(\hat{t}) = \sigma_r \text{rect}\left(\frac{\hat{t}-\kappa}{T_p}\right) \exp\left[\text{j}2\pi\left(f_c(\hat{t}-\kappa) + \frac{k}{2}(\hat{t}-\kappa)^2 \right) \right] \tag{2.11}$$

式中，σ_r 表示动目标的雷达散射截面积（RCS），$\kappa = 2R_s(t_m)/c_0$ 表示时间延迟，c_0 为光速，$R_s(t_m)$ 为目标与雷达的视线距离（Radar Line Of Sight，RLOS），$t_m \in [-T_n/2, T_n/2]$ 表示脉间慢时间，T_n 为观测时长。

假设目标与雷达的位置关系如图 2.2 所示，仅考虑径向速度分量，则目标与雷达的 RLOS 可以表示为

$$R_s(t_m) = \sum_i a_i t_m^{i-1} = R_0 - vt_m - \frac{1}{2!}v't_m^2 - \frac{1}{3!}v''t_m^3 - \cdots, \quad t_m \in [-T_n/2, T_n/2] \tag{2.12}$$

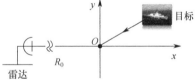

图 2.2　目标与雷达的位置关系

式中，R_0 为目标与雷达的初始 RLOS 距离，v 为目标速度。假设雷达为相参体制，解调后的回波信号可以表示为

$$s_{\text{IF}}(\hat{t}, t_m) = s_{\text{r}} \cdot s_{\text{t}}^* = \sigma_{\text{r}} \text{rect}\left(\frac{\hat{t} - \kappa}{T_p}\right) \exp(-\text{j}2\pi k\kappa\hat{t}) \exp(-\text{j}2\pi f_{\text{c}}\kappa) \tag{2.13}$$

式中，"*" 表示复共轭运算。对解调后的雷达回波数据进行脉冲压缩处理，目标雷达回波可表示为

$$s_{\text{PC}}(t_m) = A_{\text{r}} \text{sinc}\left[W\left(t - \frac{2R_{\text{s}}(t_m)}{c_0}\right)\right] \exp\left(-\text{j}\frac{4\pi R_{\text{s}}(t_m)}{\lambda}\right) \tag{2.14}$$

式中，A_{r} 为回波幅度，λ 为波长。

因此，动目标雷达回波可建模为幅度起伏的调频（FM）信号，即

$$x(t_m) = \sum_{i=1}^{I} a_i(t_m) \text{e}^{\text{j}\varphi_i(t_m)} \tag{2.15}$$

式中，$a(t_m)$ 为信号包络，$\varphi(t_m)$ 为信号相位。

对式（2.15）中的动目标信号模型，其时频分布（TFD）可以表示为

$$\rho_x(t_m, f) = \sum_{i=1}^{I} a_i^2(t_m) \delta[f - \dot{\varphi}_i(t_m)/2\pi] \tag{2.16}$$

式中，$\dot{\varphi}_i(t_m)$ 为信号频率的估计。

式（2.16）表明，动目标信号可表示为不同时刻一次或二次调频、高次调频等瞬时频率分量的叠加，通过稀疏分解，其回波信号可在时频平面内表示为明显的冲激函数［峰值位置 $f = \dot{\varphi}_i(t_m)$］，表明能量得到积累。此时，由 $\rho_x(t_m, f)$ 构成的时频域即为信号的稀疏表示域，也就是稀疏时频分布。由于动目标回波信号可由足够阶次的多项式相位信号近似表示，因此这里采用高阶相位信号，即 LFM 信号或二次调频（Quadratic FM，QFM）信号作为动目标回波信号的近似，进而得到目标的瞬时频率

$$\dot{\varphi}(t_m) = f_0 + \mu_{\text{s}}t_m \quad \text{或} \quad \dot{\varphi}(t_m) = f_0 + \mu_{\text{s}}t_m + \frac{k_{\text{s}}}{2}t_m^2 \tag{2.17}$$

式中，$f_0 = 2v_0/\lambda$ 为初始频率，v_0 为目标运动初速度，$\mu_{\text{s}} = 2a_{\text{s}}/\lambda$，$a_{\text{s}}$ 为加速度，$k_{\text{s}} = 2g_{\text{s}}/\lambda$，$g_{\text{s}}$ 为急动度。此外，在长时间观测和相参积累时，动目标回波多普勒频率仍随时间变化，具有时变特性，也可近似为高阶相位信号。

2.4　动目标雷达回波稀疏性分析

2.4.1　C 波段雷达海上动目标实测数据稀疏性分析

下面采用 CSIR 对海雷达数据库（见附录 A）中的 TFA17-014 数据分析海上

动目标在变换域中的稀疏特性。采集数据的 Fynmeet 雷达为相参体制，参加试验的合作目标为安装有全球定位系统（Global Position System，GPS）的乘浪者号充气橡皮艇（Rigid Inflatable Boat，RIB）。雷达配置及环境参数如表 2.2 所示。

表 2.2　雷达配置及环境参数（TFA17-014）

参　数	数　值	参　数	数　值
发射频率/GHz	6.9	距离分辨率/m	15
观测时长/s	105	波高/m	2.35
脉冲重频/kHz	5	平均风速/kts	12.2
掠射角/°	0.501～0.56	天线波瓣宽度/°	2（水平）
距离范围/m	720（48 个距离单元）	GPS 信号	有

图 2.3 所示为 TFA17-014 的数据描述，其中图 2.3(a)所示的距离—时间图表明动目标处于距离单元 17～22 内，白色曲线为 GPS 记录的运动轨迹。目标在观测时间内跨越多个距离单元，具有高机动特性，其回波微弱，仅通过幅度难以从强海杂波中发现目标。此外，由目标单元的时频分布［见图 2.3(b)］可以看出，目标多普勒频率具有时变、非平稳特性，海杂波频谱较宽，覆盖了大部分目标频谱。

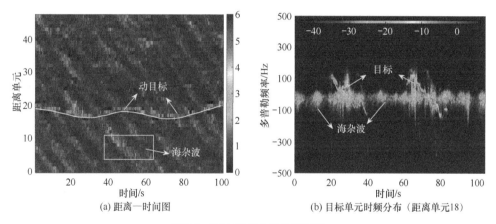

(a) 距离—时间图　　　　　　　　(b) 目标单元时频分布（距离单元18）

图 2.3　TFA17-014 的数据描述

图 2.4 所示为海上动目标信号的不同时频分布，比较了 STFT、WVD、SPWVD 结果及其谱分布。三种方法均能给出动目标信号的时频分布，区别在于时频聚集性、目标能量积累程度以及对海杂波的抑制，具体体现如下：① STFT 时频分辨率较差［见图 2.4(a)和(b)］，动目标信号在该时段的频率分布范围为 70～110Hz，目标与杂波归一化幅度差为 0.38，海杂波能量集中分布在−50Hz 附近，能够采用较少的 FT 原子表示海杂波信号，因此可将 FT 基作为其稀疏表示的字典；②WVD 谱交叉项影响严重［见图 2.4(c)和(d)］，目标与杂波归一化幅度差为 0.29，但海上目标谱线较 STFT 更尖锐和明显，因此，目标信号具有一定的时变特性；③SPWVD 较 WVD

的交叉项得到明显抑制 [见图 2.4(e)和(f)]，目标峰值突出，与杂波归一化幅度差为 0.56，但仍难以得出信号的高分辨瞬时调频特性。

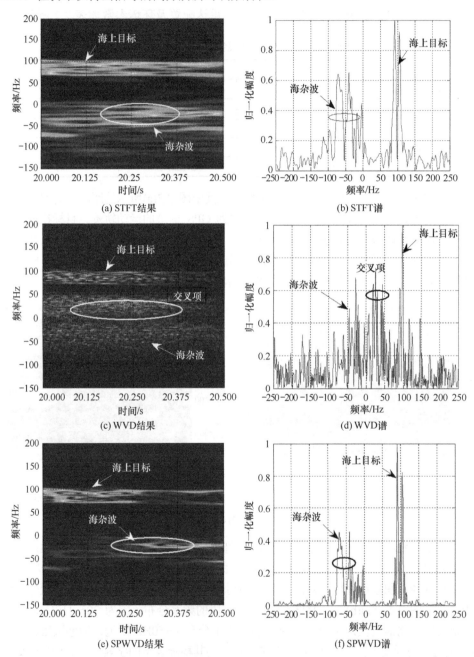

图2.4 海上动目标信号的不同时频分布（起始时间为20s，1024 个脉冲）

海上动目标信号 FRFT 谱分布如图 2.5 所示。

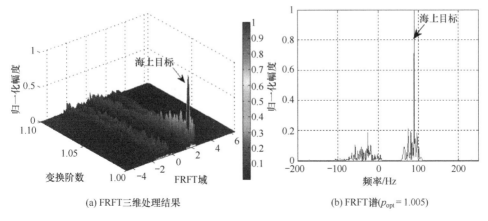

(a) FRFT三维处理结果

(b) FRFT谱(p_{opt}=1.005)

图 2.5　海上动目标信号 FRFT 谱分布

观察发现，在变换阶数 $p_{opt}=1.005$ 处出现明显峰值，表明目标能量得到了很好的积累，在其最优 FRFT 谱中，目标与杂波归一化幅度差为 0.81。在较短的积累时间内，目标信号具有时变特性，可近似为 LFM 信号，在匹配的 Chirp 字典下形成明显峰值，而海杂波与 Chirp 字典不匹配。因此，动目标信号在 FRFT 域中具有稀疏性，而海杂波在 Chirp 字典对应的稀疏域中不能被很好地表示。

TFD 技术仅是稀疏表示的特例，其缺陷是时频聚集性较差、算法较为复杂，FRFT 仍为参数搜索类方法，需要进行变换角的搜索以匹配时变信号，且参数估计精度受搜索步长的限制。目标信号和海杂波具有不同的稀疏性，可以利用其稀疏性的不同，将稀疏分解的局部优化思想引入时频分析，在时间－稀疏域进一步提升算法性能。

2.4.2　S 波段雷达海上动目标实测数据稀疏性分析

采用 S 波段雷达海上合作目标数据分析数据的稀疏特性，目标为民用渔船，雷达观测目标几何关系如图 2.6 所示，目标由 B3 运动至 A 点，雷达波束周期性扫描，雷达距离－脉冲图如图 2.7 所示。由图 2.7 很难直接根据回波幅值检测目标。

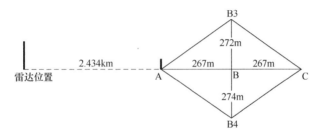

图 2.6　雷达观测目标几何关系

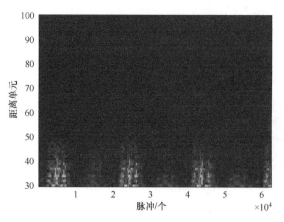

图 2.7　雷达距离－脉冲图

采用对数幅度增强回波对比度，得到图 2.8(a)所示的结果，可以看出目标回波显示效果得到明显改善，发现在距离单元 70~80 附近存在目标，且靠近雷达运动，经对数处理后，杂波幅度和目标旁瓣回波幅度同时增大，严重干扰了目标的检测，导致虚警增加。进行动目标显示处理在抑制大部分杂波的同时，保留了目标的能量，如图 2.8(b)所示，表明检测动目标时对其回波进行预处理是非常必要的。

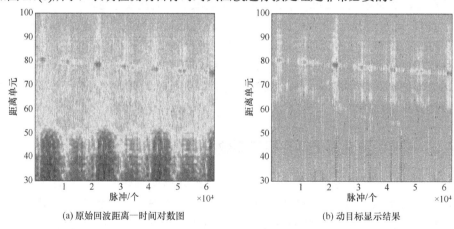

(a) 原始回波距离－时间对数图　　　　　　　(b) 动目标显示结果

图 2.8　雷达距离－脉冲图（对数图）

对不同距离单元的雷达回波分别进行多普勒处理，得到如图 2.9 所示的结果。可以看出，位于距离单元 80 附近的目标回波幅度最强，且具有一定的多普勒频率，比较不同距离单元的时频特性发现，目标多普勒谱较宽，表明非匀速运动的回波具有一定的时变特性。进行动目标显示处理后，在零频附近形成滤波器抑制固定杂波和部分海杂波，从而改善信杂比。因此，对于该组数据，动目标在频域中能量不聚焦，稀疏性不明显。

图 2.10 所示为不同距离单元目标回波频谱和 FRFT 域处理结果[27]。在最佳FRFT 域中，目标信号能量较好地得到了聚集，海杂波明显得到了抑制，而目标

能量基本未削弱，目标信号与海杂波的 FRFT 幅值差显著增加，目标信号更突出。因此，FRFT 域更能代表动目标的稀疏域。

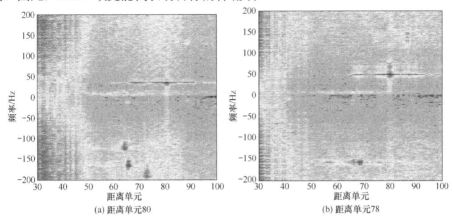

(a) 距离单元80   (b) 距离单元78

图 2.9　雷达回波多普勒处理结果

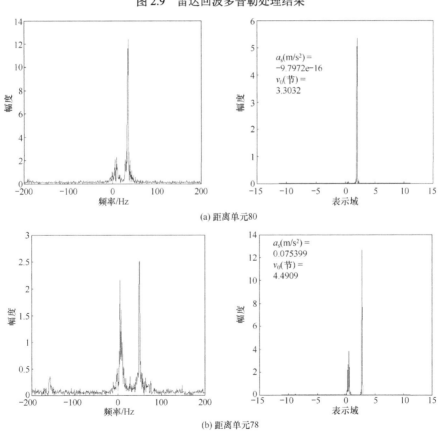

(a) 距离单元80

(b) 距离单元78

图 2.10　不同距离单元目标回波频谱和 FRFT 域处理结果（左图为目标回波频谱，右图为FRFT 域处理结果）

参 考 文 献

[1] 陈小龙，刘宁波，黄勇，等. 雷达目标检测分数域理论及应用[M]. 北京：科学出版社，2022.

[2] 孙艳丽，陈小龙，柳叶. 雷达动目标变换域相参积累检测及性能分析[J]. 太赫兹科学与电子信息学报. 2019, 17(3): 457-461.

[3] Donoho David L. Compressed sensing [J]. *IEEE Transactions on Information Theory*, 2006, 52(4): 1289-1306.

[4] 李刚，夏向根. 参数化稀疏表征在雷达探测中的应用[J]. 雷达学报，2016, 5(1): 1-7.

[5] 焦李成，杨淑媛，刘芳，等. 压缩感知回顾与展望[J]. 电子学报，2011, 39(7): 1651-1662.

[6] E. Elhamifar, R. Vidal. Sparse subspace clustering: algorithm, theory, and applications [J]. *IEEE Transactions on Pattern Analysis and Machine Intelligence*, 2013, 35(11): 2765-2781.

[7] Candés E, Tao T. Decoding by linear programming [J]. *IEEE Transactions on Information Theory*, 2005, 51(12): 4203-4215.

[8] Cai T T, Zhang A. Compressed sensing and affine rank minimization under restricted isometry [J]. *IEEE Transactions on Signal Processing*, 2013, 61(13): 3279-3290.

[9] Mallat S, Zhang Z. Matching pursuits with time-frequency dictionaries [J]. *IEEE Transactions on Signal Processing*, 1994, 41(12): 3397-3415.

[10] Pati Y C, Rezaiifar R, Krishnaprasad P S. Orthogonal matching pursuit: recursive function approximation with applications to wavelet decomposition [J]. *In Proceedings of Asilomar Conference on Signals, Systems and Computers*, 1993: 40-44.

[11] Needell D, Vershynin R. Signal recovery from incomplete and inaccurate measurements via regularized orthogonal matching pursuit [J]. *IEEE Journal of Selected Topics in Signal Processing*, 2010, 4(2): 310-316.

[12] Donoho D, Tsaig Y, Drori I, et al. Sparse solution of underdetermined linear equations by stagewise orthogonal matching pursuit[J]. *Technical Report*, Department of Statistics, Stanford University, 2006.

[13] Needell D, Tropp J A. CoSaMP: Iterative signal recovery from incomplete and inaccurate samples [J]. *Applied and Computational Harmonic Analysis*, 2008, 26 (3): 301-321.

[14] 王军华. 稀疏重构算法及其在信号处理中的应用研究[D]. 国防科学技术大学，2012.

[15] 杨俊刚. 利用稀疏信息的正则化雷达成像理论与方法研究[D]. 国防科学技术大学，2013.

[16] Chen S B, Donoho D L, Saunders M A. Atomic decomposition by basis pursuit[J]. *SIAM Journal on Scientific Computing*, 1998, 20(1): 33-61.

[17] D. L. Donoho. For most large underdetermined systems of linear equations the minimal l_1-norm solution is also the sparsest solution [J]. *Communications on Pure and Applied Mathematics*, 2006, 59(6): 797-829.

[18] Kim S, Koh K, Lustig M, et al. An interior-point method for large-scale l_1 regularized least squares[J]. IEEE Journal of Selected Topics in Signal Processing, 2007, 1(4): 606-617.

[19] Figueiredo M A, Nowak R, Wright S J. Gradient projection for sparse reconstruction: Application to compressed sensing and other inverse problems [J]. *IEEE Journal of Selected Topics in Signal Processing*, 2007, 1: 586-597.

[20] Berg E V D, Friedlander M P. Probing the Pareto frontier for basis pursuit solutions [J]. *SIAM Journal on Scientific Computing*, 2008, 31(2): 890-912.

[21] Donoho D L, Tsaig Y. Fast solution of L1-norm minimization problems when the solution may be

sparse. *Technical Report*, Department of Statistics, Stanford University, USA, 2008.

[22] Candès E, Braun N, Wakin M B. Sparse signal and image recovery from compressive samples [C]. *Proceedings of the 4th IEEE International Symposium on Biomedical Imaging: From Nano to Macro, Washington D. C., USA*, 2007: 976-979.

[23] J. Tropp. Just relax: convex programming methods for identifying sparse signals in noise [J]. *IEEE Transactions on Information Theory*, 2006, 52(3): 1030-1051.

[24] E. J. Candes, T. Tao. The Dantzig selector: Statistical estimation when p is much larger than n (with discussion) [J]. *Annals of Statistics*, 2007, 35: 2313-2351.

[25] 陈小龙，关键，何友，等. 高分辨稀疏表示及其在雷达动目标检测中的应用[J]. 雷达学报，2017, 6(3): 239-251.

[26] 郭金库，刘光斌，余志勇，等. 信号稀疏表示理论及其应用[M]. 北京：科学出版社，2013.

[27] Guan J, Chen X L, et al. Adaptive fractional Fourier transform-based detection algorithm for moving target in heavy sea clutter [J]. *IET Radar, Sonar, Navigation*, 2012, 6(5): 389-401.

第3章　基于稀疏优化的稀疏时频分析雷达目标检测方法

　　时频分析方法的基本思想是，在一组完备的时频基上展开信号，若能很好地用表征信号局部时频结构的时频原子构成的过完备字典替代完备基函数，使信号的自适应表示成为可能，则参数估计问题就转化为信号的稀疏表示问题。目标雷达回波可视为少数强散射中心回波的叠加，而回波具有稀疏特性，因此，采用稀疏表示的方法分析微动信号并进行参数估计是非常适合的。在某些探测场景下，如海面目标探测，回波信号较为复杂，不仅包含时变的目标信号，而且不同于噪声背景，海杂波的存在会使特征极其微弱，目标和海杂波在时域和频域中均有所交叠。若采用单一字典进行稀疏分解［也称**稀疏成分分析**（Sparse Component Analysis，SCA）］ [1]，则往往达不到稀疏表示微动信号的效果，导致稀疏分解算法的性能下降，稀疏域海杂波和微动信号难以区分。分数域处理方法对动目标有良好的能量聚集性和检测性能，能够处理加速运动目标和具有高次调频特性的动目标，典型方法包括 FRFT 和分数阶模糊函数（FRactional Ambiguity Function，FRAF）[2]。然而，分数阶变换方法缺少时域定位功能，不能对任意时刻信号的局部频率特性进行分析，同时时频聚集性有限。稀疏时频分布（STFD）方法[3]将稀疏分解的局部优化思想与时频分析方法相结合，既能得到信号的时频分布，又能提高时变信号的时频聚集性，在雷达动目标检测领域具有非常广阔的应用前景。

　　本章主要从两个方面介绍基于稀疏优化的稀疏时频分析雷达目标检测方法。一方面，基于信号稀疏表示的信号分解方法，即形态成分分析（Morphological Component Analysis，MCA）[6-8]。MCA 采用不同的字典进行稀疏表示，认为每个源信号都存在与之相对应的能够稀疏表示该信号的字典，且该字典与源信号一一对应，具有唯一性。因此，与传统的 SCA 方法相比，MCA 更适合分析混合信号。由于杂波和目标雷达回波信号的形式与特性有所不同，通过分别构建杂波与微动目标回波信号的稀疏表示字典，使两个字典仅能稀疏表示相对应的信号，而其他信号不能稀疏表示，具有区分杂波与微动目标的能力，能够进一步提高杂波背景下的目标检测性能。另一方面，充分利用分数阶变换方法和 STFD 的优势，构建基于稀疏优化的稀疏分数阶表示域（Sparse Fractional RepResentation Domain，SFRRD）理论框架，并加入滑动的短时窗函数，提出短时 SFRRD（ST-SFRRD）动目标探测方法，在实现高分辨时变信号时频表示的同时，改善

SCR，提高复杂环境下雷达动目标检测的性能。首先建立动目标时频分布模型，然后结合实测数据对目标的稀疏特性进行分析，建立 ST-SFRRD 方法模型，给出具体的动目标检测流程，最后用实测数据对所提算法的检测性能进行验证。

3.1 基于形态成分分析的杂波抑制和动目标检测方法

形态成分分析（MCA）方法是近几年提出的另一种基于信号稀疏表示的信号分解方法。由于海杂波和微动目标雷达回波信号形式及特性有所不同，本章将 MCA 方法用于海面微动目标检测，通过分别构建海杂波与微动目标回波信号的稀疏表示字典，使两个字典仅能稀疏表示相对应的信号，而其他信号不能稀疏表示，具有区分海杂波与微动目标的能力，能够进一步提高海杂波背景下的目标检测性能。

3.1.1 动目标信号的稀疏表示及形态成分分析

1. 基于匹配追踪的微动信号稀疏表示

对于集合 $g = \{g_i; i = 1, 2, \cdots, K\}$，其元素是张成整个希尔伯特空间 $H = \mathbf{R}^N$ 的单位向量，且 $K \geqslant N$，称集合 g 为原子库（字典），称集合中的元素为原子。任意信号 $f \in H$ 可以展开为一组原子的线性组合，即对信号 f 做逼近：

$$f = \sum_m \alpha_m g_m \tag{3.1}$$

式中，m 为原子个数，系数 α_m 的大小表示信号与原子的相似程度。

由于原子个数 m 小于空间维数 N，这种信号的表示也称**稀疏逼近**。字典是冗余的（$K \geqslant N$），即字典之间不是线性独立的，因此信号的稀疏表示方式不唯一，我们需要从各种组合中用尽可能少的原子表示源信号，m 取值最小。在无噪声的背景下，求解式（3.1）中信号的稀疏表示问题可以描述为

$$\min \|\alpha\|_1, \quad \text{s.t. } f = g\alpha \tag{3.2}$$

这是凸优化问题，其中 g 需要满足 RIP。

在各种稀疏分解的算法中，MP 算法原理简单，是目前最常用的方法[215]。在 MP 算法的每次迭代过程中，从字典中选择最能匹配源信号结构的原子对信号进行逼近，直到分解的残差满足一定的条件。因此，本章采用 MP 算法对微动信号进行稀疏分解。首先，根据微动信号自身的特点构建字典中的原子，根据 3.2 节中的微动目标回波模型建立过完备 Chirp 字典：

$$D = \{g_\beta(t)\} = \{K_{f_l, \mu_m} \exp(j2\pi f_l t + j\pi \mu_m t^2)\} \tag{3.3}$$

式中，原子有两个参数：$\beta = (f, \mu)$ 用于描述微动信号；K_{f_l, μ_m} 为归一化系数，

以保证每个原子具有归一化的能量，$\|g_\beta(t)\| = 1$，$l = 1, 2, \cdots, L$，$m = 1, 2, \cdots, M$。因此，Chirp 字典可根据需要设置 $L \times M$ 个原子。在该基函数下，微动信号 $s(t)$ 可以表示为

$$s(t) = \sum_{n=0}^{N} \alpha_n g_{\beta_n}(t) \tag{3.4}$$

若采用 k 个非零系数（$k \ll N$），则能很好地表示微动信号，于是称微动信号在字典 D 上是 k **稀疏的**。

对微动信号采用 MP 算法稀疏分解时，将在某个原子分量上达到最大匹配。MP 算法是一个迭代过程，对于 q 次迭代，微动信号可表示为原子上的投影及剩余的残留信号之和：

$$s = \sum_{n=0}^{q-1} \langle R^n s, g_{\beta_n} \rangle g_{\beta_n} + R^q s \tag{3.5}$$

$$\|s\|^2 = \sum_{n=0}^{q-1} \left| \langle R^n s, g_{\beta_n} \rangle \right|^2 + \left\| R^q s \right\|^2 \tag{3.6}$$

式中，$\langle\rangle$ 表示投影即内积运算，$R^q s$ 为源信号经 q 次迭代后的残留信号，$R^0 s = s$。MP 算法每次迭代搜索与分解残留信号最匹配的原子，直到残留信号的能量低于某个门限 ε 或者满足一定的准则：

$$\|R^q s\| < \varepsilon \tag{3.7}$$

由文献[9]可知，MP 算法分解的残留项随着迭代次数的增加最终趋于零。于是，微动信号可稀疏表示为

$$s \approx \sum_{n=0}^{Q-1} \langle R^Q s, g_{\beta_n} \rangle g_{\beta_n} \tag{3.8}$$

式中，Q 为最终的迭代次数。由上式可知，微动信号的分解系数仅有几个有限的大值，可近似表示微动信号。同时，可根据稀疏字典的位置估计微动信号参数。

2. 动目标信号的形态成分分析

MCA 根据多分量信号自身的信号结构和特点，利用信号组成成分的形态差异性，分别在各自对应的原子上进行稀疏分解，然后利用追踪算法搜索最稀疏的表示，达到区分混合信号的目的。采用数学方法建立 MCA 模型，假设信号 f 包括 K 个分量，即 $f = \sum_{i}^{K} f_i$，其中每个分量信号形式均不相同，则 MCA 能够使得：

（1）对任意信号分量 f_k，存在过完备字典 g_k（$N \times L_k$ 维，$L_k \gg N$），使得

$$\alpha_k^{\text{opt}} = \underset{\alpha}{\arg\min} \|\alpha\|_1, \quad \text{s.t.} \ f_k = g_k \alpha \tag{3.9}$$

存在稀疏解（$\|\alpha_k^{\text{opt}}\|_0$ 非常小），即 φ_k 能够稀疏表示 s_k。

（2）对任意信号分量 f_l，$k \neq l$，

$$\alpha_l^{\text{opt}} = \underset{\alpha}{\text{argmin}} \|\alpha\|_1, \quad \text{s.t. } \boldsymbol{f}_l = \boldsymbol{g}_k \boldsymbol{\alpha} \tag{3.10}$$

得到的解非常不稀疏，不是最优的，因此 $\boldsymbol{f}_l$ 在过完备字典 $\boldsymbol{g}_k$ 中不能被稀疏表示。

由式（3.9）和式（3.10）可知，通过 MCA 可使得信号仅能在各自的稀疏字典上进行稀疏分解，而不能稀疏表示其他信号分量，即稀疏字典和信号存在一一对应的关系。对于海面微动目标信号的分析和处理，其回波恰恰是目标和海杂波的混合，各自的信号形式和特点不尽相同。因此，可利用 MCA 得到微动目标的稀疏表示，从而最大限度地提高微动信号能量聚集性，改善 SCR。若将海面微动目标回波信号表示为目标 $\boldsymbol{s}_k$ 和海杂波 $\boldsymbol{c}$ 的混合，即

$$\boldsymbol{x} = \sum_k \boldsymbol{s}_k + \boldsymbol{c} \tag{3.11}$$

则 MCA 的目标函数为

$$\{\alpha_1^{\text{opt}}, \alpha_2^{\text{opt}}, \cdots, \alpha_k^{\text{opt}}\} = \underset{(\alpha_1, \alpha_2, \cdots, \alpha_k)}{\text{argmin}} \sum_k \|\boldsymbol{\alpha}_k\|_1 + \lambda \left\| \boldsymbol{x} - \sum_k \boldsymbol{g}_k \boldsymbol{\alpha}_k \right\|_2^2 \tag{3.12}$$

式中，$\boldsymbol{g}_k$ 为信号 $\boldsymbol{s}_k$ 的稀疏字典，λ 可以调整残差的大小。

为了得到式（3.12）的最优解，文献[10]中提出了迭代门限算法——块坐标松弛（Block Coordinate Relaxation，BCR）法进行求解，即 MCA 的数值实现。

3.1.2 稀疏域杂波抑制与动目标检测方法

1. 稀疏域杂波抑制方法

下面以海杂波为例加以说明。海面波浪通常可分为大尺度重力波和小尺度张力波，重力波可用多分量单频信号表示，张力波可近似建模为高斯信号。重力波在海杂波中占主导地位，即使是在高海况的条件下，其能量比重仍然很大，因此，在一定程度上，海杂波的稀疏字典可近似为 FT 字典。对微动目标回波中的海杂波进行 MCA，得到其稀疏表示，进而在海杂波的稀疏域设计杂波抑制方法，有利于提高微动信号的能量聚集性，改善 SCR。

让不同时间段的海杂波稀疏分解系数形成二维稀疏解分布图，并与频域海杂波统计阈值进行比较，若信号幅值低于统计阈值，则直接对预处理后的雷达回波信号进行微动目标信号的稀疏表示。这时，存在两种情况：一种情况是，该距离单元为海杂波单元，且海杂波较弱；另一种情况是，该距离单元为目标单元，但其回波信号和海杂波均很微弱，如远距离观测情况。若信号幅值高于统计阈值，则保留高于统计阈值的信号幅值，搜索峰值，峰值坐标对应海杂波在字典中匹配的原子，进而得到海杂波的稀疏表示，即多个单频信号的叠加。将预处理后的雷达回波信号与海杂波的稀疏表示相消，就可达到抑制海杂波的目的。具体方法如下。

首先，对经放大和解调处理后的同一个距离单元内的雷达回波进行预处理，得到 N 个采样点的输入信号序列 $x(i), i = 1, 2, \cdots, N$。将输入信号序列 $x(i)$ 分为 I 个

时间段，每个时间段包括 $k = \text{int}(N/I)$ 个样本 [int( ) 表示取整运算，$k > 2^5$]，$\boldsymbol{x} = \{x_j^{(n)} \mid n = 1, 2, \cdots, I; \quad j = 1, 2, \cdots, k\}$。

其次，计算由 FT 构建的海杂波稀疏字典，设定搜索精度和范围，假设频率 f_u 的搜索范围为 $f_u \in [0, F]$，字典中的原子个数为 U，多普勒分辨率为 $\Delta f_u = F/U$，则构建的 FT 字典为 $U \times I$ 维矩阵

$$\boldsymbol{G}_c = [\boldsymbol{g}_c^{(1)}(f), \boldsymbol{g}_c^{(2)}(f), \cdots, \boldsymbol{g}_c^{(I)}(f)] \tag{3.13}$$

式中，$\boldsymbol{g}_c^{(n)}(f)$ 对应第 n 个时间段的字典；$\boldsymbol{g}_c^{(n)}(f) = [g_c^{(n)}(f_1), g_c^{(n)}(f_2), \cdots, g_c^{(n)}(f_U)]^T$，$n = 1, 2, \cdots, I$；$g_c^{(n)}(f_u)$ 为 FT 原子，即

$$g_c^{(n)}(f_u) = \exp(-\mathrm{j}2\pi f_u t), u = 1, 2, \cdots, U \tag{3.14}$$

根据构建的 FT 字典进行稀疏分解，即计算信号在 FT 字典下的分解系数：

$$\alpha_{u,n} = \sum_j^k \left\langle x_j^{(n)}, g_c^{(n)}(f_u) \right\rangle \tag{3.15}$$

而微动目标回波信号具有 LFM 信号的特征，因此在 FT 字典下的分解系数接近零，从而可大致将海杂波与微动目标区分开。

让不同时间段的海杂波稀疏分解系数形成二维稀疏解分布图：

$$\boldsymbol{F}_c = \begin{bmatrix} \alpha_{1,1} & \alpha_{1,2} & \cdots & \alpha_{1,I} \\ \alpha_{2,1} & \alpha_{2,2} & \cdots & \alpha_{2,I} \\ \vdots & \vdots & \ddots & \vdots \\ \alpha_{U,1} & \alpha_{U,2} & \cdots & \alpha_{U,I} \end{bmatrix} \tag{3.16}$$

然后，将得到的海杂波二维稀疏解分布图与频域海杂波统计阈值进行比较，若输出结果低于统计阈值，则直接进行后续的微动目标信号的稀疏表示，此时存在两种情况：一种情况是，该距离单元为海杂波单元，且海杂波较弱；另一种情况是，该距离单元为目标单元，但其回波信号和海杂波均很微弱，如远距离观测情况；若输出结果高于统计阈值，则保留高于统计阈值的信号幅值。工程上常用的阈值计算方法为

$$Y = \frac{1}{QIU} \sum_{q=1}^{Q} \sum_{n=1}^{I} \sum_{u=1}^{U} \boldsymbol{F}_{c_q} \tag{3.17}$$

式中，$\boldsymbol{F}_{c_q}$ 为海杂波距离单元 q（$q = 1, 2, \cdots, Q$，Q 为海杂波单元的个数）的二维稀疏解能量分布。

最后，在过门限后的海杂波二维稀疏解分布图中进行峰值搜索，峰值坐标对应海杂波在 FT 字典中匹配的原子。此时，可用少量的 FT 原子表示雷达回波信号中海杂波的主要成分，获得海杂波的稀疏表示，即多个单频信号的叠加。让雷达回波信号与海杂波的稀疏表示相消，以达到抑制海杂波的目的，即

$$x_j'^{(n)} = x_j^{(n)} - c_j'^{(n)} \tag{3.18}$$

式中，$c_j'^{(n)}$ 为海杂波的稀疏表示。

2. 动目标检测方法

基于 MCA 的海杂波抑制和海面微动目标检测算法框图如图 3.1 所示，共包括如下五个步骤。

图 3.1　基于 MCA 的海杂波抑制和海面微动目标检测算法框图

步骤 1　海杂波稀疏表示。

在接收端，将接收并经过放大和解调处理后的同一个距离单元内的雷达回波信号进行分段，得到多个相邻时间段的雷达回波信号，计算由 FT 构建的频域稀疏信号字典，并对分段雷达回波信号进行稀疏分解，得到海杂波在 FT 字典下的分解系数。

步骤 2　海杂波稀疏域抑制。

让不同时间段的海杂波稀疏分解系数形成二维稀疏解分布图，并与频域海杂波统计阈值进行比较，若信号幅值低于统计阈值，则直接对预处理后的雷达回波信号执行步骤 3。

步骤 3　微动目标回波信号稀疏表示。

稀疏域海杂波抑制后的微动目标回波信号可表示为

$$
\begin{aligned}
x' &= \{x'(i) \,|\, i = 1, 2, \cdots, N\} \\
&= \{x_1'^{(1)}, \cdots, x_k'^{(1)}, x_1'^{(2)}, \cdots, x_k'^{(2)}, \cdots, x_1'^{(j)}, \cdots, x_k'^{(j)} \,|\, j = 1, 2, \cdots, k\}
\end{aligned}
\tag{3.19}
$$

根据微动目标回波信号形式计算由 Chirp 基构建的过完备字典。首先设定搜索精度和范围，假设中心频率 f_l 的搜索范围为 $f_l \in [0, F']$，搜索个数为 L，中心频率分辨率为 $\Delta f_l = F'/L$，调频率 μ_m 的搜索范围为 $\mu_m \in [0, K]$，搜索个数为 M，调频率分辨率为 $\Delta \mu_m = K/M$，则构建的过完备 Chirp 字典为 $L \times M$ 维矩阵

$$
\boldsymbol{G}_s = \begin{bmatrix}
g_s(f_1, \mu_1) & g_s(f_1, \mu_2) & \cdots & g_s(f_1, \mu_M) \\
g_s(f_2, \mu_1) & g_s(f_2, \mu_2) & \cdots & g_s(f_2, \mu_M) \\
\vdots & \vdots & \ddots & \vdots \\
g_s(f_L, \mu_1) & g_s(f_L, \mu_2) & \cdots & g_s(f_L, \mu_M)
\end{bmatrix}
\tag{3.20}
$$

式中，$g_s(f_l, \mu_m) = \exp(\mathrm{j}2\pi f_l t + \mathrm{j}\pi \mu_m t^2), l = 1, 2, \cdots, L; m = 1, 2, \cdots, M$。

然后，对回波信号即式（3.19）进行 MCA，计算信号在 Chirp 原子下的分解系数：

$$\beta_{l,m} = \sum_i^N \langle x'(i), g_s(f_l, \mu_m) \rangle \tag{3.21}$$

由于 Chirp 字典中的原子与微动目标信号的特征相匹配，可以选择用较少的原子来表示微动目标信号，即信号分解的结果是稀疏的；而海杂波具有单频信号的特征，因此不能在 Chirp 基上很好地聚集，即信号分解的结果不是稀疏的，从而可以进一步改善 SCR。

步骤 4 微动目标信号稀疏域检测。

让微动目标回波信号稀疏分解结果形成二维稀疏解分布图：

$$\boldsymbol{F}_s = \begin{bmatrix} \beta_{1,1} & \beta_{1,2} & \cdots & \beta_{1,M} \\ \beta_{2,1} & \beta_{2,2} & \cdots & \beta_{2,M} \\ \vdots & \vdots & \ddots & \vdots \\ \beta_{L,1} & \beta_{L,2} & \cdots & \beta_{L,M} \end{bmatrix} \tag{3.22}$$

取信号的幅值作为检测统计量，与给定虚警概率下的检测门限进行比较，若检测统计量高于门限值，则判决为存在微动目标信号，否则判决为没有微动目标信号，继续处理后续的检测单元，进行步骤 1 至步骤 4 的运算。

步骤 5 微动特征参数估计。

在微动目标检测后的二维稀疏解分布图中采用分级搜索的方法搜索峰值，降低搜索运算量。首先进行粗搜索，然后在峰值附近进一步缩小搜索范围，提高搜索精度，进行精搜索，重复运算直至达到参数分辨率。峰值坐标对应微动目标信号在 Chirp 字典中匹配的原子。此时，可用少量的 Chirp 原子表示微动目标信号的主要成分，获得微动目标信号的稀疏表示。设峰值坐标为 (i, j)，对应匹配原子为 $g_s(f_i, \mu_j)$，则中心频率估计为 f_i，调频率估计为 μ_j，将峰值坐标对应的频率和调频率作为微动特征的参数估计值。

该方法充分利用海杂波和微动目标回波信号组成成分的形态差异性，对不同的源信号采用不同的字典进行稀疏表示，具有区分海杂波与微动目标的能力，且在抑制海杂波的同时积累更多的信号能量，改善 SCR，为海面弱目标检测和特征提取提供了新途径。需要说明的是，用于微动信号稀疏表示的字典可根据不同的实际情况，按照 3.2 节建立的微动目标回波模型，设计合适的字典和参数，使算法能够适用于不同类型微动目标的稀疏表示。

3.1.3 仿真与实测数据处理结果

1. IPIX 数据处理结果

1）海杂波与微动目标形态成分分析结果

本节采用 IPIX-17#实测海杂波数据验证所提算法，海面微动目标的仿真参数如表 3.1 所示，海面舰船目标朝向雷达航行，并且伴随有匀加速运动和俯仰运动，俯仰运动受海况影响较大，因此两种运动导致的微动信号的 SCR 不同，分别为−2dB 和−4dB，雷达观测时长为 0.512s。

表 3.1 海面微动目标的仿真参数

参　　数	f_i/Hz	v_{0i}/kt	μ_i/(Hz/s)	a_i/(m/s²)	SCR/dB
加速运动分量	145	4.23	80	1.2	−2
转动分量	50	1.46	30	0.45	−4

设最大迭代次数为 7，采用 FT 字典对海杂波进行稀疏分解，如图 3.2 所示，不同的颜色代表幅度不同。随着迭代次数的增加，分解得到的信号能量逐步降低。可以看出，在 FT 稀疏域中，海杂波有能量聚集，形成了较大的峰值，多普勒频率集中在 40～60Hz 内，能够采用较少的 FT 原子表示海杂波信号，因此 FT 字典是海杂波的稀疏字典。图 3.3 进一步给出了雷达回波在 Chirp 字典中的稀疏分解结果，其中图 3.3(a)为海杂波稀疏表示，图 3.3(b)为海面微动目标回波稀疏表示。可以看出，海杂波在 Chirp 稀疏域中的能量分布较为分散，没有明显的能量聚集点，而微动目标回波表现为 LFM 信号，通过 Chirp 字典的稀疏分解，得到频率和调频率的能量分布图，可以看出微动信号在匹配的 Chirp 字典下形成明显的峰值，能够区分出两种运动形式，即匀加速运动和俯仰运动。因此，Chirp 字典是微动信号的稀疏字典，而海杂波在 Chirp 字典的稀疏域中不能很好地稀疏表示。

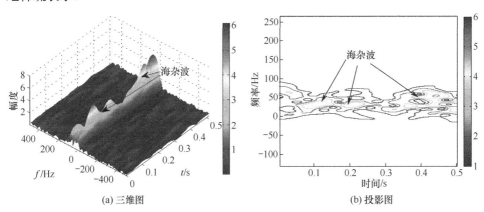

(a) 三维图　　　　　　　　　　　　　　(b) 投影图

图 3.2 海杂波的 FT 字典稀疏表示（IPIX-17#）

图 3.4 给出了两种微动形式的 MCA 结果。可以看出，通过形态成分分析，不同的微动回波信号仅能通过各自匹配的 Chirp 字典稀疏表示，而在其他稀疏域中，由于字典不匹配，能量不能很好地积累。相比采用 FT 字典分解结果，目标峰值更明显。图 3.4 还表明，MCA 能够成功地提取两种微动特征，但当海杂波较强时，在微动目标的稀疏域中海杂波仍有部分能量剩余，信号中的微多普勒频

率分量的某些部分可能会被海杂波淹没，导致虚警增多。因此，仍有必要进一步抑制海杂波。

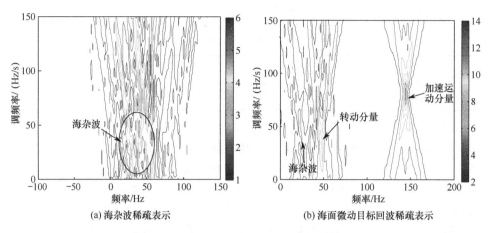

(a) 海杂波稀疏表示   (b) 海面微动目标回波稀疏表示

图 3.3　雷达回波在 Chirp 字典中的稀疏分解结果（IPIX-17#）

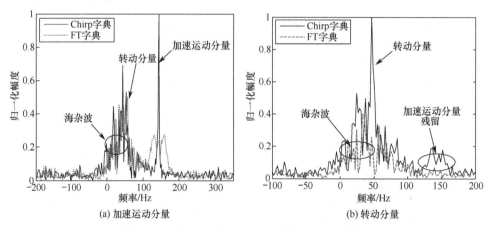

(a) 加速运动分量   (b) 转动分量

图 3.4　两种微动形式的 MCA 结果（IPIX-17#）

2）稀疏域海杂波抑制

按照稀疏域海杂波抑制方法，对微动回波信号进行海杂波抑制，得到图 3.5 所示的稀疏域海杂波抑制后的微动信号分量。可以看出，大部分海杂波得到了抑制，相比图 3.4，微动目标峰值清晰可见，能够正确区分海杂波和微动目标，SCR 提升。

对稀疏域海杂波抑制后的回波数据进行 Chirp 字典稀疏分解，然后进行 CFAR 检测（$P_{fa} = 10^{-3}$），提取微动信号分量，结果如图 3.6 所示。两个明显峰值表明在微动信号的稀疏域中，能够采用很少的原子表示微动信号，峰值位置可用于估计微动参数。转动分量参数估计结果为 $f_1 = 50.83\text{Hz}$，$\mu_1 = 30.07\text{Hz/s}$；加速

运动分量参数为 $f_2 = 144.20\text{Hz}$，$\mu_2 = 79.81\text{Hz/s}$。从仿真结果可以看出，有海杂波时，所提方法仍具有较好的估计精度。

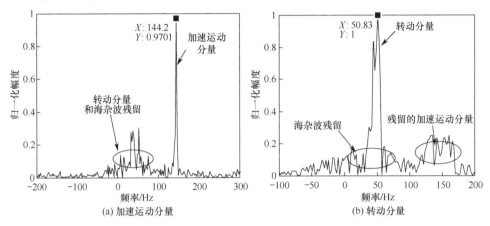

图 3.5　稀疏域海杂波抑制后的微动信号分量（IPIX-17#）

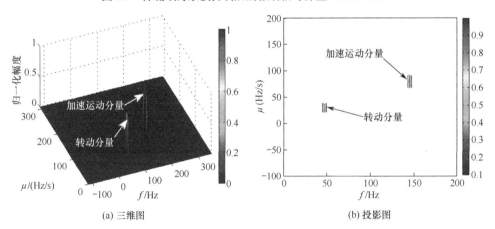

图 3.6　采用 Chirp 字典提取的微动信号分量（IPIX-17#）

2. SSR 数据处理结果

采用 S-03#数据验证算法在高海况时对海面转动目标（货船）的检测性能。雷达回波的距离、时间和多普勒频率的关系如图 3.7 所示。可见，目标随海面起伏，回波多普勒频率具有时变特性，转动产生的微多普勒频率分量较明显，符合 QFM 信号模型。采用不同的稀疏字典进行 MCA，并在稀疏域中进行海杂波抑制，得到图 3.8 中不同字典 MCA 方法的检测结果（$P_{\text{fa}} = 10^{-4}$）。比较检测结果可知，在采用 FT 和 Chirp 字典的 MCA 结果中，海杂波和噪声仍然影响微动信号的检测，因为所用的稀疏字典并不能完全稀疏表示海面微动目标信号。最后，得到微动信号的 QFM 字典检测结果，海杂波明显得到抑制，同时可获得更多的目标运动信息，相比其他几种方法具有优异的杂波抑制和信号稀疏表示性能。

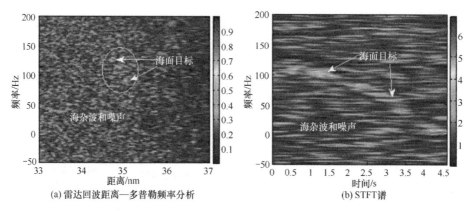

(a) 雷达回波距离—多普勒频率分析

(b) STFT谱

图3.7 雷达回波的距离、时间和多普勒频率的关系

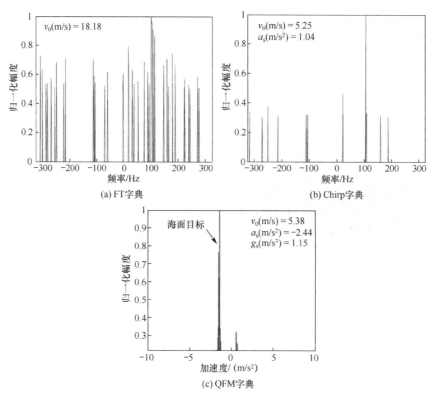

(a) FT字典

(b) Chirp字典

(c) QFM字典

图3.8 不同字典MCA方法的检测结果（S-03#, $P_{fa} = 10^{-4}$）

3．检测性能分析

图3.9给出了基于MCA的微动目标检测性能曲线（$P_{fa} = 10^{-3}$）。可以看出，在强海杂波背景下（SCR = −5dB），采用FT稀疏分解检测方法的检测概率仅为20%。本节提出的检测方法采用MCA，在微动目标信号的稀疏域检测，而海杂波不能稀疏表示，因此能够进一步改善SCR，使得检测概率提升40%左右。进一步

在稀疏域中对海杂波进行抑制，检测概率可达 75%以上，性能改善明显。同时，VV 极化方式的海杂波功率水平较 HH 极化的高，因此检测性能有所下降。

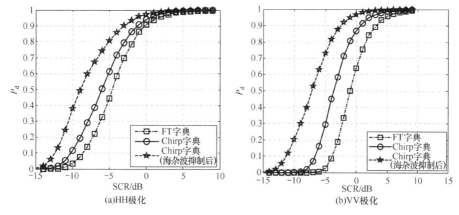

图 3.9　基于 MCA 的微动目标检测性能曲线

4．运算量及参数估计精度分析

研究微动特征参数估计性能与采样点数和原子数的关系，图 3.10 给出了采样点数与微动参数估计性能的关系，图 3.11 给出了原子数与微动参数估计性能的关系。可以看出：① 随着原子数的减少、采样点数的增加，估计误差减小且趋于稳定；② 不能通过无限制地增加原子数来改善估计精度，即参数估计精度存在 Cramér-Rao 下界；③ 随着 SNR 的增加，参数估计误差逐渐减小，在较少的采样点数情况下尤为明显；④ 中心频率的估计误差在原子数为 10^3 或采样点数为 500 时开始稳定，表明采用较少的原子数或采样点数即可稀疏地表示微动信号，从而降低运算量。由于增加原子数导致较小的搜索间隔，因此，调频率参数的估计对原子数的改变较为敏感。由上述分析可知，稀疏表示有利于降低运算量，本节所提方法相比于时频分析类检测方法，在算法运算效率和时频分辨率等方面具有明显的优势，能够满足工程应用的需求。

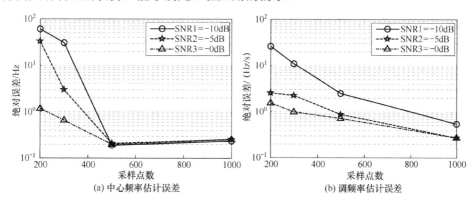

图 3.10　采样点数与微动参数估计性能的关系

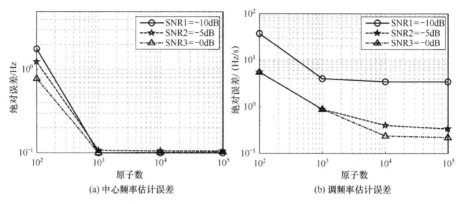

图 3.11　原子数与微动参数估计性能的关系

3.2　短时稀疏分数阶表示域（ST-SFRRD）理论模型

信号 $x(t_m)$ 的 TFD 是在正交完备基上的分解，因此是稀疏表示的特殊情况。若分解字典为过完备字典，则 TFD 可推广为稀疏表示问题。将最优化的求解思路用于求解式（1.16）中的信号稀疏表示问题，所用的方法为 l_1 范数最小化求解[11]：

$$\rho_x = \underset{\rho_x}{\arg\min} \left\| \rho_x(t_m, f) \right\|_1, \quad \text{s.t.}\, o\{\rho_x(t_m, f)\} = b \tag{3.23}$$

式中，$\rho_x \in R^N, b \in R^K$，$b$ 为实数，o 为 $K \times N$ 维稀疏算子。式（3.23）可松弛为不等约束，即

$$\rho_x = \underset{\rho_x}{\arg\min} \left\| \rho_x(t_m, f) \right\|_1, \quad \text{s.t.}\, \left\| o\{\rho_x(t_m, f)\} - b \right\|_2 \leqslant \varepsilon \tag{3.24}$$

当 o 为 FRFT 时，b 为 FRFT 域幅值，于是式（3.24）表示为短时稀疏 FRFT（ST-SFRFT），即

$$\mathcal{F}^\alpha = \underset{\mathcal{F}^\alpha}{\arg\min} \left\| \mathcal{F}^\alpha(t_m, u) \right\|_1, \quad \text{s.t.}\, \left\| o\{\mathcal{F}^\alpha(t_m, u)\} - f(\alpha, u) \right\|_2 \leqslant \varepsilon \tag{3.25}$$

式中，α 表示旋转角，$\mathcal{F}^\alpha$ 表示 ST-SFRFT 时频分布，u 表示 ST-SFRFT 域：

$$\mathcal{F}^\alpha(t_m, u) = \int_{-\infty}^{+\infty} x(\tau) h(\tau - t_m) K_\alpha(\tau, u)\mathrm{d}\tau \tag{3.26}$$

$$K_\alpha(\tau, u) = \begin{cases} A_\alpha \exp\left[\mathrm{j}\left(\frac{1}{2}\tau^2 \cot\alpha - u\tau \csc\alpha + \frac{1}{2}u^2 \cot\alpha\right)\right], & \alpha \neq n\pi \\ \delta\left[u - (-1)^n \tau\right], & \alpha = n\pi \end{cases} \tag{3.27}$$

式中，$h(t_m)$ 为窗函数。

当 o 为 FRAF 时，b 为 FRAF 域幅值，于是式（3.24）表示为短时稀疏 FRAF（ST-SFRAF），即

$$\mathcal{R}^\alpha = \underset{\mathcal{R}^\alpha}{\arg\min} \left\| \mathcal{R}^\alpha(t_m, u) \right\|_1, \quad \text{s.t.}\, \left\| o\{\mathcal{R}^\alpha(t_m, u)\} - f(\alpha, u) \right\|_2 \leqslant \varepsilon \tag{3.28}$$

式中，$\mathcal{R}^{\alpha}$ 表示 ST-SFRAF 时频分布，u 表示 ST-SFRAF 域：

$$\mathcal{R}^{\alpha}(t_m,u) = \int_{-\infty}^{\infty} R_x(\tau,\kappa)h(\tau - t_m)K_{\alpha}(\tau,u)\mathrm{d}\tau \tag{3.29}$$

式中，$R_x(\tau,\kappa)$ 定义为瞬时自相关函数（Instantaneous Auto Correlation Function, IACF），即

$$R_x(\tau,\kappa) = x(\tau + \kappa/2)x^*(\tau - \kappa/2) \tag{3.30}$$

式中，κ 为回波信号时延，对于固定距离单元的回波数据，时延 κ 为固定常数。

3.3 ST-SFRRD 动目标检测方法

利用动目标回波信号在分数域中的稀疏性，结合 TFD 对信号瞬时频率表征的优点，提出 ST-SFRRD 动目标检测方法，在动目标的时频−稀疏域中进行检测，仅保留最稀疏的目标信号成分，以期保证信号能量聚集的同时，实现时变信号的时频表示，从而提高雷达动目标检测和参数估计性能。ST-SFRRD 雷达动目标探测方法流程图如图 3.12 所示。

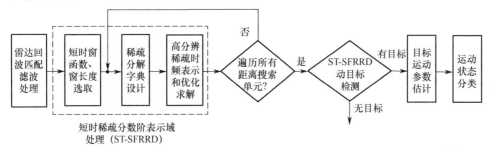

图 3.12　ST-SFRRD 雷达动目标探测方法流程图

ST-SFRRD 雷达动目标探测方法流程图包括如下几个步骤。

步骤 1　雷达回波解调和脉冲压缩，实现距离高分辨。

步骤 2　稀疏时频分析参数初始化。

（1）短时窗函数、窗长度选取。窗函数可选取矩形窗，即

$$h(\tau) = 1, \quad |\tau| \leqslant T \tag{3.31}$$

式中，T 为窗长度；也可采用高斯窗函数，即

$$h(\tau) = \frac{1}{\sqrt{2\pi}} \exp\left(-\frac{\tau^2}{2\sigma^2}\right), \quad |\tau| \leqslant T \tag{3.32}$$

式中，σ 为标准差，可通过调整该参数来改善信号的频率分辨率。

（2）稀疏分解字典设计。在雷达发射 LFM 信号的前提下，动目标多普勒频率与速度近似成正比，在较短的观测时间范围内，可采用 FM 信号作为复杂动目标信号的近似。因此，可采用 LFM 基或 QFM 基构建稀疏分解字典，即

$$g_s(f_l,\mu_m) = \exp(\mathrm{j}2\pi f_l t + \mathrm{j}\pi\mu_m t^2), \quad l = 1,2,\cdots,L; m = 1,2,\cdots,M \tag{3.33}$$

$$q_s(\mu_m, k_n) = \exp\left[j2\pi\left(\frac{\mu_m}{2} t^2 + \frac{k_n}{6} t^3 \right) \right], \quad n = 1, 2, \cdots, N \tag{3.34}$$

式（3.33）和式（3.34）分别对应 LFM 基和 QFM 基，其中 L, M, N 代表参数个数，$f_l = 2v_l/\lambda$，v_l 为目标初速度，$\mu_m = 2a_m/\lambda$ 为调频率，a_m 为目标加速度，$k_n = 2g_n/\lambda$ 为二次调频率，g_n 为目标急动度。

步骤 3 动目标回波高分辨稀疏时频表示和优化求解。

进行式（3.24）至式（3.30）所示的 ST-SFRRD 运算，将式（3.33）和式（3.34）所述的过完备字典作为 ST-SFRRD 的稀疏分解字典，并用凸优化理论的基追踪降噪（Basis Pursuit DeNoising，BPDN）算法对式（3.24）进行求解[12]：

$$\min \varsigma \left\| \rho_x(t,f) \right\|_1 + \frac{1}{2} \left\| o\{\rho_x(t,f)\} - b \right\|_2^2 \tag{3.35}$$

步骤 4 ST-SFRRD 动目标检测。

建模为 LFM 或 QFM 的动目标信号在 ST-SFRRD 域中表现为一个峰值，将 ST-SFRRD 域幅值作为检测统计量，与检测门限进行比较，并记录超过门限的最大峰值坐标：

$$\{\alpha_0, u_0\} = \arg\max_{\alpha, u} \left| \mathcal{F}^\alpha(t_m, u) \right| \underset{H_0}{\overset{H_1}{\gtrless}} \eta \tag{3.36}$$

$$\{\alpha_0, u_0\} = \arg\max_{\alpha, u} \left| \mathcal{R}^\alpha(t_m, u) \right| \underset{H_0}{\overset{H_1}{\gtrless}} \eta \tag{3.37}$$

式中，η 为检测门限。继续计算不同时间窗最佳变换角 α_0 下的 ST-SFRRD，得到动目标信号的瞬时频率。

对于建模为 QFM 的动目标信号，

$$x(t_m) = A_0 \exp\left(\sum_{i=0}^{3} j2\pi a_i t_m^i \right) = A_0 \exp\left[j2\pi\left(a_0 + a_1 t_m + a_2 t_m^2 + a_3 t_m^3 \right) \right] \tag{3.38}$$

式中，A_0 为信号幅度，$a_i, i = 1, 2, 3$ 表示多项式系数，其 IACF 表示为

$$R_x(\tau, \kappa) = A_0^2 \exp\left[j2\pi\kappa\left(a_1 + 2a_2\tau + 3a_3\tau^2 + a_3\kappa^2/4 \right) \right] \tag{3.39}$$

若采用矩形窗函数 $h(\tau) = 1$，则动目标信号的 ST-SFRAF 可以表示为

$$\mathcal{R}^\alpha(\kappa, u) = A_0^2 A_\alpha e^{j\pi(2a_1\kappa + a_3\kappa^3/2) + ju^2/2\cot\alpha} \cdot$$
$$\int_{-T_n/2}^{T_n/2} \exp\left[j\left(6\pi a_3\kappa + \frac{1}{2}\cot\alpha \right)\tau^2 + j\left(4\pi a_2\kappa - u\csc\alpha \right)\tau \right] d\tau \tag{3.40}$$

当 $12\pi a_3\kappa + \cot\alpha = 0$ 时，式（3.40）转变为 sinc 函数，即

$$\mathcal{R}^\alpha(\kappa, u) = A_0^2 A_\alpha e^{j\pi(2a_1\kappa + a_3\kappa^3/2) + ju^2/2\cot\alpha} T_n \mathrm{sinc}\left[(4\pi a_2\kappa - u\csc\alpha)T_n/2 \right] \tag{3.41}$$

由式（3.41）可知，单分量动目标信号在 ST-SFRAF 域中表现为一个峰值，峰值坐标为

$$(\alpha_0, u_0) = \left[\text{arccot}(-12\pi a_3 \kappa), 4\pi a_2 \kappa \sin \alpha_0\right] \tag{3.42}$$

步骤 5 目标运动参数估计。

对于匀加速运动目标，若在 ST-SFRFT 域中能量得到最佳积累，则峰值坐标可用来估计目标的加速度和初速度运动参数：

$$\begin{cases} \hat{f}(t_m) = \hat{f}_0 + \hat{\mu}_s t_m \\ \hat{f}_0 = u_0 \csc \alpha_0 \\ \hat{\mu}_s = -\cot \alpha_0 \end{cases} \tag{3.43}$$

$$\begin{cases} \hat{v}_0 = \dfrac{\lambda \hat{f}_0}{2} = \dfrac{\lambda}{2} u_0 \csc \alpha_0 \\ \hat{a}_s = \dfrac{\lambda \hat{\mu}_s}{2} = -\dfrac{\lambda}{2} \cot \alpha_0 \end{cases} \tag{3.44}$$

对于变加速目标或高阶动目标，若在 ST-SFRAF 域中能量得到最佳积累，则峰值坐标可用来估计目标的急动度和加速度运动参数：

$$\begin{cases} \hat{f}(t_m) = \hat{a}_1 + 2\hat{a}_2 t_m + 3\hat{a}_3 t_m^2 = \hat{f}_0 + \hat{\mu}_s t_m + \dfrac{\hat{g}_s}{2} t_m^2 \\ \hat{a}_2 = \dfrac{\hat{\mu}_s}{2} = \dfrac{u_0}{4\pi\kappa} \csc \alpha_0 \\ \hat{a}_3 = \dfrac{\hat{g}_s}{6} = -\dfrac{1}{12\pi\kappa} \cot \alpha_0 \end{cases} \tag{3.45}$$

$$\begin{cases} \hat{v}_0 = \dfrac{\lambda \hat{f}_0}{2} \\ \hat{a}_s = \dfrac{\lambda \hat{\mu}_s}{2} = \dfrac{\lambda u_0}{4\pi\kappa} \csc \alpha_0 \\ \hat{g}_s = \dfrac{\lambda \hat{k}_s}{2} = -\dfrac{\lambda}{4\pi\kappa} \cot \alpha_0 \end{cases} \tag{3.46}$$

信号的初始频率 f_0 可通过对原始信号进行去调频运算并搜索 FFT 后的峰值估计得到：

$$\hat{f}_0 = \underset{f_0}{\text{argmax}} \left| \text{FFT}\left\{ x(t_m) \exp\left[-\text{j}2\pi\left(\dfrac{\hat{\mu}_s}{2} t_m^2 + \dfrac{\hat{g}_s}{6} t_m^3 \right) \right] \right\} \right| \tag{3.47}$$

3.4 实测数据验证与分析

采用不同波段的对海雷达实测数据验证所提的基于 ST-SFRRD 的雷达动目标检测方法。首先采用 X 波段 CSIR 对海雷达数据库中，海况等级为 4 的 TFC17-002 数据作为验证数据，雷达配置及开展探测试验时的环境参数如表 3.2 所示。

图 3.13 中给出了 X 波段 CSIR 对海雷达探测试验数据描述，分别为雷达回波距离—时间图［见图 3.13(a)］和目标单元（距离单元 25 和 26）时频分布［见图 3.13(b)］。可以看出，目标具有机动特性，其回波多普勒频率呈现明显的时变特性，且海杂波较强，与动目标频谱有部分重叠，严重影响了雷达对动目标的探测。

表 3.2　雷达配置及开展探测试验时的环境参数（TFC17-002）

参　数	数　值	参　数	数　值
发射频率/GHz	9	距离分辨率/m	15
观测时长/s	104	波高/m	2.27
脉冲重频/kHz	5	平均风速/kts	10.4
掠射角/°	0.853～1.27	天线波瓣宽度/°	1.8（水平）
距离范围/m	1440（96 个距离单元）	GPS 信号	有

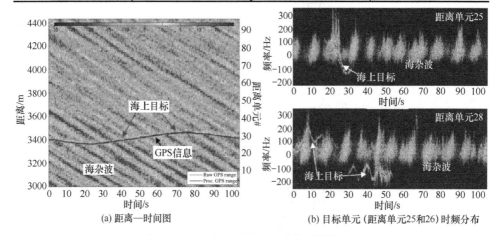

(a) 距离—时间图　　　　　　(b) 目标单元（距离单元 25 和 26）时频分布

图 3.13　X 波段 CSIR 对海雷达探测试验数据描述（TFC17-002）

根据 GPS 数值取出动目标雷达回波数据进行分析，得到图 3.14 所示的海上动目标信号 STFT 时频分布（起始时间为 26s）。可以看出，在较短的观测时间范围内，动目标的多普勒频率呈线性调频分布，其频谱幅度低于海杂波频谱，使得动目标检测性能下降。海上动目标信号 ST-SFRFT 分布（起始时间为 26s）如图 3.15 所示，在该段时间内，动目标回波可由 LFM 近似，对比可知，提出的 ST-SFRFT 性能优于传统变换域处理技术，目标峰值凸显，杂波虚警较少，提高了雷达的检测概率。估计目标径向运动参数为 $v_0 = 1.37 \text{m/s}$ 和 $a_s = 0.83 \text{m/s}^2$。

采用 S 波段对海雷达数据验证所提算法，分别选取两种运动类型的海上目标回波数据作为待检测数据，海况等级均为高海况，得到图 3.16 所示的 S 波段对海雷达动目标回波距离—多普勒频率图。由船舶的自动识别系统（Automatic Identification System，AIS）信息可知，在 74.2nm 和 34.8nm 附近分别有一艘货船和一艘海事巡逻船，但受强海杂波及远距离的影响，目标回波较微弱，在时域和频域中发散，传统的时域幅度检测或频域检测难以发现目标。

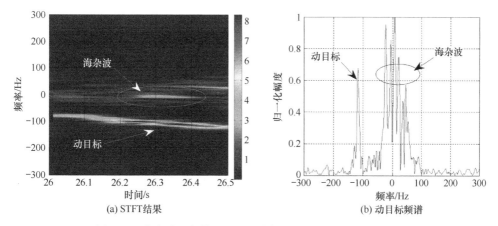

(a) STFT结果

(b) 动目标频谱

图 3.14　海上动目标信号 STFT 时频分布（起始时间为 26s）

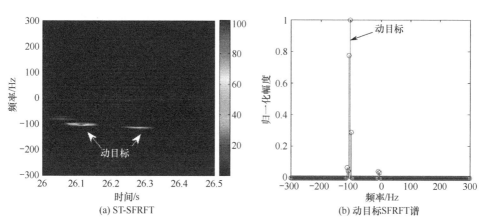

(a) ST-SFRFT

(b) 动目标SFRFT谱

图 3.15　海上动目标信号 ST-SFRFT 分布（起始时间为 26s）

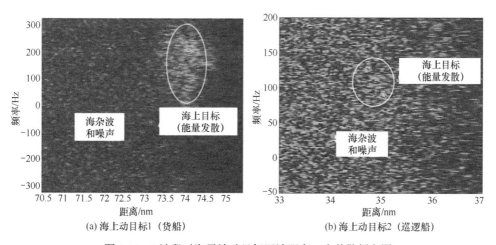

(a) 海上动目标1（货船）

(b) 海上动目标2（巡逻船）

图 3.16　S 波段对海雷达动目标回波距离－多普勒频率图

分别采用 STFT 和提出的 ST-SFRRD 方法对两种目标进行处理，得到图 3.17 所示海上动目标 1 的不同表示域处理结果及图 3.18 所示海上动目标 2 的不同表示域处理结果。

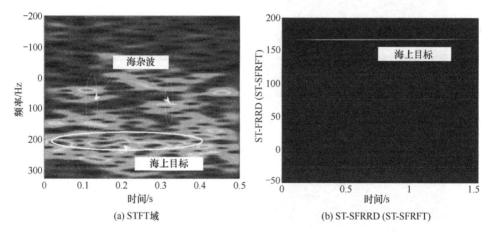

(a) STFT域　　　　　　　　　　　　　(b) ST-SFRRD (ST-SFRFT)

图 3.17　海上动目标 1 的不同表示域处理结果

由图 3.17(a)可知，动目标 1 的频谱淹没在海杂波谱中，且多普勒谱发散，说明目标多普勒频率具有时变特性，而 STFT 方法基于传统的傅里叶变换，难以有效积累时变信号，导致积累增益低，SCR 改善不明显。由图 3.18(a)可以看出，动目标 2 的频谱具有高阶调频特性，说明目标机动，但海杂波和噪声仍然影响目标检测，虚警偏多。针对两类目标的不同运动特性，分别采用 ST-SFRFT 和 ST-SFRAF 方法进行处理，得到如图 3.17(b)和图 3.18(b)所示的结果，对比 STFT 方法，所提方法的处理结果中目标更突出，目标谱峰特征明显，在实现信号能量聚集的同时，得到了动目标信号的高分辨时频表示；同时，极大地改善了雷达对目标运动参数的估计能力，根据 ST-SFRRD 的稀疏分解系数可估计出目标的瞬时速度和加速度（动目标 1：$v_0 = 11.64\text{m/s}$，$a_s = 3.64\text{m/s}^2$；动目标 2：$v_0 = 5.16\text{m/s}$，$a_s = 0.92\text{m/s}^2$）。因此，采用 ST-SFRRD 在实现对动目标时变多普勒特征描述的同时，获得了高分辨的参数估计性能，从而对雷达提高低可观测动目标的检测和参数估计能力提供了一种有效途径。

为了进一步定量说明所提方法在 SCR 改善方面的优势，采用文献[13]中定义的表示域 SCR，得到了如表 3.3 所示的不同表示域处理方法性能比较。由此可知，所提算法能够极大地增加动目标与海杂波的峰值差，改善输出 SCR，但由于 ST-SFRRD 类方法需要进行稀疏优化求解及字典的构建和搜索，计算时间明显长于 STFT 方法，需要开发低复杂度的 SFRRD 方法，提高运算效率，以满足实时处理的需求。

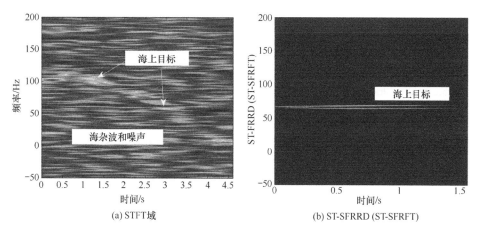

图 3.18　海上动目标 2 的不同表示域处理结果

表 3.3　不同表示域处理方法性能比较

目　标	方　法	目标峰值	海杂波峰值	峰 值 差	SCR/dB	计算时间*/s
目标 1	STFT	1	0.78	0.22	1.85	0.56
	ST-SFRFT	1	0.12	0.88	12.81	2.09
目标 2	STFT	1	0.46	0.54	4.67	0.63
	ST-SFRAF	1	0.09	0.91	13.07	2.31

*计算机配置：Intel Core i7-4790 3.6GHz CPU；16G RAM；MATLAB R2016a。

　　本章介绍的方法与变换域相参积累的动目标检测方法相比，既有联系又有区别。联系在于均利用了目标回波信号自身的特点，在不同的变换域或稀疏域中对信号进行相参积累或投影分解，并设计相应的杂波抑制方法，改善 SCR，提高检测性能；区别在于，本章介绍的方法是一种信号参数化提取与估计方法，相比传统时频分析方法，在算法运算效率和时频分辨率等方面具有明显优势。此外，由于算法能够同步提取目标的运动特征，因此能够用于运动状态的分类，如匀速运动、加速运动、高阶机动等。

参 考 文 献

[1] Zou H, Xue L. Selective Overview of sparse principal component analysis [J]. *Proceedings of the IEEE*, 2018, 106(8): 1311-1320.

[2] Chen X L, Huang Y, Liu N B, et al. Radon-fractional ambiguity function-based detection method of low-observable maneuvering target [J]. *IEEE Transactions on Aerospace and Electronic systems*, 2015, 51(2): 815-833.

[3] Flandrin P, Borgnat P. Time-frequency energy distributions meet compressed sensing [J]. *IEEE Transactions on Signal Processing*, 2010, 58(6): 2974-2982.

[4] Jokanovic B, Amin M. Reduced interference sparse time-frequency distributions for compressed

observations [J]. *IEEE Transactions on Signal Processing*, 2015, 63(24): 6698-6709.

[5] Gholami A. Sparse time-frequency decomposition and some applications [J]. *IEEE Transactions on Geoscience and Remote Sensing*, 2013, 51(6): 3598-3604.

[6] J. Bobin, J. -L. Starck, J. M. Fadili, et al. Morphological component analysis: an adaptive thresholding strategy [J]. *IEEE Transactions on Image Processing*, 2007, 16(11): 2675-2681.

[7] 陈小龙，关键，董云龙，等. 稀疏域海杂波抑制与微动目标检测方法[J]. 电子学报，2016, 44(4): 860-867.

[8] Shao Z, He J and Feng S. Separation of multicomponent chirp signals using morphological component analysis and fractional Fourier transform [J]. *IEEE Geoscience and Remote Sensing Letters*, 2020, 17(8): 1343-1347.

[9] Mallat S G, Zhang Z. Matching pursuits with time-frequency dictionaries [J]. *IEEE Transactions on Signal Processing*, 1993, 41(12): 3397-3415.

[10] Bobin J, Starck J, Fadili J M, et al. Morphological component analysis: an adaptive thresholding strategy [J]. *IEEE Transactions on Image Processing*, 2007, 16(11): 2675-2681.

[11] 陈小龙，关键，于晓涵，等. 基于短时稀疏时频分布的雷达目标微动特征提取及检测方法[J]. 电子与信息学报，2017, 39(5): 1017-1023.

[12] Gill P R, Wang A, Molnar A. The in-crowd algorithm for fast basis pursuit denoising [J]. *IEEE Transactions on Signal Processing*, 2011, 59(10): 4595-4605.

[13] Chen X L, Guan J, Liu N B, et al. Maneuvering target detection via radon-fractional Fourier transform-based long-time coherent integration [J]. *IEEE Transactions on Signal Processing*, 2014, 62(4): 939-953.

第4章　基于 SFT 的稀疏分数阶表示域动目标检测方法

随着相控阵雷达、泛探雷达、MIMO 雷达等雷达新体制、新技术的发展，对目标的观测时间大大延长，从而有益于提高积累增益，提高复杂背景下动目标的检测性能[1]。但是，这种凝视观测及泛探工作模式会使得目标回波数据量增大，传统动目标检测的多普勒通道数增加，且系统采样频率的提高进一步增加数据量，从而对算法的运算效率和系统实时性提出了更高的要求。基于稀疏优化的 ST-SFRRD 的动目标检测方法在获得目标高分辨表示的同时，能够有效抑制杂波，提高杂波背景下的动目标检测和参数估计性能，但其优化分解过程十分复杂，运算量较大。SFT 理论体系的发展为雷达目标检测效率的提升提供了新的研究思路[2, 3]。SFT 比传统 FFT 更高效，对频谱稀疏的 N 点大尺寸输入信号，可以将 FFT 的计算复杂度降至 $O(K\ \text{lb}\ N)$，其中 K 为信号的稀疏度（即频域大值系数的数量，K 值越小，说明信号越稀疏）。因此，采用 SFT 算法可有效提升大数据量条件下稀疏信号的分析效率，但其属于 FT 理论体系，在处理机动信号时算法性能难以满足实际需求。

为提升稀疏分数阶表示的计算效率，同时提高算法对机动运动目标检测的适应能力，本章介绍基于 SFT 的 SFRRD 动目标检测方法。4.1 节介绍 SFT 算法原理和涉及的关键技术；4.2 节阐述基于 SFT 的 SFRFT 实现原理，并将其应用于雷达动目标检测，采用仿真实验对算法的检测性能进行分析；4.3 节在 SFT 和 FRAF 的基础上，提出稀疏 FRAF（SFRAF）的概念，给出 SFRAF 的定义和实现原理，并从计算复杂度和多分量信号分辨能力等方面对其算法性能进行分析，然后描述基于 SFRAF 的动目标检测流程，实现大数据量条件下高阶机动信号的快速检测。

4.1　SFT 算法基础

4.1.1　稀疏信号的定义

信号稀疏特性是信号的一类结构特性，具备稀疏性的信号在放宽奈奎斯特采样定理约束的条件下，仍可通过测量值精确重建得到原始信号。对于一维稀疏信号来说，其信号向量在某个合适的变换域中绝大多数元素都是零，或者接近零且可忽略不计，而非零元素的个数远小于信号向量的长度。值得注意的是，稀疏模型与子空间模型（降维）类似，但又有所区别：降维是将原空间中的数据在某个子空间中进行表达；而稀疏表达则是在子空间的并集中进行表达。可以看出，相比于降维，稀疏的条件更宽松和一般化，从而具有更大的压缩空间和更强的表达能力，因此信号稀疏特性的首要用途便是压缩领域。我们知道，绝大多数自然信号天然具备稀疏特性，譬如语音信号在小波变换下是（近似）稀疏的，又如图像在小波变换、梯度算子下也是（近似）稀疏的。

傅里叶变换算法作为时频分析技术的基本算法，其计算效率决定了信号的时频分析效率。稀疏傅里叶变换算法作为传统傅里叶变换算法的改进，以其显著的计算效率得到了众多学者的广泛关注。

假设长度为 n 的离散时间信号 x 是 k 个复指数的和，其中 $k \ll n$，则信号 x 的离散傅里叶变换就有 k 个非零系数。信号 x 可以表示为

$$x[p] = \sum_{q=0}^{k-1} X[\ell_q] \mathrm{e}^{2\pi i \ell_q p / n}, \quad p \in [0, n-1] \tag{4.1}$$

式中，$\ell_q \in \{0, 1, \cdots, n-1\}$ 为离散频率，$X[\ell_q], q \in [0, k-1]$ 为幅度。

式（4.1）给出了绝对稀疏信号的定义，而实际中不乏有一般稀疏信号。一般稀疏信号与绝对稀疏信号相似，拥有 k 个重要频点及 $n-k$ 个非重要频点，且非重要频点系数值要远小于重要频点系数值。一般稀疏信号可以表示为

$$x[p] = \sum_{q=0}^{k-1} X[\ell_q] \mathrm{e}^{2\pi i \ell_q p / n} + \sum_{q=0}^{k-1} \delta[\psi_m] \mathrm{e}^{2\pi i \ell_q m / n}, \quad p \in [0, n-1] \tag{4.2}$$

式中，$\delta[\psi_m]$ 为扰动因子，其值要远小于 k 个重要频点的值。

图 4.1 所示为稀疏信号频谱的一个例子，其中横轴代表采样点位置，纵轴代表幅值。

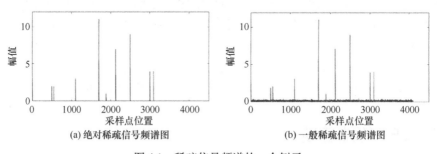

(a) 绝对稀疏信号频谱图　　　　　(b) 一般稀疏信号频谱图

图 4.1　稀疏信号频谱的一个例子

4.1.2　SFT 算法的实现原理

文献[4]中总结了稀疏傅里叶变换的基本方法，提出了稀疏傅里叶变换三步法的概念。第一步，识别出非零系数或重要系数的位置；第二步，估计出对应位置的值；第三步，从信号中对应第一步的位置减去第二步所得的值，然后返回

第一步继续执行，直至得到所有非零系数或重要系数的位置及其值。

稀疏傅里叶变换（SFT）算法的实现思想是：首选，通过计算降采样信号的傅里叶变换，间接得到非零系数或重要系数的位置及其值。然后，在傅里叶变换输出序列中设置这些有值点，其余均设为零值点，由此得到信号的傅里叶变换。若输入信号为极度稀疏信号且伴随有噪声，则通过此种傅里叶变换方法可以实现噪声的消除。若输入信号为一般稀疏信号，则通过此种傅里叶变换方法将丢失大部分非重要系数值。

图 4.2 所示为 SFT 算法框图，其中的定位过程用来实现频谱图中非零傅里叶系数或重要系数的位置估计[5]。为了提高定位的准确性，需要多次循环迭代。得到信号频域非零傅里叶系数或重要系数的位置后，根据这些位置通过多次循环迭代估计对应这些位置的系数值，得到信号频域非零傅里叶系数或重要系数的位置，以及对应的系数值，在全零输出序列中设置这些系数值，便得到信号的傅里叶变换。

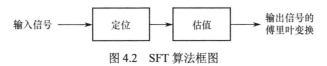

图 4.2　SFT 算法框图

只有满足频域稀疏性特点的信号才能利用稀疏傅里叶变换对其进行离散傅里叶变换。将信号 $x(n)$ 的频域表示为 X，其信号稀疏度为 K。在进行 SFT 变换前，首先要对 K 做预先估计，然后做 SFT 运算得到信号频谱的近似估计值 X'，其中只含有 K 个非零频率点。仅当近似误差满足式（4.3）的 ℓ_∞/ℓ_2 范数准则时，SFT 才有效：

$$\left\| X - X' \right\|_2 \leqslant C \min_{K稀疏Y} \left\| X - Y \right\|_2 \tag{4.3}$$

式中，C 是近似因子，Y 是最优的稀疏信号，因此，仅保留 X 中的最高频率部分便可得到一个最佳近似频谱。

如图 4.3 所示，将 N 个频点按照一定的规则 H 投入 B 个筐，这就是 SFT 算法的中心思想。由于信号的频域稀疏性，N 个频点中的高频点会以很高的概率存在于各个筐中，把各个筐中的频点相加就将 N 个频点的长序列变成 B 个频点的短序列，然后对其做 DFT，忽略不含大频率点的筐，再后根据最后得到的筐设计重构算法 H^{-1} 得到原始信号的频谱。

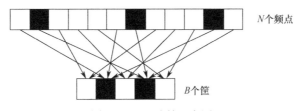

图 4.3　SFT 分筐示意图

4.2 SFT 算法流程

在实际应用中，很多信号的频谱都具有稀疏特性，也就是说，除少数大值频点外，信号的大多数频域系数都为零，或者可以忽略不计。SFT 算法的核心思想是，对信号频点进行分筐，即通过频谱重排、窗函数滤波、时域混叠（对应频域降采样）等操作，将 N 点长序列转换为 B 点短序列，再做傅里叶变换（B 为筐数，N/B 为筐的容量）；由于信号在频域中具有稀疏特性，各大值频点将大概率地独立存在于各自的筐中；然后根据计算结果，仅保留大值频点所在的筐，通过设计与分筐规则相对应的重构算法，重构 N 点信号频谱。

图 4.4 给出了 SFT 算法的基本理论框架[7]，主要包括分筐、降采样 FFT、重构等过程。

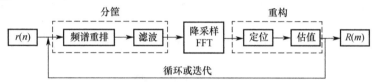

图 4.4　SFT 算法的基本理论框架

1. 分筐

SFT 的分筐操作是通过以带宽为 N/B 的滤波器对频段进行划分实现的。为了使大值频点尽可能地均匀随机分布，在滤波之前，需要对信号频谱进行重排。假设输入信号为 $r(n)$，通过重置时域信号来实现频谱重排，重排后的时域序列为

$$P_\sigma(n) = r[(\sigma n) \bmod N], \ n \in [1, N] \tag{4.4}$$

式中，σ 是从区间[1, N]上随机选取的奇数（若为偶数，则无法遍历所有单元），mod 表示取模运算。设 $R(m)$ 和 $P_\sigma(m)$ 分别为 $r(n)$ 和 $P_\sigma(m)$ 的频域表示形式，通过证明可以得到二者的关系为[8]

$$P_\sigma(m) = R\left[(\sigma^{-1} \cdot m) \bmod N\right], \ m \in [1, N] \tag{4.5}$$

式中，σ^{-1} 表示关于模 N 的数论倒数，当 σ 与 N 互质时，存在整数 σ^{-1} 使得 $(\sigma\sigma^{-1}) \bmod N = 1$。

为了提高算法的运算效率，要求在分筐滤波器的时域和频域中都具备良好的聚集性。定义平坦窗函数为 $g(n)$，其频域表示为[9]

$$G(m) \in \begin{cases} [1-\delta, 1+\delta], & m \in [-\varepsilon'N, \varepsilon'N] \\ [0, \delta], & m \notin [-\varepsilon N, \varepsilon N] \end{cases} \tag{4.6}$$

式中，$\varepsilon', \varepsilon$ 和 δ 分别为通带截断因子、阻带截断因子和振荡波纹。于是，滤波后的信号为 $y(n) = g(n) \cdot P_\sigma(n), n \in [1, N]$，$\mathrm{supp}(y) \subseteq \mathrm{supp}(g) = [-\omega/2, \omega/2]$，supp 代表支撑，$\omega$ 为窗函数长度，窗函数滤波使得频域孤立的大值频点扩展至整个频段。

2. 降采样 FFT

对滤波后的信号进行采样来获得大值频点，由傅里叶变换的性质可知，通过时域混叠可以实现频域的降采样，降采样后的信号为

$$Z(m) = \mathrm{FFT}\{z(n)\} = \mathrm{FFT}\left\{ \sum_{i=0}^{\lfloor \omega/B \rfloor - 1} y(n+iB) \right\}, n \in [1, B] \tag{4.7}$$

式中，$\lfloor \ \rfloor$ 表示向下取整运算；通过证明可得

$$Z(m) = Y(m \cdot N/B), m \in [1, B] \tag{4.8}$$

因此，通过时域混叠可实现间隔为 N/B 的频域降采样。

3. 重构

定义哈希函数[9]

$$h_\sigma(m) = \lfloor \sigma \cdot m \cdot B/N \rfloor \tag{4.9}$$

将 $Z(m)$ 中 dK 个极大值对应的坐标归入集合 J 中，其中 K 为信号稀疏度，需根据具体应用场景预先进行设置，d 为稀疏度增益，是一个可调参数。通过哈希逆映射得到大值频点在原始信号 $r(n)$ 的频谱序列中对应的坐标，并将该坐标保存到集合 U 中，实现图 4.4 中的"定位"操作，即

$$U = \left\{ m \in [1, N] \middle| h_\sigma(m) \in J \right\} \tag{4.10}$$

集合 U 的大小为 $dK \cdot N/B$。

然后估计集合 U 中每个坐标的原始频域系数。将"频谱重排"到"估值"的过程循环 L 次，取出循环过程中出现概率最高的 K 个坐标对应的估计值 $\hat{R}_k^l(m), 1 \leq k \leq K, l = 1, 2, \cdots, L'$，其中 k 为大值频点序号，$1 \leq L' \leq L$ 表示第 k 个大值频点的出现次数。然后，取每个大值频点的 L' 个估计值的中值作为该大值频点的最终估计值。因此，重构后的 SFT 结果为

$$R(m) = \sum_{k=1}^{K} \mathrm{median}\{\hat{R}_k^l(m)\} \tag{4.11}$$

4.3　基于 SFT 的 SFRFT 动目标检测方法

4.3.1　SFRFT 的定义及原理

SFRFT 是在 Pei 采样类离散 FRFT（Discrete FRFT，DFRFT）算法的基础上设计实现的。若 $\alpha \neq Q\pi$（α 表示变换角，Q 为整数），则 DFRFT 可分解为一次 FFT 运算加两次 Chirp 乘法运算[10]。因此，SFRFT 的基本思想是，将 DFRFT 的 FFT 阶段用 SFT 替换[11]。

假设 $x(n)$ 为初始输入信号，经第一次 Chirp 乘法运算后，它可以表示为

$$r(n) = x(n) \cdot e^{\frac{j}{2}\cot\alpha n^2 \Delta t^2}, \quad n \in [1, N] \tag{4.12}$$

式中，Δt 为时域采样间隔。

按照 4.2 节介绍的 SFT 原理，对信号 $r(n)$ 进行频谱重排、窗函数滤波及降采样 FFT 操作。将降采样结果 $Z(m)$ 中 dK 个极大值对应的坐标 m 归入集合 J 中，并通过哈希逆映射得到 J 的原像 U。对于每个 $m \in U$，用下式估计各个大值频点的频域系数：

$$\hat{R}(m) = \begin{cases} \dfrac{Z\big(h_\sigma(m)\big)e^{-j\pi o_\sigma(m)\omega/N}}{G\big(o_\sigma(m)\big)}, & m \in U \\ 0, & m \in [1, N] \bigcap \bar{U} \end{cases} \tag{4.13}$$

$$o_\sigma(m) = \sigma \cdot m - h_\sigma(m) \cdot N/B \tag{4.14}$$

将"频谱重排"到"估值"的过程循环 L 次，取出循环过程中出现概率最高的 K 个坐标对应的估计值，按照式（4.11）给出的规则，重构信号 $r(n)$ 的频谱 $R(m)$。最后，将 $R(m)$ 与另一个 Chirp 函数相乘，得到 SFRFT 算法的最终输出 $\mathcal{F}_\alpha(m)$，其中 m 为 SFRFT 域变量。

4.3.2 基于 SFRFT 的动目标检测流程

在雷达发射单频信号或 LFM 信号的条件下，若仅保留式（1.12）中的前三项作为雷达与目标 RLOS 的近似，则经过解调脉压后的回波可近似为 LFM 信号。假设有一目标正朝向雷达运动，仅考虑径向速度分量，其初始速度和加速度分别为 v_0 和 a_s，在观测时间 T_n 内，对单个运动目标的雷达回波可建立如下模型：

$$x(t_m) = s(t_m) + c(t_m) = A(t_m)\exp[j2\pi f_0 t_m + j\pi\mu_s t_m^2] + c(t_m), \quad |t_m| \leqslant T_n \tag{4.15}$$

式中，$s(t_m)$ 表示目标信号，$A(t_m)$ 为信号幅度，$f_0 = 2v_0/\lambda$ 为与目标速度相对应的中心频率，$\mu_s = 2a_s/\lambda$ 为调频率，λ 表示雷达发射信号的波长，$c(t_m)$ 表示杂波或噪声。

基于 SFRFT 的动目标检测流程如图 4.5 所示，它主要包括 4 个步骤[12]。

（1）雷达回波解调和脉冲压缩，并选取待检测距离单元。

（2）SFRFT 运算，主要包括频谱重排、平坦窗函数滤波、降采样 FFT、频谱重构和两次 Chirp 信号乘积等过程。需要说明的是，由于 SFRFT 算法是基于 Pei 采样类 DFRFT 算法提出的，在 Pei 的算法中，当 $\sin\alpha < 0$ 时，需要将算法中的 FFT 用逆 FFT（Inverse FFT，IFFT）替换；同样，在 SFRFT 算法中，当 $\sin\alpha < 0$ 时，需要将式（4.7）中的 FFT 运算替换为 IFFT 运算。

（3）遍历所有距离搜索单元，在 SFRFT 域中进行目标检测，通过将 SFRFT 输出结果与自适应检测阈值相比较以确定目标有无，并通过峰值点的二维搜索确定最佳变换角度。

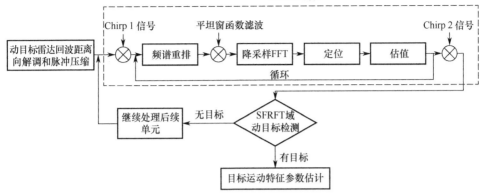

图 4.5 基于 SFRFT 的动目标检测流程

（4）运动目标参数估计，根据 SFRFT 域目标检测后剩余峰值点对应的坐标估计调频率和中心频率，进而通过调频率、中心频率与目标加速度、初始速度的对应关系得到其估计值 $\hat{a}_s$ 和 $\hat{v}_0$：

$$\{\alpha_0, m_0\} = \underset{\alpha, m}{\arg\max} \left| \mathcal{F}_\alpha(m) \right| \tag{4.16}$$

$$\begin{cases} \hat{\mu}_s = -\cot\alpha_0 \\ \hat{f}_0 = m_0 \\ \hat{A}(t_m) = \mathrm{Re}\left[x(t_m)\exp\left(-2\mathrm{j}\pi\hat{f}_0 t_m + \mathrm{j}\pi\hat{\mu}_s t_m^2\right)\right] \end{cases} \tag{4.17}$$

式中，$\hat{f}_0$、$\hat{\mu}_s$ 和 $\hat{A}(t_m)$ 分别为中心频率、调频率和幅度估计值，$\mathrm{Re}\{\cdot\}$ 表示复杂信号的实部。

4.3.3 实验验证与分析

通过仿真实验，将基于 SFRFT 的动目标检测方法与 DFRFT 检测方法以及 MTD 的检测结果进行对比，进而对算法的检测性能进行分析与验证。假设雷达为相参体制，其工作波长为 3cm，回波模型为式（4.15），回波信号中心频率 $f_0 =$ 100Hz，调频率 $\mu_s = 40$Hz/s，背景为复高斯噪声背景，采样点数 $N = 8192$，采样频率 $f_s = 1000$Hz，仿真满足采样定理。因此，目标初始径向速度 $v_0 = 1.5$m/s，加速度 $a_s = 0.6$m/s^2，因为目标数量为 1，将稀疏度 K 设为 1。表 4.1 中列出了具体的仿真参数。

表 4.1　具体的仿真参数

观测时长/s	采样频率/Hz	工作波长/m	f_0/Hz	μ_0/(Hz/s)	稀疏度 K
8.192	1000	0.03	100	40	1

分别采用 SFRFT 检测器、DFRFT 检测器以及 MTD 方法对仿真信号进行处理，设变换阶数为 p（与变换角 α 的关系为 $p = 2\alpha/\pi$），其步长为 0.001，变换范围为[1.8, 2.0]。图 4.6 中给出了 SNR = −3dB 时的 DFRFT、SFRFT、MTD 处理结果，其中图 4.6(a)和图 4.6(b)分别为仿真信号的 DFRFT 域和 SFRFT 域处理结果，图 4.6(c)和图 4.6(d)分别为二者的最佳变换域（$p_{\text{opt}} = 1.984$）结果，图 4.6(e)为 MTD 结果。从中可以看出：经 MTD 处理后，目标淹没在噪声中，能量分布较分散，集聚效果不理想，最大峰值点坐标为(110.5Hz, 1)，与 f_0 相差甚远；相较于MTD，DFRFT 和 SFRFT 算法对目标信号都具有较好的能量聚集性。

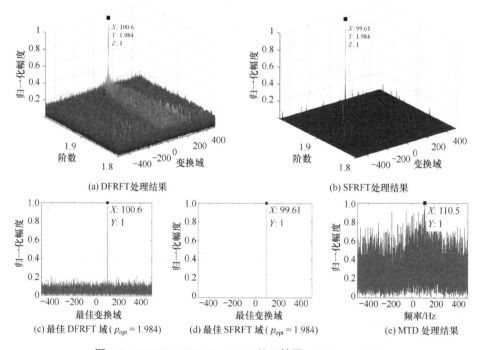

图 4.6　DFRFT、SFRFT、MTD 处理结果（SNR = −3dB）

图 4.7 所示为 SNR = −5dB 时的 DFRFT、SFRFT、MTD 处理结果，从中可以看出：SNR 降低时，MTD 处理结果中的目标完全淹没在噪声中，无法进行进一步的参数估计；SFRFT 方法的检测性能虽然也有所下降，但仍能在−5dB 左右很好地检测出目标。

进一步对 SFRFT 算法的检测性能进行定量分析，分别计算三种检测方法的中心频率、调频率估计值与真实值的绝对误差 Δf_0 和 $\Delta \mu_s$（即 $\Delta f_0 = \left| f_0 - \hat{f}_0 \right|$ 和 $\Delta \mu_s = \left| \mu_s - \hat{\mu}_s \right|$），并统计计算时间。表 4.2 所示为 SNR = −3dB 时的 SFRFT、DFRFT、MTD 检测性能，表中参数估计值为 1000 次独立仿真下得到的平均值。通过对比可知：MTD 方法对于目标中心频率的估计误差非常大，且无法对调频

率进行估计；两种分数域处理方法都能有效检测出目标，且 SFRFT 的参数估计精度略高于 DFRFT；SFRFT 方法的运算时间少于 DFRFT，可采用 SFRFT 方法提高检测效率。综合上述分析可知，在较高的 SNR 条件下，SFRFT 可实现动目标的快速、有效提取。然而，受预设稀疏度、大值频点系数估计方法等诸多因素的影响，SFRFT 算法的稳健性有待进一步提高。

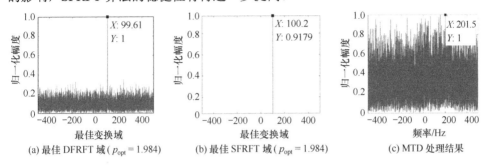

(a) 最佳 DFRFT 域（$p_{opt} = 1.984$）　(b) 最佳 SFRFT 域（$p_{opt} = 1.984$）　(c) MTD 处理结果

图 4.7　DFRFT、SFRFT、MTD 处理结果（SNR = −5dB）

表 4.2　SFRFT、DFRFT、MTD 检测性能（SNR = −3dB）

	目标峰值	$\hat{f}_0$/Hz	$\hat{\mu}_0$/(Hz/s)	Δf_0/Hz	$\Delta \mu_0$/(Hz/s)	计算时间*/s
SFRFT	1	99.61	39.7804	0.39	0.2196	0.0428
DFRFT	1	100.6	39.7804	0.6	0.2196	0.8352
MTD	1	110.5	—	10.5	—	0.0294

*计算机配置：Intel Core i7-4790 3.6GHz CPU；16GB RAM；MATLAB R2016a。

4.4　基于 SFT 的 SFRAF 动目标检测方法

　　FRAF 对动目标具有良好的能量聚集性和检测性能，可有效解决信号高次相位信息提取的问题，但其计算复杂度较高，不利于信号的实时处理。雷达目标回波可视为少数强散射中心的叠加，回波在分数域具有稀疏特性。本节在离散FRAF（DFRAF）和 SFT 的基础上，提出了基于 SFT 的稀疏 FRAF（SFRAF）实现方法，并利用目标回波在分数域具有稀疏性的特点，将 SFRAF 应用于雷达海上动目标检测中，通过 SFRAF 处理，获得动目标的稀疏分数域表示并进行目标检测，既能利用 FRAF 对高阶相位信号良好的聚集性，又可达到运算效率的有效提高，从而实现大数据量条件下高阶动目标的快速检测[13]。

4.4.1　SFRAF 的定义及原理

1．SFRAF 的定义

对于建模为二次调频（QFM）信号的动目标，其离散后的回波信号可以表示为

$$x(n\Delta t) = A_0 \exp[j2\pi(a_0 + a_1 n\Delta t + a_2 n^2 \Delta t^2 + a_3 n^3 \Delta t^3)] + c(n\Delta t), \quad n \in [1, N] \quad (4.18)$$

式中，A_0 为信号幅度，$a_i, i = 0, 1, 2, 3$ 表示多项式系数，$a_0 = 2R_0/\lambda$，$a_1 = 2v_0/\lambda$，$a_2 = a_s/\lambda$，$a_3 = g_s/3\lambda$，a_s 和 g_s 分别为加速度和急动度，$\Delta t = 1/f_s$ 为信号时间采样间隔，f_s 为采样频率，$N = T_n \cdot f_s$ 为采样点数，T_n 为观测时间，$c(n\Delta t)$ 为杂波。

信号 $s(n\Delta t)$ 的 SFRAF 定义为

$$\mathcal{R}_a(m, \kappa) = \mathcal{C}_m\left(\mathcal{S}\left[\mathcal{C}_n\left(\underbrace{R_x(n, \kappa)}_{\text{IACF}} \right) \right] \right) \quad (4.19)$$

式中，$\mathcal{R}_a()$ 表示旋转角为 α 时信号的 SFRAF，$m \in [1, N]$ 为 SFRAF 域变量，$\mathcal{C}()$ 和 $\mathcal{S}()$ 分别表示 Chirp 乘法算子和 SFT 算子，$R_x()$ 为信号的瞬时自相关函数（IACF）。

2. SFRAF 的实现原理

图 4.8 给出了 SFRAF 算法的流程图，信号 $x(n)$ 的 SFRAF 主要分为以下 4 个阶段。

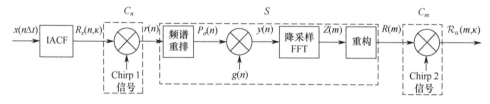

图 4.8　SFRAF 算法的流程图

（1）IACF 计算。回波信号的 IACF 定义为

$$\begin{aligned} R_x(n, \kappa) &= x(n\Delta t + \kappa/2)x^*(n\Delta t - \kappa/2) \\ &= A_0^2 \exp[j2\pi\kappa(a_1 + 2a_2 n\Delta t + 3a_3 n^2 \Delta t^2 + a_3 \kappa^2/4)] + R_c(n, \kappa) + R_{xc}(n, \kappa) \end{aligned}$$
$$(4.20)$$

式中，κ 为回波信号时延，为固定常数，$R_c(n, \kappa)$ 和 $R_{xc}(n, \kappa)$ 分别为杂波 IACF、杂波与目标交叉项的 IACF。

（2）时域 Chirp 乘法运算。将 $R_x(n, \kappa)$ 与 Chirp 1 信号相乘，得到

$$r(n) = R_x(n, \tau) \cdot e^{(j\cot \alpha n^2 \Delta t^2)/2}, \quad n \in [1, N] \quad (4.21)$$

式中，$e^{(j\cot \alpha n^2 \Delta t^2)/2}$ 为 Chirp 1 信号。

（3）SFT 运算。按照 4.2 节介绍的 SFT 原理对信号 $r(n)$ 进行频谱重排、窗函数滤波、降采样 FFT、重构等操作。重构频谱时，依据式（4.13）和式（4.14）给出的估值方式对集合 U 中大值频点的系数进行估计。

（4）频域 Chirp 乘法运算。将 $r(n)$ 的 SFT 结果 $R(m)$ 与 Chirp 2 信号相乘，得到 SFRAF 稀疏谱

$$\mathcal{R}_\alpha(m,\kappa) = R(m) \cdot \mathrm{e}^{\frac{jm^2\Delta u^2}{2\tan\alpha}} \sqrt{(\sin\alpha - \mathrm{j}\cos\alpha) \cdot \mathrm{sgn}(\sin\alpha)/N} \qquad (4.22)$$

式中，$\mathrm{e}^{\frac{jm^2\Delta u^2}{2\tan\alpha}} \sqrt{(\sin\alpha - \mathrm{j}\cos\alpha) \cdot \mathrm{sgn}(\sin\alpha)/N}$ 为 Chirp 2 信号，sgn 为符号函数，$\Delta u = 2\pi\Delta t |\sin\alpha|/N$ 为 SFRAF 稀疏谱的采样间隔，m 为 SFRAF 域变量。

表 4.3 中给出了 SFRAF 算法的具体流程。

表 4.3　SFRAF 算法的具体流程

SFRAF 算法
输入　信号 $x(n\Delta t)$, $n \in [1, N]$
输出　SFRAF 结果 $\mathcal{R}_\alpha(m,\kappa)$
1.　IACF 计算：$R_x(n,\kappa) \leftarrow x(n\Delta t)$
2.　时域 Chirp 乘法运算：$r(n) \leftarrow R_x(n,\kappa)$
3.　SFT 运算：预设稀疏度 K 及增益 d
4.　　for $l = 1 : L$（L 为循环次数）
5.　　　选取随机奇数 $\sigma \in [1, N]$
6.　　　频谱重排：$P_\sigma(n) \leftarrow r(n)$
7.　　　滤波：$y(n) \leftarrow P_\sigma(n)$
8.　　　时域混叠：$z(n) \leftarrow y(n)$
9.　　　降采样 FFT：$Z(m) \leftarrow z(n)$
10.　　　取极大值：$J \leftarrow dK_{\max}[Z(m)]$
11.　　　哈希逆映射：$U \leftarrow J$
12.　　　估值：$\hat{R}(m) \leftarrow U$
13.　　end for
14.　　return $R(m)$
15. 频域 Chirp 乘法运算：$\mathcal{R}_\alpha(m,\kappa) \leftarrow R(m)$

3．参数设置方法

在 SFRAF 的实际计算中，涉及很多参数，每个参数都没有绝对的固定值，但参数的设置值会对最终处理结果产生一定的影响。下面对参数设置方法进行讨论，并给出各个参数的参考值。

在计算信号 SFRAF 之前，首先要根据实际应用场景预设稀疏度 K（SFRAF 域大值频点个数）。例如，在应用于动目标检测时，K 设置为动目标数量；频谱重排时，σ 需选取区间[1, N]上的随机奇数，若 σ 为偶数，则无法遍历所有的 n；此外，所提算法通过分筐操作将 N 点长序列转换为 B 点短序列再做 FFT 运算，为平衡分筐操作和短点 FFT 计算量，筐数 B 应比 $O(K)$ 稍大，取参数 $B \approx \sqrt{NK}$；窗函数滤波器 $G(\varepsilon, \varepsilon', \delta, \omega)$ 决定了信号频点与各个筐之间的映射关系，为了保证算法效率，避免频谱泄漏，要求该滤波器在时域和频域中都具有能量集中性，各参数的参考值为 $\varepsilon = 1/B$，$\varepsilon' = 1/2B$，$\delta \approx 1/N$，$\omega = O(B\log N/\delta)$；同时，为提高算法的可靠性，需要将 SFT 运算中频谱重排到估值的过程循环多次，增加循环次数 L，可在一定程度上提高 $R(m)$ 的估计精度，但同时会造成计算量的增加。为了平衡估计精度和计算复杂度，取 $L = O(\mathrm{lb}\,N)$。表 4.4 中所示为 SFRAF 参数的参考值。

表 4.4 SFRAF 参数的参考值

参　数	K	σ	B	ε	ε'	δ	ω	L
参考值	预设	$[1, N]$ 上的随机奇数	$\sqrt{NK}$	$1/B$	$1/2B$	$1/N$	$O(B\,\mathrm{lb}\,N/\delta)$	$O(\mathrm{lb}\,N)$

4.4.2 SFRAF 算法的性能分析

1. 计算复杂度分析

对于一个数据长度为 N 的离散信号，通过分析 SFRAF 的实现过程，可得到其计算复杂度的近似表达式为

$$\#\mathrm{SFRAF} \approx 3N + (\omega + B \cdot \mathrm{lb}\,B/2 + dK + \mathrm{card}(U)) \times L \tag{4.23}$$

式中，$\mathrm{card}(U)$ 表示集合 U 的测度。此外，根据 Pei 的 DFRFT 方法，可得到信号 FRAF 的离散形式为

$$\mathrm{FRAF}\,[x(n\Delta t)](m\Delta u, \kappa)$$

$$= \begin{cases} \sqrt{\sin\alpha - \mathrm{j}\cos\alpha/N} \cdot \mathrm{e}^{\frac{\mathrm{j}m^2\Delta u^2}{2\tan\alpha}} \sum\limits_{n=0}^{N-1} \mathrm{e}^{\frac{\mathrm{j}}{2}\cot\alpha n^2\Delta t^2} \, \mathrm{e}^{\frac{-\mathrm{j}2\pi nm}{N}} \cdot R_x(n, \kappa), & \alpha \in 2Q\pi + (0, \pi) \\[2mm] \sqrt{-\sin\alpha + \mathrm{j}\cos\alpha/N} \cdot \mathrm{e}^{\frac{\mathrm{j}m^2\Delta u^2}{2\tan\alpha}} \sum\limits_{n=0}^{N-1} \mathrm{e}^{\frac{\mathrm{j}}{2}\cot\alpha n^2\Delta t^2} \, \mathrm{e}^{\frac{\mathrm{j}2\pi nm}{N}} \cdot R_x(n, \kappa), & \alpha \in 2Q\pi + (-\pi, 0) \\[2mm] R_x(m\Delta u, \kappa), & \alpha = 2Q\pi \\[2mm] R_x(-m\Delta u, \kappa), & \alpha = (2Q+1)\pi \end{cases}$$

$$\tag{4.24}$$

式中，Q 为整数。因此，FRAF 的计算复杂度为 $O(3N + \frac{N}{2}\,\mathrm{lb}\,N)$。

图 4.9 所示为 SFRAF 和 FRAF 的计算复杂度，蓝色曲线为随着采样点数 N 的增加，FRAF 的计算复杂度变化曲线；红色曲线为 $K = 1$ 和 $d = 2$ 时，由式（4.23）得到的基于 SFT 2.0[9] 的 SFRAF 计算复杂度曲线；绿色曲线为基于 SFT 3.0[15] 的 SFRAF 计算复杂度曲线。观察发现：FRAF 的计算复杂度随采样点数 N 的增加呈线性趋势增加；当 N 较小时，基于 SFT 2.0 的 SFRAF 计算复杂度高于 FRAF，随着 N 的逐渐增加，其增加趋势与 FRAF 相比更缓和，从 $N = 2^{12}$ 开始，SFRAF（SFT 2.0）的计算复杂度已低于 FRAF，但其运算效率仍较大程度地受数据长度制约；为了突破数据长度对运算效率的制约，基于 SFT 3.0 的 SFRAF 通过固定循环参数配置、优化使用缓存及函数向量化等方式对算法进行了优化，当 $N > 2^{10}$ 时，优化后 SFRAF 的计算复杂度基本不受数据长度的影响。上述分析

表明，在大数据量条件下，SFRAF 的运算量明显低于 FRAF，而且采样点数越多，SFRAF 的优势越突出。

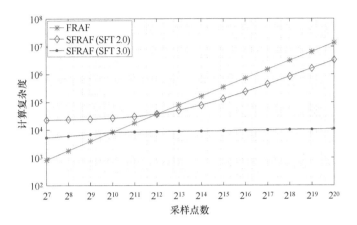

图 4.9　SFRAF 和 FRAF 的计算复杂度

2. 多分量信号分辨能力

SFRAF 能够很好地匹配和积累动目标能量，单分量 QFM 信号在 SFRAF 域中表现为一个峰值，下面通过仿真实验进行验证。假设某动目标信号参数为 $a_0 = 50$，$a_1 = 100$，$a_2 = 90$，$a_3 = 12$，采样点数 $N = 2^{13}$，采样频率 $f_s = 1000\text{Hz}$，稀疏度设置为 $K = 1$。图 4.10 中显示了单分量 QFM 信号的 SFRAF 处理结果。由 SFRAF 谱及最佳变换域（$p_{\text{opt}} = 1.075$）处理结果可知，单分量动目标信号在 SFRAF 域中表现为一个峰值，峰值位置与参数 a_2 和 a_3 有关。

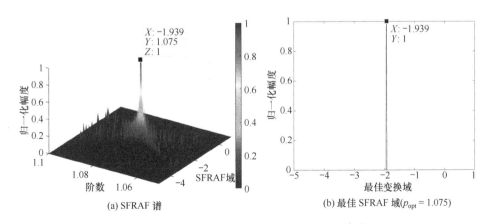

(a) SFRAF 谱　　　　　　　　　(b) 最佳 SFRAF 域（$p_{\text{opt}} = 1.075$）

图 4.10　单分量 QFM 信号的 SFRAF 处理结果

分析 SFRAF 对多分量信号的处理能力，以二分量有限时长的 QFM 信号为例，假设信号 x 由信号 x_1 和 x_2 混合而成，x 的 SFRAF 可分解为自项和交叉项：

$$\mathcal{R}_{\alpha}^{x}(m,\kappa) = \underbrace{\mathcal{R}_{\alpha}^{x_1}(m,\kappa) + \mathcal{R}_{\alpha}^{x_2}(m,\kappa)}_{\text{自项}} + \underbrace{\mathcal{R}_{\alpha}^{x_1 x_2}(m,\kappa) + \mathcal{R}_{\alpha}^{x_2 x_1}(m,\kappa)}_{\text{交叉项}} \quad (4.25)$$

根据图 4.11 的处理结果，信号的两个自项在 SFRAF 域中将表现为两个峰值。至于交叉项，基于文献[16]的研究成果，在 FRAF 域中，交叉项分布于自项周围，且呈正弦或余弦振荡，其幅值远小于自项的峰值。由于 SFRAF 在 FRAF 的基础上设计实现，且 SFRAF 谱具有稀疏特性，因此相比自项可忽略交叉项的影响，图 4.11 中二分量 QFM 信号 FRAF 与 SFRAF 的处理结果很好地验证了这个结论。x_1 采用与图 4.10 相同的 QFM 信号，x_2 的参数为 $a_0' = 80$，$a_1' = 50$，$a_2' = 100$，$a_3' = 16$，采样点数及采样频率与 x_1 的一致，稀疏度设置为 $K = 2$。由图 4.11 可以看出：信号在 FRAF 谱和 SFRAF 谱中都表现为两个明显的峰值，SFRAF 的分辨率更好；进一步分析二者的最佳变换域结果，信号 x_1 和 x_2 的最佳 FRAF 域都有另一个信号分量的残留，而两个信号在最佳 SFRAF 域中均可完全忽略另一个分量的影响。因此，SFRAF 具有分辨多分量信号的能力。

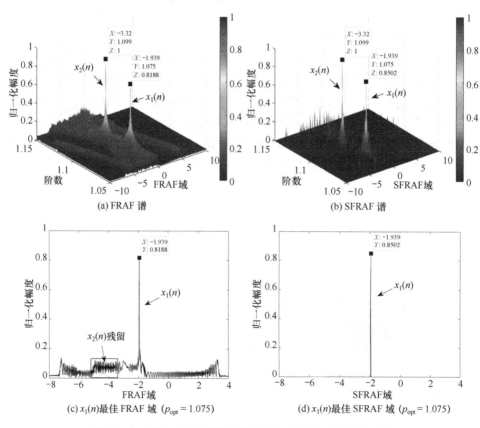

图 4.11 二分量 QFM 信号的 FRAF 与 SFRAF 处理结果对比

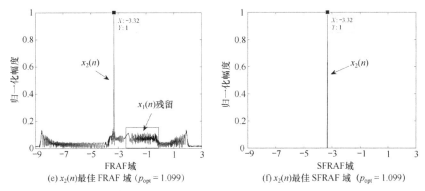

(e) $x_2(n)$最佳 FRAF 域 ($p_{opt} = 1.099$)　　　(f) $x_2(n)$最佳 SFRAF 域 ($p_{opt} = 1.099$)

图 4.11　二分量 QFM 信号的 FRAF 与 SFRAF 处理结果对比（续）

4.4.3　基于 SFRAF 的动目标检测流程

图 4.12 中给出了基于 SFRAF 的雷达动目标检测流程，具体包括以下步骤[13]。

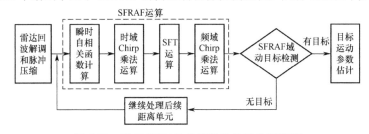

图 4.12　基于 SFRAF 的雷达动目标检测流程

（1）雷达回波解调和脉冲压缩，并选取待检测距离单元。

（2）SFRAF 运算。通过瞬时自相关函数计算、SFT 运算、两次 Chirp 乘法运算等过程，实现动目标的 SFRAF 域表示。

（3）在 SFRAF 域中进行目标检测，遍历所有距离搜索单元。根据 SFRAF 输出结果判断目标有无，并通过峰值点的二维搜索确定最佳变换角度，即

$$\{\alpha_0, m_0\} = \arg\max_{\alpha, m} |\mathcal{R}_\alpha(m, \kappa)| \tag{4.26}$$

（4）动目标参数估计。根据图 4.10 的处理结果，单分量 QFM 信号在 SFRAF 域中表现为一个峰值。由于 SFRAF 是在 FRAF 的基础上设计实现的，两者具有相同的峰值坐标 $(\alpha_0, m_0) = [\mathrm{arccot}(-12\pi a_3\kappa), 4\pi a_2\kappa\sin\alpha_0]$，因此，由式（3.45）和式（3.46）可得到动目标运动参数的估计值，即

$$\begin{cases} \hat{v}_0 = \dfrac{\lambda \hat{f}_0}{2} \\[2mm] \hat{a}_s = \dfrac{\lambda \hat{\mu}_s}{2} = \dfrac{\lambda m_0}{4\pi\kappa}\csc\alpha_0 \\[2mm] \hat{g}_s = \dfrac{\lambda \hat{k}_s}{2} = -\dfrac{\lambda}{4\pi\kappa}\cot\alpha_0 \end{cases} \tag{4.27}$$

式中，信号的初始频率 $\hat{f}_0$ 可通过对原始信号进行去调频运算并搜索其 FFT 结果的峰值估计得到。

4.4.4 实验验证与分析

1. 实测数据处理结果

采用 CSIR 数据库中的两组对海雷达数据验证所提算法的检测性能。首先采用 TFC17-006 数据对算法性能进行分析，表 4.5 中列出了雷达配置及开展探测试验时的环境参数[14]。

表 4.5　雷达配置及开展探测试验时的环境参数（TFC17-006）

参　数	数　值	参　数	数　值
发射频率/GHz	9	距离分辨率/m	15
观测时长/s	111	波高/m	2.35
脉冲重频/kHz	5	平均风速/kts	12.2
掠射角/°	0.501～0.56	天线波瓣宽度/°	1.8（水平）
距离范围/m	720（48 个距离单元）	GPS 信号	有

图 4.13 所示为 TFC17-006 的数据分析——CSIR 对海雷达探测试验数据描述，从距离－时间图［见图 4.13(a)］可以看出，雷达观测范围覆盖了近 50 个距离单元，目标淹没在强海杂波中，仅通过幅度难以发现目标。另外，通过观察回波的时频分析图［见图 4.13(b)］可以发现，目标的多普勒频率随时间变化，而且具有高机动性，海杂波的频谱较宽，覆盖了大量目标频谱，给检测造成了较大的困难。

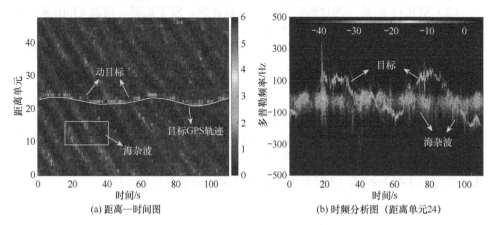

(a) 距离—时间图　　　　　　　　(b) 时频分析图（距离单元24）

图 4.13　CSIR 对海雷达探测试验数据描述（TFC17-006）

分别采用 MTD、FRAF 和 SFRAF 对数据进行处理，得到起始观测时间分别为 42s 和 72s（采样点数 $N = 2^{13}$）时三种方法的检测结果，如图 4.14 所示。由图 4.14(b) 可知，在这两段数据中，目标机动性较高，海杂波的频谱覆盖了目标范围，因此更有利于算法性能的验证。在图 4.14 中，CFAR 门限是在虚警概率 $P_{\text{fa}} = 10^{-4}$ 条件下，采用双参数 CFAR 检测器得到的自适应检测门限（图中的门限值是该数据段下计算得到的数值，而非固定值），FRAF 和 SFRAF 的处理结果为最佳变换域（$p = p_{\text{opt}}$）结果。由图可以看出：MTD 检测结果中杂波虚警较多，无法对目标的运动参数进行正确估计；FRAF 和 SFRAF 的检测性能明显优于 MTD，二者都能获得较精确的目标信息。此外，由 4.4.2 节的分析可知，相较于 FRAF，SFRAF 具有更高的运算效率。因此，SFRAF 十分有利于大数据条件下动目标的快速、精细化处理。

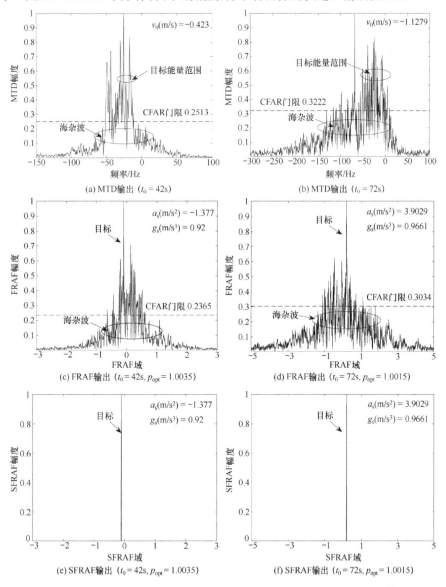

图 4.14 MTD、FRAF 和 SFRAF 的检测结果对比（TFC17-006, $N = 2^{13}$）

然后采用 TFA17-014 数据对所提算法进行验证。数据的雷达配置及环境参数如表 2.2 所示，数据的时间－距离图和时频分析图如图 2.3 所示。由此可知，该数据的海杂波背景较上一组数据更复杂，目标的机动性更强，进一步增加了检测的难度。图 4.15 所示为 MTD、FRAF 和 SFRAF 的检测结果，进行处理时，同样选取了两段具有代表性的数据（$t_0 = 28s, 73s$, $N = 2^{13}$），以更好地验证算法的性能。SFRAF 对该数据中的动目标仍具有较好的检测性能。

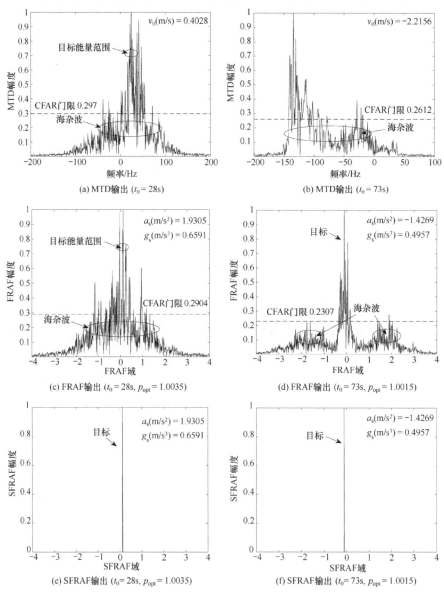

图 4.15　MTD、FRAF 和 SFRAF 检测结果（TFA17-014, $N = 2^{13}$）

2. 检测性能分析

通过蒙特卡罗仿真计算，对所提算法的检测性能进行进一步分析。假设某动目标信号参数为 $a_0 = 100$, $a_1 = 200$, $a_2 = 300$, $a_3 = 200$，采样频率 $f_s = 1000\text{Hz}$，观测时长 $T_n = 8.192\text{s}$，分别采用 MTD、FRFT、FRAF、SFRAF 四种方法对噪声背景和海杂波背景中的目标信号进行处理，其中杂波背景为数据 TFC17-006 中选取的海杂波单元。在 $P_{fa} = 10^{-3}$ 的条件下，对不同的 SNR/SCR 分别进行 10^5 次蒙特卡罗仿真计算。图 4.16 中给出了 MTD、FRFT、FRAF、SFRAF 的检测性能，从图中可以看出：无论是在噪声背景中还是海杂波背景中，SFRAF 对动目标的检测性能都明显优于 MTD 和 FRFT；由于 SFRAF 是一种下采样概率估计算法，在 SNR/SCR 较低的条件下，与 FRAF 相比，SFRAF 的检测性能相对较差，随着信号能量的增强，SFRAF 可达到与 FRAF 相当的检测概率。

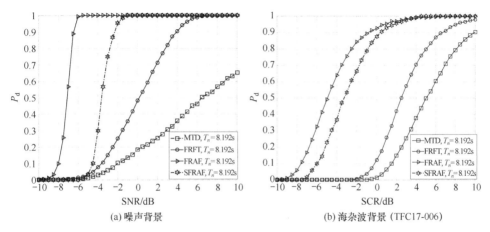

(a) 噪声背景   (b) 海杂波背景 (TFC17-006)

图 4.16　MTD、FRFT、FRAF、SFRAF 的检测性能

综上，SFRAF 具有运算效率高，适合多分量信号分析的优点，对高阶相位机动信号具有较好的检测性能，但要说明的是，SFRAF 也存在局限性：① 算法的优势需要在达到一定数据量的前提下才能明显体现，更适合具有任意波束控制的相控阵及 MIMO 雷达；② 在较低的 SNR/SCR 情况下，算法的检测性能下降，因此 SFRAF 更适合大数据量、SNR/SCR 较高条件下动目标的快速提取。

参 考 文 献

[1]　陈小龙，黄勇，关键，等. MIMO 雷达微弱目标长时积累技术综述[J]. 信号处理，2020，36(12): 1947-1964.

[2]　Wei D and Yang J. Non-uniform sparse Fourier transform and tts applications [J]. *IEEE Transactions on Signal Processing*, 2022, 70: 4468-4482.

[3]　Yu X H, Chen X L, Huang Y, et al. Radar moving target detection in clutter background via

adaptive dual-threshold sparse Fourier transform [J]. *IEEE Access*, 2019. 7: 58200-58211.

[4]   C. Gilbert A., Indyk P., Iwen M., et al. Recent developments in the sparse Fourier transform: a compressed Fourier transform for big data [J]. *IEEE Signal Proc. Mag.*, vol. 31, no. 5, pp. 91-100, 2014.

[5]   张傲. 基于稀疏快速傅里叶变换的时频分析技术研究[D]. 西南交通大学硕士学位论文，西安，2018.

[6]   Carlson B D, Evans E D, Wilson S L. Search radar detection and track with the Hough transform [J]. *IEEE Transactions on Aerospace and Electronic Systems*, 1994, 30(1): 102-108.

[7]   仲顺安，王雄，王卫江，等. 稀疏傅里叶变换理论及研究进展[J]. 北京理工大学学报，2017, 37(2): 111-118.

[8]   王雄. 基于稀疏傅里叶变换的水声快速解调算法研究[D]. 北京理工大学硕士学位论文，北京，2017.

[9]   H. Hassanieh, P. Indyk, D. Katabi, et al. Simple and practical algorithm for sparse Fourier transform [C]. *Proceedings of Annual ACM-SIAM Symposium on Discrete Algorithms, ACM*, 2012: 1183-1194.

[10]   Pei S C, Ding J J. Closed-form discrete fractional and affine Fourier transforms [J]. *IEEE Transactions on Signal Processing*, 2000, 48(5): 1338-1353.

[11]   Liu S H, Shan T, Tao R, et al. Sparse discrete fractional Fourier transform and its applications[J]. *IEEE Transactions on Signal Processing*, 2014, 62(24): 6582-6595.

[12]   于晓涵，陈小龙，陈宝欣，等. 快速高分辨稀疏 FRFT 雷达动目标检测方法[J]. 光电工程（分数傅里叶域信号处理理论与方法专刊），2018, 45(6): 170702

[13]   于晓涵，陈小龙，关键，等. 雷达海上动目标高分辨稀疏分数阶模糊函数检测方法[J]. 通信学报，2019, 40(8): 1-13.

[14]   Wind H D J, Cilliers J E, and Herselman P L. DataWare: sea clutter and small boat radar reflectivity databases [J]. *IEEE Signal Processsing Magazine*, 2010, 27(2): 145-148.

[15]   J. Schumacher. High performance sparse fast Fourier transform [D]. *Master's thesis, Computer Science*, ETH Zurich, Switzerland, 2013.

[16]   Minsheng W, Chan A K, Chui C K. Linear frequency-modulated signal detection using Radon-ambiguity transforms [J]. *IEEE Transactions on Signal Processing*, 1998, 46(3): 571-586.

第 5 章　基于自适应双门限 SFT 的雷达动目标检测方法

SFT 算法通过随机重排、窗函数滤波、时域混叠（对应降采样 FFT）等操作，将 N 点长序列转化为 B 点短序列再做傅里叶变换，然后通过哈希逆映射重构完整的信号频谱，因此比传统的 FFT 更高效。将 SFT 应用于雷达目标检测技术，可实现检测效率的有效提升[1-3]。然而，SFT 存在以下两方面的缺陷：一方面，大多数 SFT 方法需要对信号的稀疏度进行预设，而在实际应用中，信号的稀疏度往往是未知的，或者是可能发生改变的；另一方面，SFT 在频域中降采样后仅结合稀疏度和循环过程中频点出现的概率对大值系数进行估计，这在较低信杂噪比（SCNR）情况下是难以保证重构信号的可靠性的。因此，基于 SFT 的动目标检测方法难以满足复杂环境下的雷达目标检测需求。

稳健 SFT（RSFT）算法为雷达目标检测问题中应用 SFT 技术开拓了新思路，该算法包含两级检测，且采用了尼曼-皮尔逊准则，不需要已知信号稀疏度，在噪声背景中也具有稳健的性能。但是，该算法研究的是高斯白噪声背景中的检测问题，利用事先计算好的噪声门限进行判决。而雷达目标检测通常会面临杂波背景，杂波往往强于噪声，有时会强出若干数量级，如海杂波背景中的动目标检测。所幸的是，杂波往往在频域等一些变换域中具有聚集性，这也是 MTI、MTD 等杂波抑制技术能够在雷达系统中广泛应用的原因。然而，对于 SFT 和 RSFT 算法来说，频域聚集形成的强杂波点增大了回波数据的稀疏度，大大降低了算法对目标信号的重构性能。另外，SFT 及 RSFT 算法都是在重构目标信号多普勒频率的同时判决目标有无的，该检测判决是在窗函数滤波降低了 SCNR 的情况下做出的，因此就检测性能而言，这种做法不利于杂波背景下的目标检测问题。

综合上述分析，目前该领域主要存在的问题有如下三方面：一是，基于 FFT 的传统子空间检测方法需要逐个多普勒频率通道搜索，运算量大；二是，SFT 需要已知或者预设信号稀疏度，实际难以满足；三是，在低 SCNR 情况下，SFT 和 RSFT 的信号重构可靠性差，检测性能下降。为此，本章介绍一种基于自适应双门限 SFT（Adaptive Dual-Threshold SFT，ADT-SFT）的雷达目标检测算法[4]。该算法首先在降采样 FFT 形成的各个频率通道中引入标量 CFAR 检测，以抑制频域强杂波点对稀疏度及频点估值的影响；然后利用哈希逆映射得到的疑似目标多普勒频率构建子空间检测器，完成目标检测。相比于需要逐个搜索多普勒频率来构建检测器的传统子空间检测算法，ADT-SFT 算法只需对少量疑似目标多普勒频率进行搜索，进而构建子空间检测器，因此能够较大程度地降低计算复杂度。而相比于 SFT 和 RSFT 方法，ADT-SFT 算法既能满足实际工程对运算量的需求，又适合强杂波背景下的动目标检测。

5.1 信号模型

由 2.3 节的模型可知，当目标在观测时间内以速度 v 作匀速运动时，目标所在距离单元的回波经过混频、匹配滤波后，可建模为如下单频点信号：

$$s(n) = A_s \exp[j(2\pi f_d nT + \varphi_s)], \quad n = 0,1,\cdots,N-1 \qquad (5.1)$$

式中，A_s 为目标回波幅度，$f_d = 2v/\lambda$ 为多普勒频率，λ 为波长，T 为脉冲重复周期（Pulse Repetition Time，PRT），N 为脉冲个数，φ_s 为相位，假设目标回波幅度在脉间是不起伏的。

在 SFT 框架下，如果观测时间过长导致运动目标多普勒发生变化，不能建模为式（5.1）所示的单频点信号，那么可将其建模为由 I 个相邻的多普勒频点组成的子空间目标，即

$$s(n) = \sum_{i=1}^{I} A_{s,i} \exp\left[j\left(2\pi f_{d,i} nT + \varphi_{s,i}\right) \right], \quad n = 0,1,\cdots,N-1 \qquad (5.2)$$

需要说明的是，这里暂不讨论长时间导致的目标跨距离单元问题。假设观测背景为杂波背景，在观测时间 NT 内，雷达回波模型可表示为

$$x(n) = \begin{cases} s(n)+c(n), & H_1 \\ c(n), & H_0 \end{cases} \qquad (5.3)$$

式中，$c(n)$ 表示杂波，$n = 0,1,\cdots,N-1$。

5.2 稳健 SFT（RSFT）算法原理及不足

5.2.1 RSFT 原理

RSFT 算法是在 SFT 理论框架的基础上提出的，图 5.1 中给出了 RSFT 的原理框图[4]。与 SFT 相比，RSFT 在频谱重排前增加了预重排窗函数，以降低频率泄漏对后续处理造成的影响。此外，RSFT 算法包含两级检测。第一级检测基于对称高斯分布假设，在降采样 FFT 后的频谱 $Z(m)$ [对应式（4.7）]中进行，可表示为

$$\left|Z(m)\right|^2 \underset{H_0}{\overset{H_1}{\gtrless}} \frac{\gamma - \log(\sigma_1^2/\sigma_2^2)}{1/\sigma_1^2 - 1/\sigma_2^2} \tag{5.4}$$

式中，σ_1^2 表示不含大值频点的筐中各频点系数的噪声方差，σ_2^2 表示含大值频点的筐中各频点系数的噪声方差，γ 为门限。

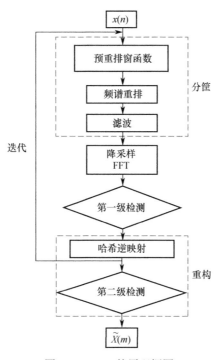

图 5.1 RSFT 的原理框图

第二级检测则是，在哈希逆映射和迭代积累后的结果中，利用伯努利模型构建的二元假设检验，也是一种与噪声背景相关的判定。两级检测是内在联系的，通过联合优化过程得到各级的检测门限。与 SFT 相比，RSFT 的优势是不需要已知信号稀疏度，而且在噪声背景中具有较为稳健的性能。

5.2.2 基于 SFT 和 RSFT 动目标检测的问题

针对杂波背景中的动目标检测问题，SFT 和 RSFT 理论存在两个缺陷：一是，在降采样 FFT 后的频谱中求目标频点时，SFT 算法直接取降采样后频谱中的前 dK 个极大幅值对应的频点作为估计结果，其中稀疏度 K 要么事先已知，要么通过其他方式粗略预估。这种做法在杂波背景中很容易受到强杂波频点的干扰。虽然 RSFT 方法通过设置噪声门限对此做了一些改进，但也仅适用于噪声背景。二是，SFT 算法和 RSFT 算法都是在重构目标信号多普勒的同时判断目标存在的，事实上，这种判决是基于降采样后频谱中求取的目标频点和重构过程中频点出现的概率得出的。然而，在降采样 FFT 之前实施的窗函数滤波本质上降低了降采样后频谱中目标所在频点的信杂噪比（SCNR），因此就检测性能而言，这种"重构目标信号多普勒的同时即判断目标存在"的做法不利于杂波背景下的目标检测问题。

5.2.3 仿真对比分析

下面通过仿真实验对 SFT 和 RSFT 的缺陷进行说明。在仿真数据中，目标朝向雷达作匀速直线运动，雷达回波模型如式（5.3）所示。背景杂波为复高斯相关海杂波，其谱中心为 0Hz，3dB 谱宽约为 200Hz，杂噪比（Clutter-to-Noise Ratio，CNR）为 15dB，脉冲个数 $N = 4096$，采样率 $f_s = 5000$Hz，降采样 FFT 后的数据点数 $B = 256$，滤波窗函数双边通带（低通）的点数为 $N/B = 16$，循环次数 $M = 100$。

图 5.2 和图 5.3 给出了目标谱未落入杂波谱时（$\lambda = 0.03$m，$v = 15$m/s，$f_d = 1000$Hz），SFT 和 RSFT 在不同 SCNR 下的处理结果，SCNR 定义在相参积累之前的每个脉冲采样上。图 5.2 对应信杂噪比取值较高的情况（SCNR = −12dB），即在 FFT 谱中目标频点处的幅值大于杂波谱的幅值。图 5.2(a)是在不计算复杂度条件下得到的回波数据的 FFT 谱；图 5.2(b)和图 5.2(c)分别是 $K = 1$ 和 $K > 1$ 时的 SFT 处理结果，图 5.2(d)为 RSFT 处理结果。从图中可以看出：当稀疏度 K 设为 1 时（恰好与仿真数据中的目标数相符），SFT 算法能够有效检测出目标，而当稀疏度设置得大于 1 时，SFT 算法产生了虚警；相比之下，RSFT 方法产生的虚警数更多，原因是在杂波背景下，RSFT 算法给出的噪声门限明显低于所需的门限值，因此估计出的稀疏度 K 远大于 1。

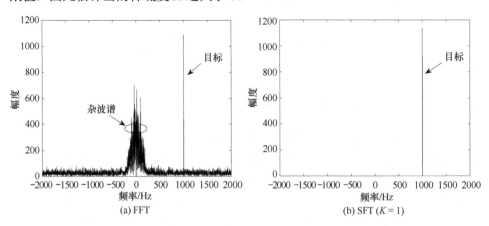

图 5.2　SFT 和 RSFT 的处理结果（$f_d = 1000$Hz, SCNR = −12dB）

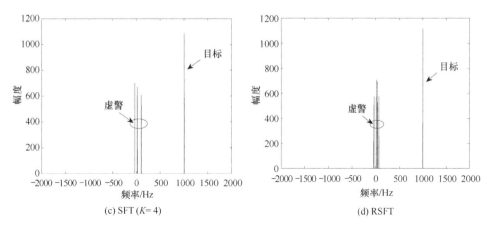

(c) SFT (*K* = 4)　　　　　　　　　　　(d) RSFT

图 5.2　SFT 和 RSFT 的处理结果（f_d = 1000Hz, SCNR = −12dB）（续）

　　图 5.3 对应信杂噪比取值较低的情况（SCNR = −20dB），即在 FFT 谱中目标频点处的幅值小于杂波谱的幅值。此时，SFT 算法和 RSFT 算法都将导致较多的虚警，甚至丢失目标。

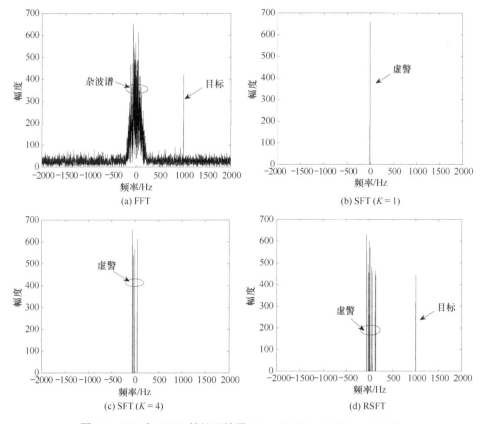

(a) FFT　　　　　　　　　　　　　(b) SFT (*K* = 1)

(c) SFT (*K* = 4)　　　　　　　　　　　(d) RSFT

图 5.3　SFT 和 RSFT 的处理结果（f_d = 1000Hz, SCNR = −20dB）

图 5.4 和图 5.5 给出了目标谱落入杂波谱时（$\lambda = 0.2m$, $v = -5.98m/s$, $f_d = -59.8Hz$），SFT 和 RSFT 在不同 SCNR 下的处理结果。对比图 5.2 至图 5.3 可以发现，目标谱落入杂波谱时的处理结果与目标谱未落入杂波谱时的处理结果是相似的，尤其是在 SCNR 较低的情况下（SCNR = −20dB），在 SFT 和 RSFT 的处理结果中都存在较多的虚警。其原因在于，平坦窗函数滤波造成了频谱混叠，不论目标与杂波谱在原始 FFT 谱中的相对位置关系如何，在混叠之后的频谱中，二者的相对位置都是不确定的。因此，目标是否落入杂波谱对 SFT 和 RSFT 的处理结果的影响并不大。

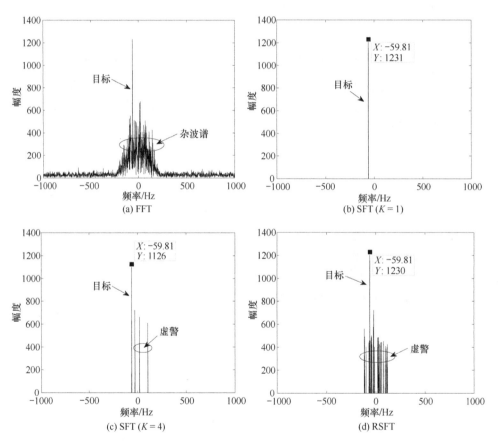

图 5.4　SFT 和 RSFT 的处理结果（$f_d = -59.8Hz$, SCNR = −12dB）

上述仿真实验与分析表明：稀疏度 K 的设置值对 SFT 算法的处理结果有较大影响，因而导致算法的稳健性下降；在杂波背景下，SFT 算法和 RSFT 算法的性能恶化，容易导致虚警和漏警，特别是在 SCNR 比较低的情况下，检测性能恶化更严重。为此，需要针对 SFT 和 RSFT 算法存在的问题，研究能够适用于杂波背景的改进算法。

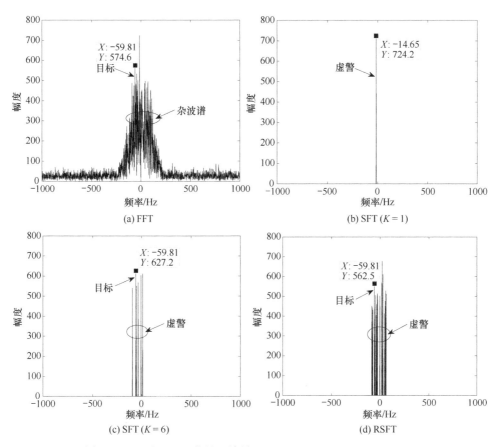

图 5.5　SFT 和 RSFT 的处理结果（$f_d = -59.8$Hz, SCNR $= -20$dB）

5.3　ADT-SFT 算法原理

相比于 SFT 和 RSFT 算法，ADT-SFT 算法主要在图 4.4 所示的 SFT 理论框架中增加了两级自适应的检测门限：一是改进降采样后频谱中目标频点的估计方式；二是基于重构后的疑似目标多普勒频率构建子空间检测器进行检测判决。

该算法用到的参数及含义如下：$x(n)$ 为输入信号，$P_\sigma(n)$ 为频谱重排后的时域信号，$g(n)$ 为窗函数的时域表达，$y(n)$ 为窗函数滤波后的时域信号，$Z(m)$ 为降采样后的频域信号，η_1 为第一门限，J' 为 $Z(m)$ 中幅值超过门限 η_1 的频点坐标的集合，U' 为 J' 中频点的坐标在原始信号频谱序列中对应的坐标集合，w 为"出现次数阈值"，f_d 为重构得到的疑似目标多普勒频点，D_{AMF} 为子空间检测器，η_2 为第二门限，$\hat{X}(m)$ 为最终的 ADT-SFT 结果，K 表示循环过程中超过第一门限得到的稀疏度估值的平均值，H 表示超过"出现次数阈值"得到的疑似目标多普勒频点数。

图 5.6 所示为 ADT-SFT 算法的原理框图。

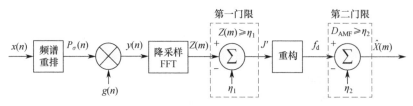

图 5.6　ADT-SFT 算法的原理框图

（1）在降采样后的频谱中增加第一门限 η_1 来估计信号稀疏度及频点。

无须对稀疏度进行预设，将 $Z(m)$ 中幅值超过门限 η_1 的频点对应的坐标归入集合 J'：

$$J' = \{m \in [1, B] | Z(m) \geqslant \eta_1\} \tag{5.5}$$

门限 η_1 通过标量 CFAR 检测技术来确定。例如，对于海杂波这类时间平稳性较低而空间平稳性较高的杂波背景，可根据背景的均匀程度适当选择均值类、有序统计量类，以及自适应 CFAR 等空域 CFAR 检测技术[6]。由于采用了空域 CFAR 检测技术，需要多个参考距离单元的数据以适应杂波背景的变化。

（2）利用哈希逆映射重构疑似目标多普勒频率。

通过哈希逆映射得到 J' 中频点在原始信号 $x(n)$ 的频谱序列中的对应坐标，并保存到集合 U' 中，即

$$U' = \{m \in [1, N] | h_\sigma(m) \in J'\} \tag{5.6}$$

式中，$h_\sigma(m) = \lfloor \sigma \cdot m \cdot B/N \rfloor$。

在 SFT 理论中，频谱重构包括定位循环和估值循环两个过程，通过定位循环找到大值频点的位置，再利用估值循环估计大值频点的系数。而在雷达检测问题中，直接决定目标运动参数的是多普勒频点位置，因此在 ADT-SFT 算法中只进行定位循环，相应的频点系数可在频点位置确定后通过计算傅里叶系数得到。

假设整个重构过程需要进行 M 次定位循环，若目标存在，则在 M 次定位循环中，目标对应的多普勒频率应该具有较高的出现次数，因此在重构过程中设置"出现次数阈值" w，将出现次数超过该阈值的频点对应的多普勒频率称为**疑似目标多普勒频率**。

由于频域强杂波点严重影响了目标多普勒频率的重构，特别是在低 SCNR 条件下，很可能重构出虚假的目标多普勒频率，甚至根本无法重构出真实的目标多普勒频率，因此只能将重构得到的多普勒频率 f_d 称为疑似目标多普勒频率，还要通过后续子空间检测处理进行确认。

（3）构建子空间检测器完成目标检测。

针对重构后得到的疑似目标多普勒频率，结合待检测距离单元和参考距离单元中的原始观测数据构建子空间检测器进行检测判决，得到真实的目标多普勒频

率，并通过计算其傅里叶系数得到相应的频谱，即 ADT-SFT 算法的最终处理结果 $\hat{X}(m)$，该检测器对应的门限称为**第二门限** η_2。

由于可能存在杂波背景、目标多普勒扩展、多目标、第一门限以及重构过程中"出现次数阈值"等因素的影响，重构过程可能得到多个疑似目标的多普勒频率。此时，若这些疑似目标的多普勒频率比较分散，则可逐个构建秩 1 子空间检测器，进行目标存在与否的判决；若这些多普勒频率比较集中，则认为其是多普勒扩展目标，进而构建多秩子空间检测器进行判决。

秩 1 检测器　假设重构得到的疑似目标的多普勒频率为 f_{d0}，则由式（5.1）可得目标多普勒向量为

$$\boldsymbol{s}_0 = [1 \quad e^{2\pi f_{d0}T} \quad \cdots \quad e^{2\pi f_{d0}T(N-1)}]^{\mathrm{T}} \tag{5.7}$$

由式（5.3）可得观测向量为

$$\boldsymbol{x} = [x_0 \quad x_1 \quad \cdots \quad x_{N-1}]^{\mathrm{T}} \tag{5.8}$$

由此构建自适应匹配滤波（Adaptive Matched Filter，AMF）子空间检测器 D_{AMF} 为

$$D_{\mathrm{AMF}} = \frac{\left| \boldsymbol{s}_0^{\mathrm{H}} \boldsymbol{C}^{-1} \boldsymbol{x} \right|^2}{\boldsymbol{s}_0^{\mathrm{H}} \boldsymbol{C}^{-1} \boldsymbol{s}_0} \underset{H_0}{\overset{H_1}{\gtrless}} \eta_2 \tag{5.9}$$

式中，$\boldsymbol{C}$ 为利用参考距离单元得到的杂波协方差矩阵估计，上标 T 和 H 分别表示转置和共轭转置。

多秩检测器　假设重构得到的疑似目标的多普勒频率为 $f_{d1},\cdots,f_{dI}$，则由式（5.2）可得目标子空间矩阵为

$$\boldsymbol{S} = [\boldsymbol{s}_1,\cdots,\boldsymbol{s}_I] \tag{5.10}$$

式中，

$$\boldsymbol{s}_i = [1 \quad e^{2\pi f_{di}T} \quad \cdots \quad e^{2\pi f_{di}T(N-1)}]^{\mathrm{T}}, \ i=1,\cdots,I \tag{5.11}$$

由此构建 AMF 子空间检测器 D_{AMF} 为

$$D_{\mathrm{AMF}} = \boldsymbol{x}^{\mathrm{H}} \boldsymbol{C}^{-1} \boldsymbol{S}(\boldsymbol{S}^{\mathrm{H}} \boldsymbol{C}^{-1} \boldsymbol{S})^{-1} \boldsymbol{S}^{\mathrm{H}} \boldsymbol{C}^{-1} \boldsymbol{x}^{\mathrm{H}} \underset{H_0}{\overset{H_1}{\gtrless}} \eta_2 \tag{5.12}$$

5.4　基于 ADT-SFT 的动目标检测

基于 ADT-SFT 算法的动目标检测算法流程如图 5.7 所示，具体包括以下步骤。

（1）频谱重排。

根据式（5.13）对待检测距离单元和参考距离单元中的原始观测数据［记为 $x_\ell(1),\cdots,x_\ell(N),\ell=0,1,\cdots,L$］进行频谱重排，即

$$P_\sigma^\ell(n) = x_\ell[(\sigma n) \bmod N] \tag{5.13}$$

式中，σ 是在区间 $[1, N]$ 上随机选取的奇数，若为偶数，则无法遍历所有的 n。

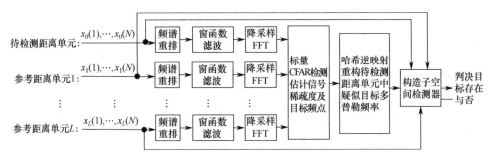

图 5.7　基于 ADT-SFT 算法的动目标检测算法流程

（2）窗函数滤波。

采用式（4.6）中的窗函数对频谱重排后的数据进行滤波处理，窗函数滤波器 $G(\varepsilon, \varepsilon', \delta, \omega)$ 决定信号频点与各个"筐"之间的映射关系，为了保证算法效率，避免频谱泄漏，要求该滤波器在时域和频域中都具有能量集中性，各参数的参考值为 $\varepsilon = 1/B$，$\varepsilon' = 1/2B$，$\delta \approx 1/N$，$\omega = O(B \operatorname{lb} N/\delta)$。

（3）降采样 FFT。

根据式（4.7）对滤波后的数据进行降采样 FFT 处理，为平衡分筐操作与短点 FFT 计算量，取筐的数量 $B = O(\sqrt{N})$，且满足 N 能被 B 整除。

（4）第一门限检测。

根据式（5.5），在降采样 FFT 形成的各个频率通道中，采用标量 CFAR 检测技术（即第一门限 η_1）来估计信号稀疏度及频点。同时，为进一步降低频域强杂波点对稀疏度及频点估计的影响，可在 ADT-SFT 算法处理之前对数据进行 MTI 或自适应 MTI（Adaptive MTI，AMTI）处理，以抑制频域强杂波点。

（5）重构。

通过哈希逆映射重构待检测单元中过第一门限的大值频点在原始观测数据频谱中的位置，并取定位循环中超过"出现次数阈值" w 的频点对应的多普勒频率作为疑似目标多普勒频率。

（6）第二门限检测。

针对重构后得到的疑似目标多普勒频率，结合待检测距离单元和参考距离单元中的原始观测数据构建子空间检测器，利用第二门限 η_2 进行检测判决，确定该多普勒频率对应的目标是否存在。若重构得到的多普勒频率不止一个，且较为分散，则根据式（5.9）逐个构建秩 1 子空间检测器进行判决；若得到的多普勒频率中存在多点相邻的情况，则根据式（5.12）构建多秩子空间检测器判决目标的有无。

5.5 实验验证与分析

本节通过仿真实验和实测数据处理结果，验证所提算法在杂波背景中的动目标检测性能，具体包括以下内容：5.5.1 节通过设置目标谱未落入杂波谱和落入杂波谱两种场景，分析 ADT-SFT 的检测结果，并与 5.2.3 节中的 SFT 和 RSFT 处理结果进行对比；5.5.2 节给出 ADT-SFT 算法对 CSIR 数据库中两组典型对海雷达数据的处理结果，从而验证所提算法对实测数据的处理性能；5.5.3 节通过蒙特卡罗仿真计算对所提算法的检测性能进行进一步分析；5.5.4 节则通过仿真实验分析算法计算复杂度与检测性能之间的关系。

5.5.1 仿真分析

采用与 5.2.3 节相同的仿真数据，对所提 ADT-SFT 算法的检测性能进行验证。图 5.8 和图 5.9 分别给出了目标谱未落入杂波谱（目标多普勒频率 f_d = 1000Hz）和落入杂波谱（目标多普勒频率 f_d = −59.8Hz）时，ADT-SFT 算法的处理结果。

在图 5.8 中，当目标谱未落入杂波谱时，对于信杂噪比较高（SCNR = −12dB）和信杂噪比较低（SCNR = −20dB）的情况，ADT-SFT 算法均能有效检测出目标，且都未出现虚警，两者的差别在于，过第一门限得到的稀疏度平均估值 K 及过"出现次数阈值"得到的疑似目标多普勒点数 H 的值不同，对于前者 $K = 5$，$H = 82$，对于后者 $K = 9$，$H = 140$。显然，K 值与 H 值越高，算法计算复杂度越高，当 SCNR 较低时，要获得与 SCNR 较高时相同的检测性能，需要以增加计算复杂度为代价。

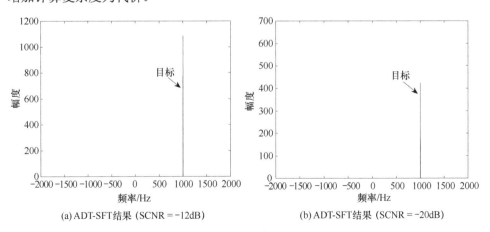

(a) ADT-SFT结果 (SCNR = −12dB)   (b) ADT-SFT结果 (SCNR = −20dB)

图 5.8　ADT-SFT 的处理结果（f_d = 1000Hz）

图 5.9 给出了目标谱落入杂波谱中时，SCNR = −12dB 与 SCNR = −20dB 两种信

杂噪比情况下 ADT-SFT 算法的处理结果。由图可知，ADT-SFT 算法在两种 SCNR 下仍能检测出目标，但在低 SCNR 时出现了少量虚警。原因在于，在图 5.8 中，由于目标谱未落入杂波谱，其针对目标多普勒的子空间检测相当于是在噪声背景中完成的；而在图 5.9 中，由于目标谱被杂波谱所覆盖，在子空间检测时目标受到了强杂波的严重干扰。

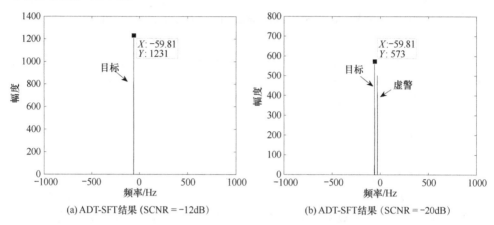

(a) ADT-SFT结果 (SCNR = −12dB)　　　　　(b) ADT-SFT结果 (SCNR = −20dB)

图 5.9　ADT-SFT 的处理结果（f_d = −59.8Hz）

对比图 5.2～图 5.5 与图 5.8、图 5.9 的处理结果可知：① 通过增加两级自适应检测门限，ADT-SFT 算法能够有效抑制杂波，提高动目标检测性能；② 由于频域中强杂波点的影响，导致降采样后的频谱中信杂噪比恶化严重，为保证目标频点能过门限，过第一门限和"出现次数阈值"得到的 K、H 值较大，特别是 SCNR 越低，需要的 K、H 值越大，从而影响了算法的计算效率。对此，可在 ADT-SFT 算法处理之前，对观测数据进行 MTI/AMTI 处理，挖除杂波谱中心附近的强杂波点，降低频域强杂波点对第一门限检测性能的影响，进而提高算法计算效率和检测性能。需要注意的是，若目标谱距离杂波谱中心太近，则不宜在 ADT-SFT 算法处理之前实施 MTI/AMTI 处理。

5.5.2　实测数据处理

采用南非 CSIR 数据库中两组典型的对海雷达实测数据对所提算法的性能进行验证。首先用所提算法对 TFC15-038 数据进行分析。雷达配置及开展探测试验时的环境参数如表 5.1 所示。

图 5.10 所示为 TFC15-038 的数据分析，从回波的距离—时间图 [见图 5.10(a)] 可以看出，雷达观测范围覆盖了 96 个距离单元，目标淹没在强海杂波中，仅通过幅度难以发现目标。通过观察各个距离单元的回波多普勒谱 [见图 5.10(c)] 可以发现，目标的多普勒频率随时间变化，导致多普勒谱扩散，且在截取的 52.429s

观测时间（包含 $N = 2^{18}$ 个脉冲）内，目标沿距离单元运动，因此可将目标视为距离—多普勒扩展目标。海杂波谱在各个距离单元间基本相同，具备空间平稳性。在图 5.10(c)中，只有少量目标多普勒点的幅度超过杂波谱峰 5dB 以上。

表 5.1　雷达配置及开展探测试验时的环境参数（TFC15-038）

参　数	数　值	参　数	数　值
发射频率/GHz	9	距离分辨率/m	15
观测时长/s	67.793	波高/m	3.17
脉冲重频/kHz	5	平均风速/kts	14.4
掠射角/°	0.445～0.551	天线波瓣宽度/°	1.8（水平）
距离范围/m	1440（96 个距离单元）	GPS 信号	有

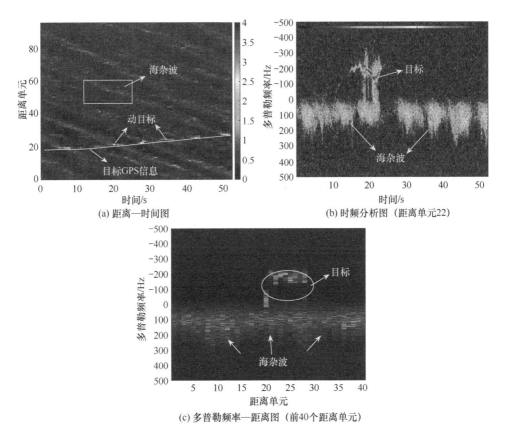

(a) 距离—时间图　　　　　(b) 时频分析图（距离单元22）

(c) 多普勒频率—距离图（前40个距离单元）

图 5.10　CSIR 对海雷达探测试验数据分析（TFC15-038）

如前所述，暂不讨论因时间较长而导致的目标跨距离单元问题，而从信号稀疏度的角度研究如何利用 ADT-SFT 算法快速确定疑似目标多普勒频点，并构建子空间检测器进行检测判决。分别采用 SFT 算法（稀疏度 K 设置为 400）、ADT-SFT 算法和 AMTI-ADT-SFT 对数据进行处理，之所以采用 AMTI 而非 MTI，是因为实测数据的海杂波谱中心不在零频。算法相关参数设置如下：频域降采样后的数据点数 $B = 2048$，滤波窗函数双边通带（低通）的点数为 $N/B = 128$，定位循环次数 $M = 1024$。

　　图 5.11 给出了三种方法的处理结果，从中可以看出：SFT 算法的处理结果 ［见图 5.11(a)］中存在较多的杂波虚警点，且目标处存在较多的漏警。这表明，由于稀疏度 K 需要预设且没有杂波抑制能力，SFT 处理只能获得少量强目标多普勒频点，而大量强杂波多普勒频点也被检测出来形成虚警；ADT-SFT 算法处理结果 ［见图 5.11(b)］中的杂波虚警点和目标所在处漏警相比 SFT 算法明显减少；而 AMTI-ADT-SFT 算法 ［见图 5.11(c)］由于在 ADT-SFT 处理之前对数据进行了 AMTI 处理，降低了频域强杂波点的影响，因此其漏警与虚警处理性能优于 ADT-SFT 算法。

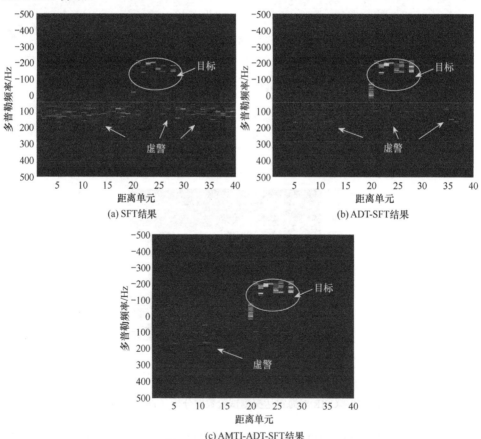

(a) SFT结果

(b) ADT-SFT结果

(c) AMTI-ADT-SFT结果

图 5.11　TFC15-038 数据处理结果

为了更清楚地展示三种方法的处理效果，图 5.12 显示了 TFC15-038 数据中距离单元 22 的处理结果。AMTI 处理的作用在于：一方面，抑制杂波谱中心的强杂波点，降低频域数据的稀疏度，使得目标所在距离单元（距离单元 18～26）中，过第一门限的频点数 K 的平均值由 1200 左右降到 800 左右，提升了算法的计算效率；另一方面，抑制强杂波点也能够降低窗函数滤波带来的 SCNR 损失，这是图 5.11(c)、图 5.12(c)中漏警性能得以改善的原因。表 5.2 中列出了图 5.12(b)至图 5.12(d)中具体的目标点数和虚警点数。

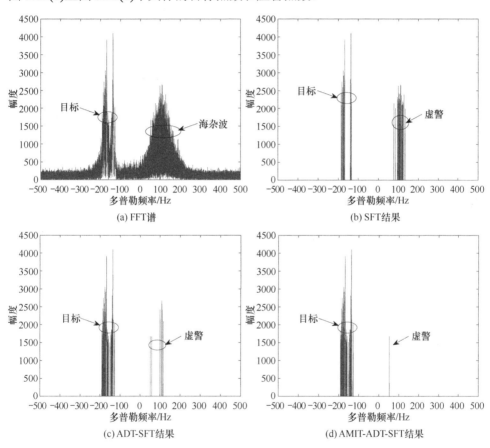

图 5.12 TFC15-038 数据处理结果（距离单元 22）

表 5.2 目标点数和虚警点数

数　据 ＼ 点　数	——	目标点数	虚警点数
TFC15-038（距离单元 22）	SFT	97	303
	SDT-SFT	448	6
	AMTI-ADT-SFT	451	1

下面采用 TFC17-002 数据分析所提算法的检测性能。雷达配置及开展探测实验时的环境参数如表 3.1 所示。图 5.13 中给出了 TFC17-002 的数据分析。可知，TFC17-002 的数据结构和时域特点与 TFC15-038 的基本类似，二者的主要的区别在于，在 TFC17-002 数据中，杂波背景更强，而且目标谱有很大一部分能量落入海杂波谱中，而 TFC15-038 数据中的目标谱与杂波谱基本没有重叠。

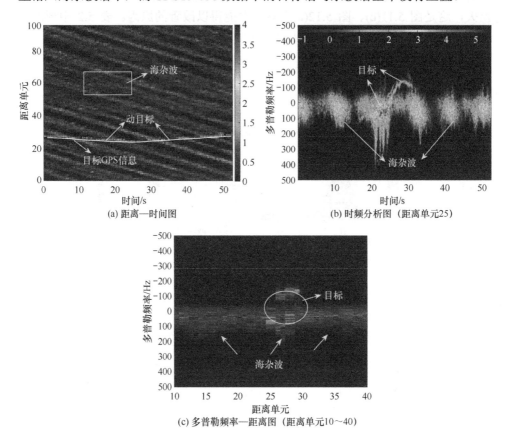

图 5.13　CSIR 对海雷达探测试验数据分析（TFC17-002）

图 5.14 至图 5.15 给出了 TFC17-002 数据的处理结果，算法参数与 TFC15-038 数据处理采用的参数一致。通过分析图中的结果可以发现：在目标谱与杂波谱部分重叠的情况下，所提算法的处理效果相比前一组数据要差一些，主要体现为落入杂波谱中的目标频点容易丢失，原因是部分目标多普勒频率对应的子空间检测器是在杂波背景中完成的；同时，相比于图 5.15(c)，由于目标谱与海杂波谱有较大的重叠，增加 AMTI 处理后，图 5.15(d)中的目标检测点损失更严重，表明若目标谱距离杂波谱中心太近，则不宜在 ADT-SFT 算法处理之前实施 MTI/AMTI 处理。

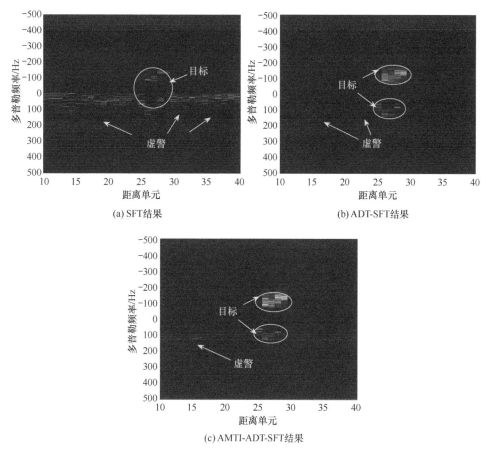

(a) SFT结果

(b) ADT-SFT结果

(c) AMTI-ADT-SFT结果

图 5.14　TFC17-002 数据处理结果

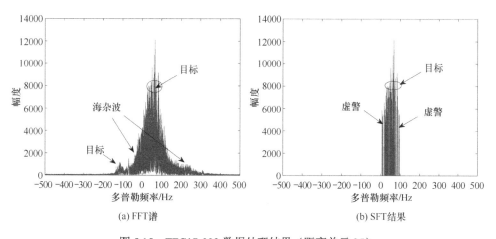

(a) FFT谱

(b) SFT结果

图 5.15　TFC17-002 数据处理结果（距离单元 25）

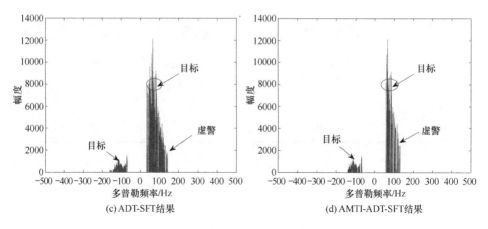

(c) ADT-SFT结果   (d) AMTI-ADT-SFT结果

图 5.15 TFC17-002 数据处理结果（距离单元 25）（续）

5.5.3 检测性能分析

通过蒙特卡罗仿真，对所提算法的检测性能进行进一步分析。假设目标作匀速直线运动，速度 $v = 15\text{m/s}$，雷达波长 $\lambda = 0.03\text{m}$，目标中心频率 $f_d = 1000\text{Hz}$，杂波参数与 5.2.3 节的仿真数据相同，脉冲个数 $N = 4096$，脉冲重复频率 $f_s = 5000\text{Hz}$，降采样后的数据点数 $B = 256$，滤波窗函数双边通带的点数为 $N/B = 16$，定位循环次数 $M = 100$。

图 5.16 中给出了虚警概率 $P_{fa} = 10^{-4}$ 条件下，常规子空间检测算法、SFT 算法、ADT-SFT 算法、MTI-ADT-SFT 算法（MTI 处理的作用与 5.5.2 节中的 AMTI 类似）的检测概率 P_d 与 SCNR 的关系曲线，图中 K 和 H 为无目标条件下，10^6 次仿真得到的信号稀疏度估值和疑似目标多普勒频点数的平均值。例如，对于 MTI-ADT-SFT 算法，$K = 8, H = 4$ 表示在无目标条件下，该算法通过第一门限得到的信号稀疏度平均估值为 8，哈希逆映射重构得到的疑似目标多普勒频点数平均值为 4。

可知，由于常规子空间检测算法逐个多普勒频率通道进行搜索并构建子空间检测器进行判决，因此在不考虑计算复杂度的情况下，相比于其他三种算法，它具有最佳的检测性能；常规子空间检测算法、ADT-SFT 算法、MTI-ADT-SFT 算法的检测性能均明显优于 SFT 算法至少 10dB 以上，这表明相比于 SFT 算法，ADT-SFT 算法更适用于杂波背景，能够获得明显的检测性能改善；由于窗函数滤波造成的 SCNR 恶化问题，ADT-SFT 算法的检测性能比常规子空间检测算法要差，但 ADT-SFT 只需对少量疑似目标多普勒频率构建子空间检测器，无须对多普勒频率通道进行逐一搜索，因而在计算复杂度方面具有较大的优势；通过对原始数据进行 MTI、AMTI 等杂波抑制处理，挖除频域强杂波点，能够进一步改善 ADT-SFT 算法的检测性能。

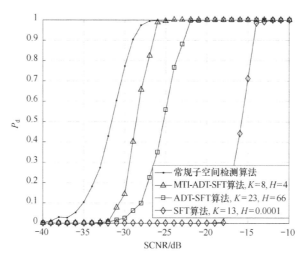

图 5.16　四种算法的检测概率 P_d 与 SCNR 的关系曲线

5.5.4　算法复杂度分析

与常规子空间检测算法相比，ADT-SFT 算法能够快速确定疑似目标的多普勒频率，避免了需要在每个多普勒频率上逐一进行搜索和判决的问题，因此能够较大地降低计算复杂度，特别是在数据量较大及子空间检测器构建比较复杂的情况下，ADT-SFT 算法对计算复杂度的降低越发明显。以 TFC15-038 中距离单元 22 的数据为例，目标占据的多普勒频率通道数约为 600 个，相比总多普勒频率通道数（2^{18} 个），目标的多普勒频率通道数只占 0.23%，显然，相比常规子空间检测算法，ADT-SFT 可大大降低计算复杂度。

具体来说，ADT-SFT 算法的计算复杂度主要受 K 值和 H 值的影响，且 H 值决定了子空间检测器搜索的次数，因此当子空间检测器构建较为复杂时，H 值对计算复杂度的影响更大。K 值和 H 值直接受第一门限 η_1 和"出现次数阈值" w 控制，η_1 和 w 越大，K 值和 H 值就越小。图 5.17(a)和图 5.17(b)分别给出了不同 η_1 和 w 条件下，ADT-SFT 算法和 MTI-ADT-SFT 算法的检测概率与 SCNR 的关系曲线，该图表明第一门限和"出现次数阈值"对所提算法的检测性能有较大影响。η_1 和 w 越小，K 值和 H 值就越大，所提算法的检测性能就越接近常规子空间检测算法，但付出的代价是越高的计算复杂度。

表 5.3 中列出了无目标条件下典型的第一门限值和"出现次数阈值"对应的重构后的疑似目标多普勒频点数 H，该数值反映了所提算法（即 ADT-SFT 算法和 MTI-ADT-SFT 算法）对多普勒频点的搜索量。

分析图 5.17 与表 5.3 可知：① MTI 处理能够有效减少 ADT-SFT 算法检测到的虚假目标多普勒频点数，从而提高计算效率；② 第一门限值 η_1 和"出现次数阈值" w 越低，所提算法的检测性能就越接近常规子空间检测器，但此时 H 值越大，相应的运算量也越高。因此，第一门限值和"出现次数阈值"的选取需要在计算复杂度和检测性能损失之间进行折中。

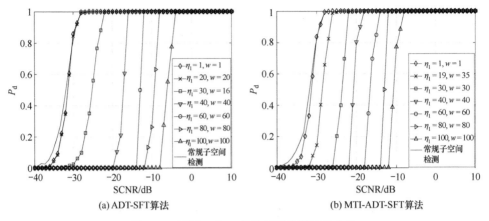

(a) ADT-SFT算法　　　　　　　　　　　(b) MTI-ADT-SFT算法

图 5.17　不同 η_1 和 w 条件下的检测性能曲线

表 5.3　不同 η_1 和 w 条件下的 H 值

η_1	1	19	20	30	30	40	60	80	100
w	1	35	20	16	30	40	60	80	100
H^1	4096	148	120	66	24.7	2.06	0	0	0
H^2	4096	4	2	1	0	0	0	0	0

H^1：ADT-SFT；H^2：MTI-ADT-SFT。

综上，ADT-SFT 具有如下特点：① 不需要预设信号稀疏度，相比 SFT 和 RSFT 算法，更适用于杂波背景，能够获得明显的检测性能改善；② 仅需对少量疑似目标多普勒频率构建子空间检测器，相比传统子空间检测算法，能够较大程度地降低计算复杂度；③ 在 SCNR 较低的情况下，ADT-SFT 对目标谱未落入杂波谱时的检测性能优于目标谱落入杂波谱时的情景；④ 在目标谱未落入杂波谱中心的前提下，通过对原始数据进行 MTI/AMTI 等杂波抑制处理挖除频域强杂波点，能够进一步改善 ADT-SFT 算法的检测性能；⑤ ADT-SFT 算法中稀疏度估值 K 和疑似目标多普勒点数 H 对算法性能有较大影响，K 值和 H 值直接受第一门限和"出现次数阈值"控制，其数值的选取需要在计算复杂度和检测性能损失之间进行折中。总之，基于 ADT-SFT 的动目标检测方法既能利用 SFT 思想在计算效率方面的优势，又能利用子空间检测器来保证检测性能，从而为有限雷达资源条件和杂波环境中雷达目标检测性能的提升提供了有效的途径。

参 考 文 献

[1] 张秀丽，王浩全，庞存锁. 稀疏傅里叶变换在雷达中的应用研究[J]. 电子测量技术，2017，

40(10): 148-152.

[2]   Pang C, Liu S, Han Y. High-speed target detection algorithm based on sparse Fourier transform [J]. *IEEE Access*, 2018, 6: 37828-37836.

[3]   Wang S G, Patel V M, Petropulu A. MIMO-RSFT radar: Reduced complexity MIMO radar based on the sparse Fourier transform [C]. *2017 IEEE Radar Conference*, 2017.

[4]   Xiaohan Yu, Xiaolong Chen, Yong Huang, et al. Radar moving target detection in clutter background via adaptive dual-threshold sparse Fourier transform [J]. *IEEE Access*, 2019. 7: 58200-58211.

[5]   Wang S G, Patel V M, Petropulu A. A robust sparse Fourier transform and its application in radar signal processing [J]. *IEEE Transactions on Aerospace and Electronic Systems*, 2017, 53(6): 2735-2755.

[6]   H. Rohling. Radar CFAR thresholding in clutter and multiple target situations [J]. *IEEE Transactions on Aerospace and Electronic systems*, 2007, 19(4): 608-621.

[7]   M. Smith, P. Varshney. Intelligent CFAR processor based on data variability [J]. *IEEE Transactions on Aerospace and Electronic systems,* 2002, 36(3): 837-847.

[8]   J. Goldstein, I. Reed, P. Zulch. Multistage partially adaptive STAP CFAR detection algorithm [J]. *IEEE Transactions on Aerospace and Electronic systems*, 1999, 35(2): 645-661.

第6章 稀疏分数阶表示域杂波抑制和动目标检测

ADT-SFT 算法通过在 SFT 框架的基础上增加两级自适应检测门限，克服了 SFT 算法需要预设度，且在低 SCNR 下信号重构可靠性差、检测性能下降的缺点，适合杂波背景下匀速运动目标的检测，但其仍属于 FFT 理论体系，对于具有高次调频和高阶相位特性的非平稳时变信号，动目标的检测时仍具有较大的局限性。基于 SFT 快速算法的 SFRRD 方法，即 SFRFT 算法和 SFRAF 算法，结合了 SFT 理论和分数阶变换方法的优势，具有较低的计算复杂度，但由于其在 SFT 理论框架的基础上设计实现，因此与 SFT 算法存在同样的缺陷，在较低的 SCNR 下容易受到频域强杂波点干扰，难以保证重构信号的可靠性，导致算法的检测性能下降。

本章从提升基于 SFT 的 SFRRD 动目标检测方法的稳健性及低 SCNR 条件下检测性能的角度出发，介绍 SFRRD 域杂波抑制和动目标检测方法，主要包括两部分：一是，借鉴 ADT-SFT 的思想，提出稳健 SFRFT（Robust SFRFT，RSFRFT）[1, 2]，提高 SFRFT 算法的抗杂波性能和低 SCNR 下动目标信号重构的可靠性，采用仿真实验和实测雷达数据对所提算法的性能进行分析；二是，将自适应滤波方法引入 SFRAF 域[3]，利用杂波和目标在 SFRAF 域的相关性差异抑制杂波，克服 SFRAF 对稀疏度设置值的限制，在最大限度保留信号能量的同时较好地抑制杂波。

6.1 RSFRFT 雷达动目标检测算法

SFRFT 是通过将 Pei 采样类 DFRFT 中的 FFT 阶段替换为 SFT 设计实现的。因此，与 SFT 算法类似，SFRFT 算法本质上也存在如下问题：一是，在信号处理前需要对稀疏度 K 进行预设或粗略预估，而在实际应用中，往往无法获取稀疏度的先验信息；二是，SFRFT 在估计目标频点时和 SFT 采用了同样的方式，即在降采样后的频谱中根据预设的稀疏度取循环过程中出现概率最高的 K 个大值频点作为估计结果，在低 SCNR 条件下，容易受到强杂波点的干扰，重构信号的可靠性难以保证。这两方面的因素导致 SFRFT 算法的稳健性下降。此外，算法中的窗函数滤波降低了目标所在频点的 SCNR，不利于杂波背景下的目标检测问题。因此，基于 SFRFT 的动目标检测方法难以满足复杂杂波环境下的雷达动目标检测需求。

6.1.1 RSFRFT 原理

由 4.3 节介绍的 SFRFT 原理可知，SFRFT 算法主要包括时域 Chirp 乘法运算、SFT 运算、频域 Chirp 乘法运算三个过程。RSFRFT 算法沿用 ADT-SFT 算法的思路，在 SFRFT 的原理框架中增加两级检测门限，以提高算法的稳健性和杂波背景下的适应能力：一是，在降采样 FFT 形成的各个频率通道中加入第一门限，以抑制频域强杂波点对目标频点估值的影响；二是，在重构后增加第二门限，针对重构得到的疑似目标频点构建检测器，对目标频点进行确认。图 6.1 给出了 RSFRFT 算法的原理框图，具体包括以下内容。

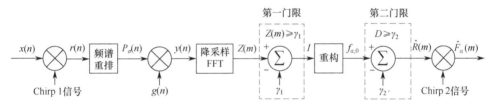

图 6.1 RSFRFT 算法的原理框图

1）时域 Chirp 乘法运算

建模为 LFM 信号的目标信号为

$$s(n) = A_0 \exp[j(2\pi f_0 n\Delta t + \pi\mu_s n^2 \Delta t^2)], \quad n = 0,1,\cdots,N-1 \qquad (6.1)$$

式中，A_0 为信号幅度，中心频率 $f_0 = 2v_0/\lambda$，调频率 $\mu_s = 2a_s/\lambda$，λ 为波长，v_0 为目标运动初速度，a_s 为加速度，$\Delta t = 1/f_s$ 为信号时间采样间隔，$N = T_n \cdot f_s$ 为采样点数，T_n 为观测时间，f_s 为采样频率。考虑杂波背景，其雷达回波信号可表示为

$$x(n) = \begin{cases} s(n) + c(n), & H_1 \\ c(n), & H_0 \end{cases} \qquad (6.2)$$

式中，$c(n)$ 表示杂波。将回波信号 $x(n)$ 与 Chirp 1 信号相乘有

$$r(n) = x(n) \cdot C_1(n), \quad n \in [1,N] \qquad (6.3)$$

式中，$C_1(n) = e^{(j\cot\alpha n^2 \Delta t^2)/2}$ 为 Chirp 1 信号，α 为变换角。

2）频谱重排

为了使大值频点尽可能地均匀随机分布，通过对时域信号进行操作以实现频谱重排，重排后的时域序列为

$$P_\sigma(n) = r[(\sigma n)\bmod N], \quad n \in [1,N] \qquad (6.4)$$

式中，σ 是在区间 $[1,N]$ 上随机选取的奇数，mod 为取模运算。

3）窗函数滤波

采用式（4.6）定义的平坦窗函数 $g(n)$ 对重排后的时域信号进行滤波，得到

$$y(n) = g(n) \cdot P_\sigma(n), n \in [1, N] \tag{6.5}$$

4）降采样 FFT

由 FT 的性质可知，通过时域混叠实现频域的降采样，即

$$z(n) = \sum_{j=0}^{\lfloor \omega/B \rfloor - 1} y(n + jB), \ n \in [1, B] \tag{6.6}$$

式中，ω 为窗函数长度，$\lfloor \ \rfloor$ 表示向下取整运算，降采样后的频域信号为 $Z(m) = $ FFT$\{z(n)\}$。

5）第一门限检测

在降采样 FFT 后增加第一门限 γ_1 来估计目标信号频点，定义集合 I，将 $Z(m)$ 中幅值超过门限 γ_1 的频点对应的坐标归入集合 I，即

$$I = \{m \in [1, B] \big| Z(m) \geqslant \gamma_1\} \tag{6.7}$$

式中，门限 γ_1 通过 CFAR 检测技术确定。

6）重构

通过哈希逆映射得到 I 中频点在信号 $r(n)$ 的频谱序列中的对应坐标，并保存到集合 V 中，即

$$V = \{m \in [1, N] \big| h_\sigma(m) \in I\} \tag{6.8}$$

执行频谱重排到哈希逆映射的过程 M 次，设置"出现次数阈值"w，将 M 次循环过程中"出现次数"超过该阈值的频点对应的频率称为**疑似频率**。

7）第二门限检测

针对重构后得到的疑似目标频率，结合待检测距离单元和参考距离单元中的原始观测数据构建检测器进行检测判决，该检测器对应的门限称为**第二门限** γ_2。

假设重构得到的疑似目标的频率为 $f_{\alpha,0}$，则目标向量为

$$s_{\alpha,0} = \begin{bmatrix} 1 & e^{2\pi f_{\alpha,0}\Delta t} & \cdots & e^{2\pi f_{\alpha,0}\Delta t(N-1)} \end{bmatrix}^T \tag{6.9}$$

检测单元的观测向量为

$$r_0 = [r_0 \quad r_1 \quad \cdots \quad r_{N-1}]^T \tag{6.10}$$

结合检测单元和观测单元的原始数据构建检测器，

$$D = \frac{\left| s_{\alpha,0}^H \cdot r_0 \right|^2}{\sum_i \left| s_{\alpha,0}^H \cdot r_i \right|^2} \begin{array}{c} H_1 \\ \gtrless \\ H_0 \end{array} \gamma_2 \tag{6.11}$$

式中，r_i 表示第 i 个参考单元的观测向量。

8）频域 Chirp 乘法运算

假设通过第二门限的频点对应的频谱为 $\hat{R}(m)$，将其与 Chirp 2 信号相乘，得

到 RSFRFT 算法的最终处理结果：

$$\hat{F}_{\alpha}(m) = \hat{R}(m) \cdot C_2(m) \qquad (6.12)$$

式中，$C_2(m) = \mathrm{e}^{\frac{jm^2\Delta u^2}{2\tan\alpha}}\sqrt{(\sin\alpha - j\cos\alpha)\cdot \mathrm{sgn}(\sin\alpha)/N}$ 为 Chirp 2 信号，sgn 为符号函数，$\Delta u = 2\pi\Delta t|\sin\alpha|/N$ 为 RSFRFT 域采样间隔。

表 6.1 中给出了 RSFRFT 算法的具体流程。

表 6.1   RSFRFT 算法的具体流程

RSFRFT 算法
输入 信号 $x(n)$
输出 RSFRFT 结果 $\hat{F}_{\alpha}(m)$
1.　时域 Chirp 乘法运算：$r(n) \leftarrow x(n)$
2.　　**for** $l = 1 : M$（l 为循环变量）
3.　　　选取随机奇数 $\sigma \in [1, N]$
4.　　　频谱重排：$P_{\sigma}(n) \leftarrow r(n)$
5.　　　窗函数滤波：$y(n) \leftarrow P_{\sigma}(n)$
6.　　　时域混叠：$z(n) \leftarrow y(n)$
7.　　　降采样 FFT：$Z(m) \leftarrow z(n)$
8.　　　第一门限检测：$I \leftarrow \mathrm{det}1[Z(m)]$
9.　　　哈希逆映射：$V \leftarrow I$
10.　　**end for**
11.　　**return** $f_{\alpha,0}$
12.　第二门限检测：$\hat{R}(m) \leftarrow \mathrm{det}2[f_{\alpha,0}]$
13.　频域 Chirp 乘法运算：$\hat{F}_{\alpha}(m) \leftarrow \hat{R}(m)$

6.1.2   杂波背景下 RSFRFT 动目标检测方法

基于 RSFRFT 算法的动目标检测流程如图 6.2 所示，具体包括以下步骤。

（1）雷达回波解调和脉冲压缩，实现距离高分辨，并选取待检测距离单元。

（2）假设目标未跨越距离单元或者距离徙动已被补偿，根据 6.1.1 节介绍的 RSFRFT 算法原理，依次对检测单元数据进行时域 Chirp 乘法运算、频谱重排、窗函数滤波、降采样 FFT、第一门限检测、重构以及第二门限检测。

（3）对通过第二门限的目标频谱进行频域 Chirp 乘法运算，得到待检测单元的 RSFRFT 结果；若无频点通过第二门限，则继续处理后续距离单元的数据。

（4）目标运动参数估计。在 RSFRFT 的输出结果中，通过峰值点的二维搜索确定最佳变换角度，即

$$(\alpha_0, m_0) = \underset{\alpha, m}{\arg\max}\left|\hat{F}_{\alpha}(m)\right| \qquad (6.13)$$

由此可得目标运动参数的估计值为

$$\begin{cases} \hat{v}_0 = \dfrac{\lambda \hat{f}_0}{2} = \dfrac{\lambda}{2} m_0 \\[3mm] \hat{a}_s = \dfrac{\lambda \hat{\mu}_s}{2} = -\dfrac{\lambda}{2} \cot \alpha_0 \end{cases} \tag{6.14}$$

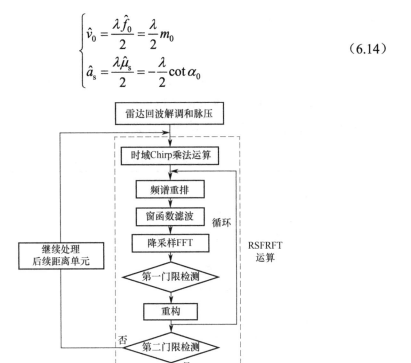

图 6.2 基于 RSFRFT 算法的动目标检测流程

6.1.3 实验验证与分析

1. 仿真分析

在仿真数据中，雷达发射信号中心频率的波长为 0.03m，目标作匀加速直线运动，$v_0 = 8.1\text{m/s}$，$a_s = 1.5\text{m/s}^2$，$f_0 = 540\text{Hz}$，$\mu_s = 100\text{Hz/s}$，背景为海杂波，雷达回波模型如式（6.2）所示；背景杂波为复高斯相关海杂波，其谱中心为 0Hz，3dB 谱宽约为 300Hz，杂噪比为 15dB，SCNR 定义在相参积累之前的每个脉冲采样上；脉冲个数 $N = 4096$，脉冲重复频率 $f_s = 5000\text{Hz}$，降采样 FFT 后的数据点数 $B = 256$，由此得到平坦窗函数双边通带（低通）的点数为 $N/B = 16$，定位循环次数 $M = 100$。

图 6.3 给出了 SCNR 取值较高（即在最佳 DFRFT 域中目标幅值大于杂波谱的幅值）时 FFT、DFRFT、SFRFT 和 RSFRFT 的处理结果。其中，图 6.3(a) 为回波数据的 FFT 谱，图 6.3(b) 为最佳 DFRFT 域处理结果，图 6.3(c) 和 图 6.3(d) 分别为 $K = 1$ 和 $K = 4$ 时的 SFRFT 处理结果，图 6.3(e) 为 RSFRFT 处理结果。从

中可以看出：当 SCNR 较高时，SFRFT 和 RSFRFT 对动目标信号都具有良好的聚集性；但是，稀疏度 K 的设置值对 SFRFT 算法的稳健性有较大影响，当稀疏度 K 设为 1 时（恰好与仿真数据中的目标数相符），SFRFT 能够有效地检测出目标，而当稀疏度设置得大于 1 时，SFRFT 算法的处理结果中产生了虚警；RSFRFT 算法无须对稀疏度进行预设，能够可靠地检测出目标。

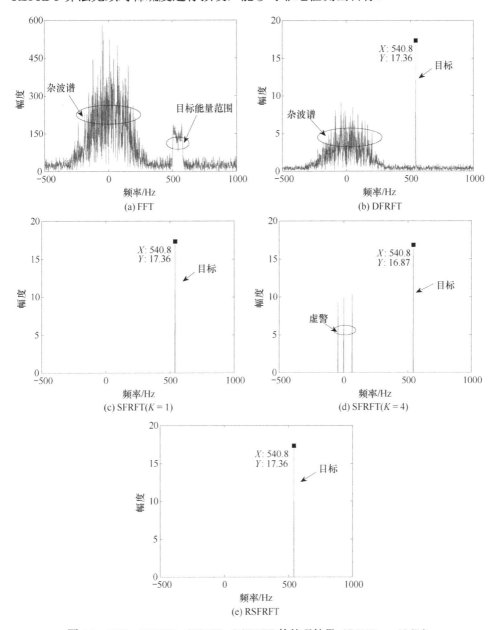

图 6.3　FFT、DFRFT、SFRFT、RSFRFT 的处理结果（SCNR = −12dB）

图 6.4 给出了 SCNR 取值较低（即在最佳 DFRFT 域中目标幅值小于杂波谱的幅值）时 FFT、DFRFT、SFRFT、RSFRFT 的处理结果。可以看出：当 SCNR 较低时，无论稀疏度 K 的设置值是否为 1，SFRFT 算法的处理结果中都存在虚警，甚至丢失目标；而 RSFRFT 算法仍能有效检测出目标，且未出现虚警。综合图 6.3 和图 6.4 的处理结果可知，通过增加两级检测门限 RSFRFT 算法，能够有效地抑制杂波，提高 SFRFT 算法的稳健性，进而提升杂波背景下的动目标检测性能。

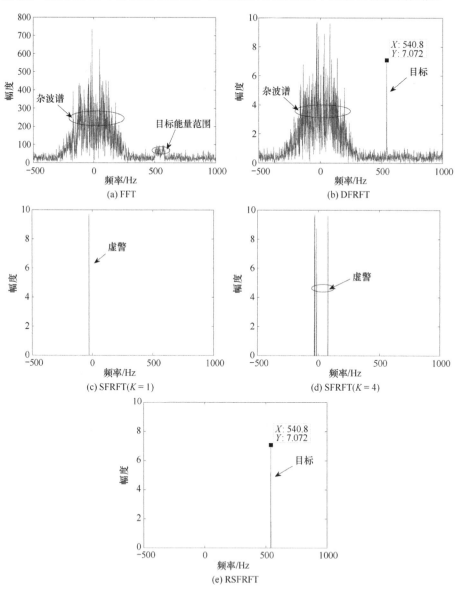

图 6.4 FFT、DFRFT、SFRFT、RSFRFT 的处理结果（SCNR = −20dB）

2. 实测数据处理结果

采用 CSIR TFC17-006 数据对所提算法的性能进行验证，数据的雷达和实验参数如表 4.5 所示。图 6.5 中给出了距离单元 10～30 的距离—时间图，目标淹没在强海杂波中，通过分析目标 GPS 轨迹，可知目标所在距离单元为 23～25。观察目标所在距离单元的时频分析图（见图 6.6）发现，目标多普勒频率具有时变、非平稳特性，而且海杂波的频谱覆盖了大量目标频谱，给检测造成了较大的困难。

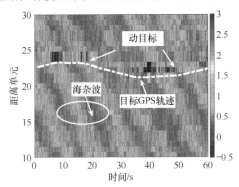

图 6.5　距离单元 10～30 的距离—时间图

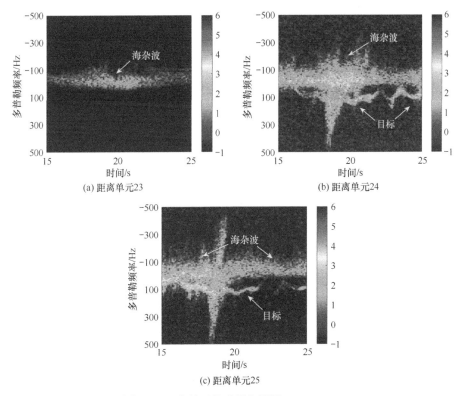

图 6.6　距离单元的时频分析图（15～25s）

分别采用 FFT 算法、SFT 算法、DFRFT 算法、SFRFT 算法、RSFRFT 算法对数据进行处理，算法相关参数设置如下：$N = 2^{14}$，$B = 128$，定位循环次数 $M = 50$，SFT 和 SFRFT 的稀疏度设为 30。图 6.7 给出了起始时间 $t_0 = 20$s 时五种方法的处理结果，其中左列图为多个距离单元的处理结果，右列图为距离单元 24 的处理结果。对比图 6.7 的处理结果和图 6.6 的时频分析图发现：由于模型失配，SFT 算法的处理结果中存在较多的杂波虚警点，且在目标处存在大量的漏警；相比 SFT，SFRFT 算法对动目标具有更好的能量聚集性，但其处理结果中仍存在大量的虚警和漏警，这表明，由于稀疏度 K 需要预设且没有杂波抑制能力，SFRFT 处理只能获得少量强目标多普勒频点，大量强杂波点也被检测出来形成虚警；而通过增加两级检测门限，RSFRFT 算法处理结果中的杂波虚警点和目标所在处的漏警点相比 SFRFT 算法明显减少，目标检测性能得到了明显提升。

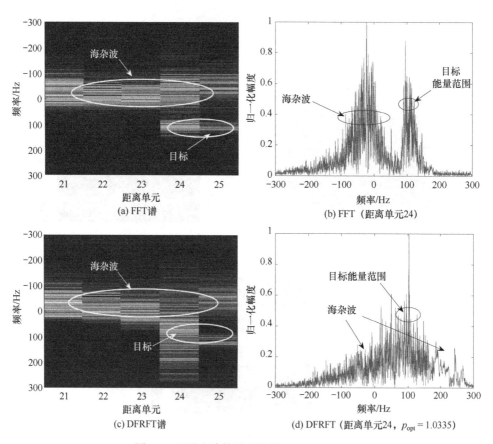

图 6.7　五种方法的处理结果（TFC17-006）

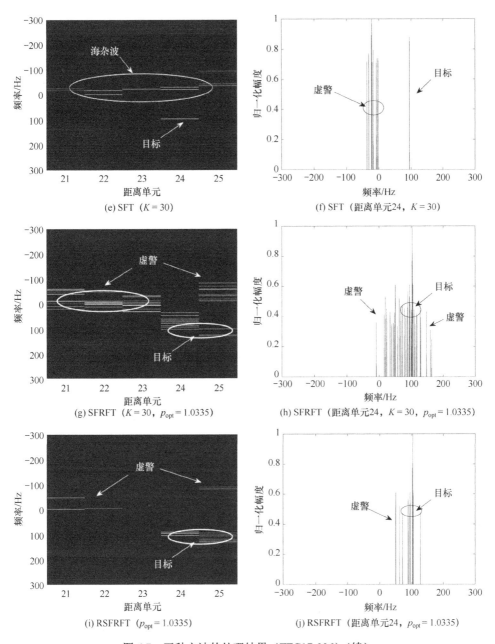

(e) SFT（$K = 30$）

(f) SFT（距离单元24，$K = 30$）

(g) SFRFT（$K = 30$，$p_{opt} = 1.0335$）

(h) SFRFT（距离单元24，$K = 30$，$p_{opt} = 1.0335$）

(i) RSFRFT（$p_{opt} = 1.0335$）

(j) RSFRFT（距离单元24，$p_{opt} = 1.0335$）

图 6.7　五种方法的处理结果（TFC17-006）（续）

3．检测性能分析

通过蒙特卡罗仿真，对所提算法的检测性能进行进一步分析。算法参数为 $N = 4096$，$B = 64$，$M = 30$。图 6.8 分别给出了虚警概率 $P_{fa} = 10^{-4}$ 条件下，经过 10^6 次仿真得到的 DFRFT、SFRFT、RSFRFT 和 MTD 四种算法的检测概率 P_d 与 SCNR 关系曲线。其中，对于 SFRFT 算法，K 表示预设的稀疏度，对于 RSFRFT 算法，K 和 H 分别表示无目标条件下，经过 10^6 次仿真估计出来的信号稀疏度平均值和重构得到的疑似目标频率点数平均值。例如，$K = 20$，$H = 37$ 表示无目标条件下，RSFRFT 算法在降采样 FFT 后的频域中估计的信号稀疏度平均值为 20，重构得到的疑似目标频率点数平均值为 37。

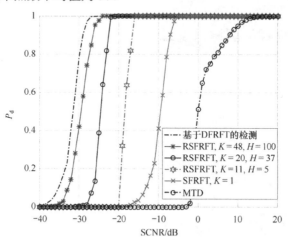

图 6.8　四种算法的检测概率 P_d 与 SCNR 关系曲线（$P_{fa} = 10^{-4}$）

可知，基于 DFRFT 的检测算法由于需要逐个频率通道进行搜索并构建检测器进行判决，因此在不考虑计算复杂度的情况下具有最佳的检测性能；由于窗函数滤波造成的 SCNR 恶化问题，RSFRFT 算法的检测性能比 DFRFT 算法的要差，但仍明显优于 SFRFT 算法至少 10dB 以上；而且 K 和 H 值越大，需要搜索的频率通道数越多，RSFRFT 算法的检测性能就越接近 DFRFT 算法。因此，相比 SFRFT 算法，RSFRFT 算法更适用于杂波背景，能够获得明显的检测性能改善。RSFRFT 算法在降采样 FFT 后的频谱中增加第一门限来抑制杂波，并在重构疑似目标频点后增加第二门限来对目标频点进行确认，不仅对强杂波背景下的 LFM 信号具有较好的检测性能，而且满足实际工程对运算量的要求。

4. 计算复杂度分析

基于 DFRFT 的检测方法需要逐个频率通道进行搜索，进而构建检测器，其计算复杂度为 $O(N^2)$。此外，由文献[12]可知，SFRFT 算法包括的复乘数可近似为

$$\mathrm{SFRFT}_\# \approx 2N + \left[\omega + B\,\mathrm{lb}\,B/2 + dK + \mathrm{card}(U)\right] \cdot M \tag{6.15}$$

式中，筐数 $B = O(\sqrt{N})$，窗函数长度 $\omega = O(B\,\mathrm{lb}\,N)$，$d$ 为稀疏度增益，U 为 SFRFT 算法中重构得到的频点集合，$\mathrm{card}(U)$ 表示集合 U 的测度。

RSFRFT 算法包括的复乘数近似为

$$\mathrm{RSFRFT}_\# \approx \left[\omega + B\,\mathrm{lb}\,B/2 + K + \mathrm{card}(V)\right] \cdot M + (2 + H) \cdot N \tag{6.16}$$

式中，K 为过第一门限得到的稀疏度估值，H 为重构得到的疑似目标频点数，V 为 RSFRFT 算法中重构得到的频点集合。

图 6.9 所示为循环次数 $M = 30$ 时 DFRFT、SFRFT、RSFRFT 的计算复杂度。

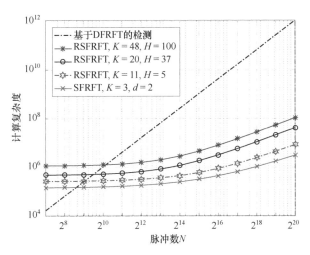

图 6.9　DFRFT、SFRFT 和 RSFRFT 的计算复杂度

可以看出，与 DFRFT 相比，RSFRFT 对长时间序列具有明显的计算复杂度优势。另外，综合分析图 6.8 和图 6.9 可知，K 值和 H 值越大，RSFRFT 算法的检测性能越好，但付出的代价是计算复杂度越高。与 ADT-SFT 算法类似，RSFRFT 算法的 K 值和 H 值直接由第一门限 γ_1 和 "出现次数阈值" w 控制，因此 γ_1 和 w 的设置值需要在算法的检测性能和计算复杂度之间折中。此外，结合检测性能曲线和计算复杂度曲线可知，RSFRFT 算法在 $N = 2^{10}$ 左右既能获得较好的检测性能，又具有较高的运算效率，这对工作于凝视模式的相控阵雷达或 MIMO 雷达来说是一个较为常见的数量级。因此，所提算法既适用于杂波背景下的动目标检测，又能满足实时处理的需求。

6.2　SFRAF 自适应杂波抑制和动目标检测算法

SFRAF 既能利用 FRAF 对高阶相位信号良好的聚集性，又可达到运算效率的有效提升，实现大数据量条件下动目标的快速提取。但是，在应用于杂波背景下的动目标检测时，SFRAF 仍存在检测结果受稀疏度设置值影响较大、低 SCNR 下检测性能下降的缺陷。因此，需要研究有效的杂波抑制方法，使 SFRAF 满足杂波环境下的雷达动目标检测需求。

最小均方（Least Mean Square，LMS）自适应滤波器[4]运用递归算法进行内部运算，可以解除先验信息的限制，具有鲁棒性好、结构简单、计算量小的优点，是信号滤波的有力工具。但是，时域 LMS 自适应算法对信号自相关矩阵特征值的分散程度较为敏感，而非平稳信号自相关矩阵特征值的分散程度较大，导致算法收敛性能下降，达不到很好的滤波效果[5]。此时，可以对输入信号进行正交变换，在变换域中进行滤波，减小其自相关矩阵特征值的分散度，进而改进滤波算法的性能。变换域自适应滤波方法，如有余弦变换域 LMS 算法[6]、小波变换域 LMS 算法[7]、FRFT 域 LMS 算法[8]，能够很好地改善非平稳信号的收敛性能，减小稳态误差，在谱线增强和噪声消除等方面具有良好的应用前景。本节将自适应滤波方法引入 SFRAF 域，提出一种基于 SFRAF 的自适应杂波抑制和动目标检测算法，既能利用 SFRAF 在运算效率方面的优势，又能实现杂波背景下的动目标检测。首先，介绍变换域自适应滤波算法的原理，然后在其基础上提出 SFRAF 域自适应滤波算法，并给出具体的 SFRAF 域动目标自适应检测流程，研究不同参数对算法收敛性能的影响。仿真实验和实测数据处理结果表明，所提方法在最大限度地保留信号能量的同时，能够较好地抑制杂波，在低 SCR 情况下对动目标仍具有良好的检测性能。

6.2.1 变换域自适应滤波算法原理

假设 $x(n)$ 为 N 维输入信号向量，$e(n)$ 为 N 维期望信号向量，$F(\cdot)$ 表示变换，$X(m)$ 和 $E(m)$ 分别为 $x(n)$ 和 $e(n)$ 的变换域处理结果，$W(m)$ 为滤波器权系数向量，$F^{-1}(\cdot)$ 表示逆变换，$y(n)$ 为输出信号向量。图 6.10 中给出了变换域自适应滤波方法的原理框图，变换域自适应滤波方法主要包括两个过程。

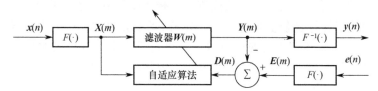

图 6.10 变换域自适应滤波方法的原理框图

（1）滤波过程。利用滤波器权系数向量求出变换域输出信号 $Y(m)$，并计算其与期望信号之间的误差向量 $D(m)$：

$$\begin{cases} Y(m) = X_{\text{dia}}(m)W(m) \\ D(m) = E(m) - Y(m) \end{cases} \tag{6.17}$$

式中，$X_{\text{dia}}(m)$ 表示与 $X(m)$ 对应的 $N \times N$ 维对角矩阵。

（2）自适应过程。根据递归公式对滤波器的权系数向量进行自动更新，实现自适应迭代，直到达到稳态：

$$W(m+1) = W(m) + \mu X_{\text{dia}}^{\text{H}}(m)D(m) \tag{6.18}$$

式中，μ 为自适应步长。

6.2.2 SFRAF 域自适应滤波算法

1. 算法原理

建模为 QFM 信号的目标信号为

$$s(n) = A(n\Delta t)\exp\left[j\pi(2f_0 n\Delta t + \mu_s n^2 \Delta t^2 + k_s/3n^3\Delta t^3)\right], \quad n\in[1,N] \tag{6.19}$$

式中，$A(n\Delta t)$ 为信号幅度，二次调频率 $k_s = 2g_s/\lambda$，g_s 为目标急动度，其雷达回波模型可表示为

$$x(n) = \begin{cases} s(n)+c(n), & H_1 \\ c(n), & H_0 \end{cases} \tag{6.20}$$

式中，$c(n)$ 表示杂波。

SFRAF 对 QFM 信号具有良好的能量聚集性，在某一特定的 SFRAF 域中可将目标信号视为窄带信号，而将杂波视为宽带信号，因此，通过对信号 $x(n)$ 设置一个合适的时延 τ 可实现杂波的去相关，从而达到抑制杂波和增强信号的目的。

将时延后的信号作为期望信号 $e(n)$，按照 4.4 节给出的 SFRAF 原理，对向量 $x(n)$ 和 $e(n)$ 分别进行 SFRAF 运算，处理结果为 $X_p(m)$ 和 $E_p(m)$，p 为变换阶数。于是，滤波器的输出为

$$Y_p(m) = X_{\text{dia}}(m)W(m) \tag{6.21}$$

此时，$X_{\text{dia}}(m)$ 表示与 $X_p(m)$ 对应的 $N\times N$ 维对角矩阵，相应的误差向量为

$$D_p(m) = E_p(m) - Y_p(m) \tag{6.22}$$

式（6.18）给出的迭代公式对信号的初始频率具有较强的记忆效应，在强杂波干扰下，滤波器的跟踪性能容易受到剩余杂波的影响。通过设置时变的权系数向量，并对自适应步长进行功率归一化，可以提高滤波器在杂波环境下的跟踪性能，提高滤波器的收敛速度。此时，权系数向量的更新公式为

$$W(m+1) = H(z)W(m) + \mu_{\text{NLMS}}X_{\text{dia}}^{\text{H}}(m)D_p(m) \tag{6.23}$$

式中，$H(z)$ 为泄漏响应函数。当 $H(z) = \chi I$（I 为单位矩阵）时，上式转化为

$$W(m+1) = \chi W(m) + \mu_{\text{NLMS}}X_{\text{dia}}^{\text{H}}(m)D_p(m) \tag{6.24}$$

式中，χ 为泄漏因子，μ_{NLMS} 为归一化自适应步长，

$$\mu_{\text{NLMS}} = \frac{\mu}{\xi + X_p^{\text{H}}(m)X_p(m)} \tag{6.25}$$

式中 ξ 为正常数。

滤波器的均方误差（Mean Square Error，MSE）定义为误差向量的均方值：

$$\delta(m) = \frac{\text{E}[D_p^{\text{H}}(m)D_p(m)]}{N} \tag{6.26}$$

式中，E[ ]表示数学期望。根据文献[11]，若要算法的自适应过程收敛，需要满足的条件为

$$0 < \mu < 1 + \chi \tag{6.27}$$

2．算法流程

表 6.2 中给出了 SFRAF 域自适应算法的实施流程。

表 6.2　SFRAF 域自适应算法的实施流程

SFRAF 域自适应算法
输入 $x(n)$
输出 $Y_p(m)$
初始条件 $W(0) = 0$
1.　数据段选取：$x(n) \leftarrow x(n)$
2.　计算最佳变换阶数：$p_{\mathrm{opt}} \leftarrow p$
3.　**for** $l = 1:L$（L 为迭代次数）
4.　　信号时延：$e(n) \leftarrow x(n), \tau$
5.　　SFRAF 运算：$X_p(m) \leftarrow x(n), E_p(m) \leftarrow e(n)$
6.　　滤波：$Y_p(m) \leftarrow X_{\mathrm{dia}}(m)$
7.　　估计误差：$D_p(m) \leftarrow Y_p(m)$
8.　　权向量系数更新：$W(m + 1) \leftarrow D_p(m)$
9.　**end for**
10.　**return** $Y_p(m)$

6.2.3　SFRAF 域杂波抑制和动目标检测方法

基于 SFRAF 的自适应杂波抑制和动目标检测流程如图 6.11 所示。

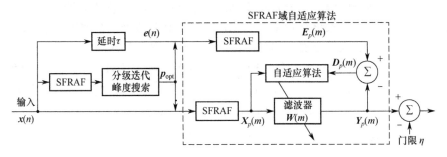

图 6.11　基于 SFRAF 的自适应杂波抑制和动目标检测流程

（1）对输入雷达回波信号 $x(n)$ 进行 SFRAF 处理，并通过分级迭代峰度搜索快速确定最佳变换阶数 p_{opt}。

传统的峰值搜索方法仅利用了 QFM 信号在 SFRAF 域中的能量聚集性来抑制杂波，在低 SCR 条件下，检测性能会严重下降，而且参数估计精度要求越高，需要采用的搜索步长就越小，相应的计算量也会增加。文献[10]表明，当 QFM 信号与旋转角度匹配时，其信号分量在分数域中会表现为超高斯信号，而当信号与旋转角度不匹配时，仍表现为 QFM 信号，因此，回波信号在 SFRAF

域中的峰度曲线在最佳变换阶数 p_{opt} 处会出现一个峰值点。输入向量 $x(n)$ 的峰度定义为

$$K_x(i) = \frac{\text{E}[X_{p_i}^4(m)]}{\text{E}^2[X_{p_i}^2(m)]} - 2 \qquad (6.28)$$

式中，$X_{p_i}(m)$ 为 $x(n)$ 的 p_i 阶 SFRAF。

为了降低运算量，可采用分级迭代峰度搜索的方式确定最佳变换阶数。首先根据雷达参数和目标运动状态初步确定变换阶数 p 的搜索范围。假设 p 的初始搜索区间为 $[a_1, b_1]$，搜索步长 l 取比搜索区间长度低一个数量级的最小值。例如，若 $\Delta = b_1 - a_1 = 0.3 = 3 \times 10^{-1}$，则初始搜索步长 $l_1 = 10^{-2}$。假设第一次搜索后得到的最大峰度值对应的阶数为 p_1，则以 p_1 作为初始值，根据下式进行分级迭代：

$$\begin{cases} a_{j+1} = p_j - l_j \\ b_{j+1} = p_j + l_j \\ l_{j+1} = 0.1 l_j \end{cases} \qquad (6.29)$$

式中，$[a_{j+1}, b_{j+1}]$ 和 l_{j+1} 分别为第 $j+1$ 次搜索的搜索区间和搜索步长，p_j 为第 j 次搜索得到的最佳变换阶数，p_j 将以 0.1 的指数次幂的形式趋近所求的精度。依次进行迭代，直到 $l_j \leqslant \varepsilon$，$\varepsilon$ 为参数估计精度。采用分级迭代峰度搜索方式可以提高算法的运算效率，而且要求的参数估计精度越高，对运算效率的提高就越明显。

（2）将 $x(n)$ 延时 τ 得到期望信号 $e(n)$，按照表 6.2 给出的算法流程进行 SFRAF 域自适应运算，当滤波器的误差达到稳态时，输出结果 $Y_p(m)$。

（3）将输出信号的 SFRAF 幅值作为检测统计量与门限进行比较，输出最终的检测结果：

$$\left| Y_p(m) \right| \mathop{\gtrless}_{H_0}^{H_1} \eta \qquad (6.30)$$

式中，η 为门限。

6.2.4　实验验证与分析

采用 CSIR 数据库中的 TFC17-006 数据对所提算法进行验证，数据的雷达和实验参数如表 4.5 所示，数据的距离—时间分析如图 6.6(a)所示。可知，距离单元 30 为纯海杂波单元，选取该距离单元的数据作为背景。假设有一动目标，其中心频率 $f_0 = 100\text{Hz}$，调频率 $\mu_s = 500\text{Hz/s}$，二次调频率 $k_s = 400\text{Hz/s}^2$，幅度服从瑞利分布，仿真满足采样定理，雷达工作频率为 9GHz，通过计算可得目标的具体运动参数如表 6.3 所示。

表 6.3 目标的具体运动参数

参　数	工作波长/m	采样点数 N	采样频率 f_s/Hz	初速度 v_0/(m/s)	加速度 a_s/(m/s²)	急动度 g_s/(m/s³)
数　值	0.0333	8192	5000	1.6667	8.3333	6.6667

图 6.12 中给出了 SCR = −5dB 时，回波信号的 FRAF 和 SFRAF 变换结果。由图可以看出，FRAF 对 QFM 信号具有良好的能量聚集性，目标回波在 FRAF 域中形成一个峰值点。但是，海杂波在 FRAF 域中同样具有能量聚集性，使目标淹没在杂波中，给检测造成了巨大困难。此外，基于 SFT 的 SFRAF 没有杂波抑制能力，在强杂波干扰下，检测性能严重下降。因此，研究具有杂波抑制能力的 SFRAF 方法十分有必要。

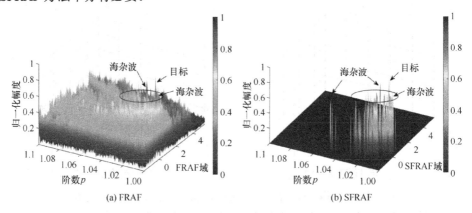

图 6.12 回波信号的 FRAF 和 SFRAF 变换结果（SCR = −5dB）

假设参数估计精度 $\varepsilon = 10^{-4}$，变换阶数 p 的初始搜索区间为 $[a_1, b_1] = [1, 1.2]$，则初始搜索步长 $l_1 = 10^{-2}$。通过分级迭代峰度搜索得到最佳变换阶数为 $p_{opt} = 1.0066$。分级迭代峰度搜索和传统峰值搜索需要进行 SFRAF 处理的次数分别为 $M_1 = 60$ 和 $M_1 = 2000$，因此，采用分级迭代峰度搜索可以大大提升运算效率。

1. 算法性能分析

杂波背景下的动目标检测问题可视为宽带信号中窄带信号的检测问题，而宽带信号的相关半径要大于窄带信号的相关半径，利用这一特性，当选取的时延 τ 大于目标信号的相关半径而小于杂波信号的相关半径时，采用 SFRAF 域自适应算法可以实现杂波的去相关，从而达到抑制杂波、增强信号的目的。信号在 FRAF 域中的相关性可用自相关函数（Auto Correlation Function，ACF）来衡量，其定义为

$$\text{ACF}_m = \frac{\sum_{i=1}^{N-1} X_p(i) X_p^*(i+m)}{\sum_{i=1}^{N-1} X_p(i) X_p^*(i)} \tag{6.31}$$

式中，m 为间隔的采样点数。

图 6.13 中给出了 FRAF 域海杂波和目标的 ACF 曲线，可以看出，海杂波在 FRAF 域中的相关半径约为 20 个采样点，根据 $f_s = 5000\text{Hz}$ 可得时延 $\tau = 4\text{ms}$；而动目标在 FRAF 域中的相关半径仅为 7 个采样点，相应的时延为 $\tau = 1.4\text{ms}$。因此，SFRAF 域自适应谱线增强器的时延的取值范围应为 $1.4\text{ms} < \tau < 4\text{ms}$。

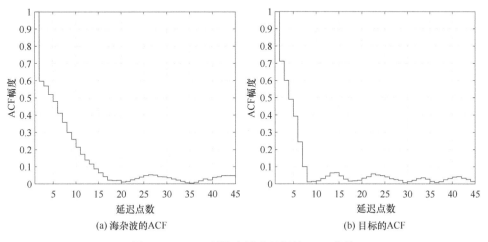

(a) 海杂波的ACF   (b) 目标的ACF

图 6.13　FRAF 域海杂波和目标的 ACF 曲线

在实际应用中，为了保证滤波器的稳定性，泄漏因子 χ 的取值范围一般为 $0.95 < \chi < 1$，本节将其设为 $\chi = 0.97$，则由式（6.27）可得自适应步长的取值范围为 $0 < \mu < 1.97$。取 $\tau = 2\text{ms}$，$\xi \approx 0$，稀疏度 $K = 8$，研究自适应步长和变换阶数对 SFRAF 域自适应滤波器收敛性能的影响。

图 6.14 中给出了 SCR $= -3\text{dB}$ 时不同自适应步长和变换阶数与 MSE 的关系，图中横坐标为滤波器的迭代次数，纵坐标为 50 次独立仿真后得到的 MSE 的平均值，并且进行了归一化。图 6.14(a)所示为 $p = 1.0066$ 时，不同自适应步长与 MSE 的关系曲线，步长取值分别为 $\mu_1 = 1.9$、$\mu_2 = 1.5$ 和 $\mu_3 = 1.1$。可以看出，步长越大，滤波器的 MSE 越小，而且收敛速度越快，稳定性越强。图 6.14(b)中给出了不同变换阶数与 MSE 的关系曲线，取步长 $\mu = 1.9$，可以看出，只有在 $p = p_{\text{opt}}$ 时，滤波器的 MSE 才能快速收敛到最小值附近，而当 p 取其他值时，由于变换角度与目标信号不匹配，难以实现快速有效的收敛。

2. 数据处理结果

图 6.15 所示为 SCR $= -5\text{dB}$ 时，CSIR 数据的 FFT、FRFT、SFRFT、FRAF、SFRAF 和 SFRAF 域自适应检测结果。其中，FRFT 和 FRAF 采用的是传统的峰值搜索，SFRFT 和 SFRAF 算法中的稀疏度设为 $K = 7$，筐数为 $B = 256$，自适应算法的 $\tau = 2\text{ms}$，$\chi = 0.97$，$\mu = 1.9$。可以看出，由于目标的机动性较强，在频域中

难以发现目标；FRFT 和 SFRFT 的能量聚集性好于 FFT，但由于模型失配，仍无法有效检测目标；FRAF 和 SFRAF 对目标信号都具有良好的能量聚集性，能够有效地检测出目标，而且由图 4.9 中 FRAF 和 SFRAF 的计算复杂度对比可知，采用 SFRAF 算法可以大大提高运算效率；但由于 SFRAF 稀疏度的设置值与目标数量不一致，强杂波点也会被检测出来形成虚警［见图 6.15(e)］，将严重影响检测性能；而 SFRAF 域自适应算法在保留信号能量的同时，极大限度地抑制了海杂波，在其检测结果中几乎没有杂波剩余［见图 6.15(f)］，即使稀疏度设置值与目标数量不一致，检测结果受杂波的干扰仍然较小。因此，SFRAF 域自适应算法方法可以有效改善 SCR，提高低 SCR 下 SFRAF 的动目标检测性能。

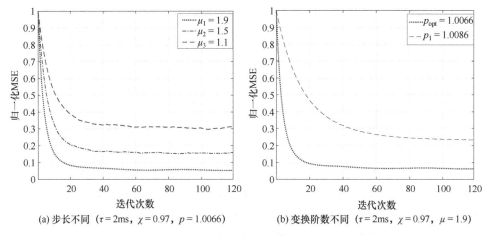

(a) 步长不同 ($\tau = 2\text{ms}$, $\chi = 0.97$, $p = 1.0066$)　　(b) 变换阶数不同 ($\tau = 2\text{ms}$, $\chi = 0.97$, $\mu = 1.9$)

图 6.14　不同自适应步长和变换阶数与 MSE 的关系

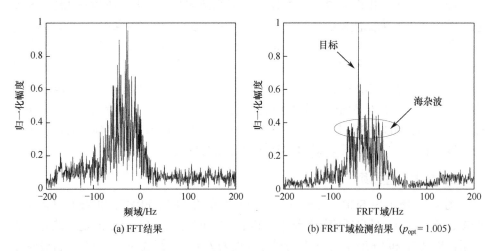

(a) FFT 结果　　　　　　　　　(b) FRFT 域检测结果 ($p_{\text{opt}} = 1.005$)

图 6.15　CSIR 数据的 FFT、FRFT、SFRFT、FRAF、SFRAF 和 SFRAF 域自适应检测结果

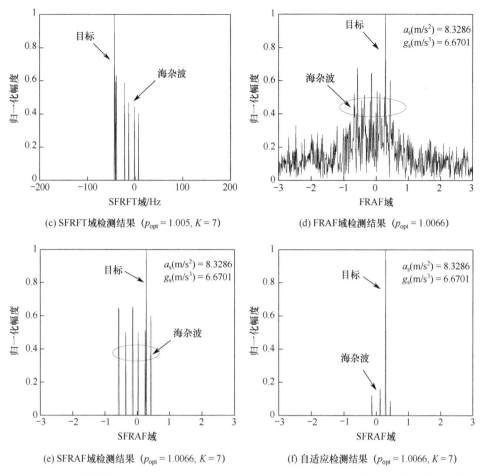

(c) SFRFT域检测结果 (p_{opt} = 1.005, K = 7)

(d) FRAF域检测结果 (p_{opt} = 1.0066)

(e) SFRAF域检测结果 (p_{opt} = 1.0066, K = 7)

(f) 自适应检测结果 (p_{opt} = 1.0066, K = 7)

图 6.15　CSIR 数据的 FFT、FRFT、SFRFT、FRAF、SFRAF 和 SFRAF 域自适应检测结果（续）

研究稀疏度 K 的设置值对 SFRAF 自适应算法检测结果的影响。图 6.16(a)和图 6.16(b)中分别给出了 K = 10 时，数据的 SFRAF 和 SFRAF 域自适应检测结果，图 6.16(c)和图 6.16(d)则对应 K = 15 时的处理结果。对比图 6.15(e)～图 6.15(f)和图 6.16 发现：① 即使稀疏度的设置值与目标数量不一致，在 SFRAF 域的自适应检测结果中，杂波也能很好地得到抑制，目标受杂波的干扰较小；② 在不同的 K 值下，虽然自适应算法的处理结果中杂波数量和幅值略有不同，但相较于 SFRAF，其 SCR 都得到了明显改善，杂波抑制能力得到了明显提升。因此，SFRAF 域自适应检测方法可以突破稀疏度设置值对 SFRAF 处理结果的影响，增强 SFRAF 算法的稳健性。

表 6.4 对图 6.15 和图 6.16 中不同方法的处理结果进行了进一步对比，给出了具体的目标与海杂波峰值差和算法计算时间。从表中可以看出：经过 SFRAF 域自适应处理后，目标与海杂波的峰值差明显增大，海杂波得到了明显抑制；此

外，比较算法的计算时间，由于自适应滤波器的迭代过程，相比 SFRAF，所提算法的计算量较大，但其运算效率相比于 FRAF 方法仍有至少 50% 的提升。需要说明的是，这里给出的计算时间仅是 MATLAB 的一次运行时间，若经过程序优化，所提算法相较于 FRAF 在运算效率方面的优势会更明显。

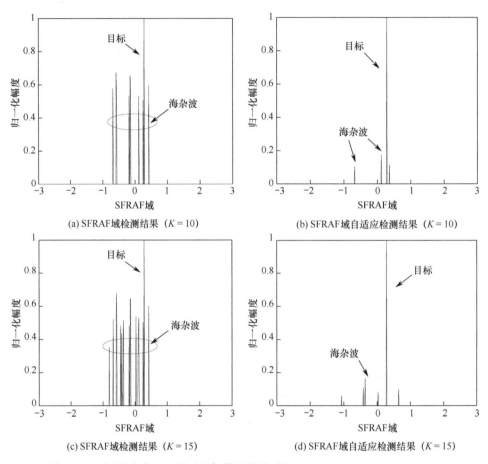

(a) SFRAF域检测结果 ($K = 10$)

(b) SFRAF域自适应检测结果 ($K = 10$)

(c) SFRAF域检测结果 ($K = 15$)

(d) SFRAF域自适应检测结果 ($K = 15$)

图 6.16　不同稀疏度 K 下的动目标检测结果对比（SCR = −5dB, p_{opt} = 1.0066）

表 6.4　不同方法的处理结果对比

	目标峰值	海杂波峰值	峰 值 差	计算时间*/s
FFT	1	0.9541	**0.0459**	**0.0469**
FRFT	1	0.6318	**0.3682**	**1.8209**
SFRFT（$K = 7$）	1	0.6318	**0.3682**	**0.0415**
FRAF	1	0.6776	**0.3224**	**2.3547**
SFRAF（$K = 7$）	1	0.6538	**0.3462**	**0.0664**
SFRAF 自适应算法（$K = 7$）	1	0.1626	**0.8374**	**0.9389**

（续表）

	目标峰值	海杂波峰值	峰 值 差	计算时间*/s
SFRAF（$K=10$）	1	0.6754	**0.3246**	**0.0792**
FRAF 自适应算法（$K=10$）	1	0.1763	**0.8237**	**1.1578**
SFRAF（$K=15$）	1	0.6776	**0.3224**	**0.0904**
SFRAF 自适应算法（$K=15$）	1	0.1658	**0.8342**	**1.5303**

*计算机配置：Intel Core i7-4790 3.6GHz CPU；16G RAM；MATLAB R2016a。

选取 TFC17-006 目标所在距离单元的数据，分析 SFRAF 域自适应算法对实测数据的处理效果。图 6.17 所示为距离单元 21～25 的时频分析图（20～30s）。选择起始时间为 $t_0 = 26\text{s}$、采样点数 $N = 8192$ 的数据段，观测时间 $T_n = 1.6384\text{s}$，分别采用 FFT、SFT、FRFT、SFRFT、RSFRFT、FRAF、SFRAF 和 SFRAF 域自适应算法对数据进行处理，其中 SFT、SFRFT 和 SFRAF 算法中稀疏度的设置值为 $K = 10$，自适应算法的 $\tau = 2\text{ms}$，$\chi = 0.97$，$\mu = 1.9$。

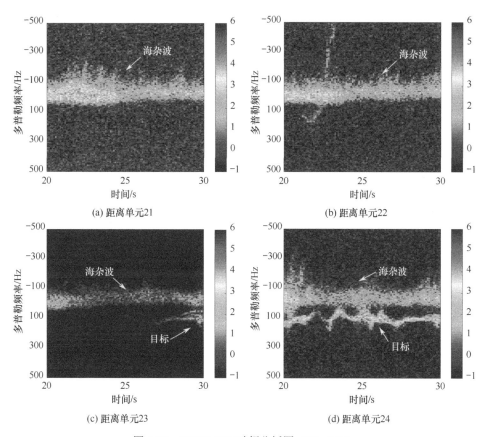

图 6.17　TFC17-006 时频分析图（20～30s）

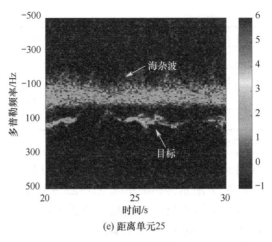

(e) 距离单元25

图 6.17　TFC17-006 时频分析图（20～30s）（续）

　　图 6.18 所示为不同方法的处理结果对比。从中可以看出：FRFT 类方法［见图 6.18(c)～(e)］对目标信号的能量聚集性明显好于 FFT 类方法［见图 6.18(a)～(b)］；由于没有杂波抑制能力，SFT 算法和 SFRFT 算法的处理结果中存在较多的杂波虚警点，且在目标处存在大量的漏警，而 RSFRFT 算法能够很好地检测出目标，且处理结果中没有杂波虚警点；FRAF 类方法［见图 6.18(f)～(h)］对动目标的能量聚集性比 FRFT 类方法更好，但在 SFRAF 的处理结果中仍存在较多的杂波剩余，通过 SFRAF 域自适应滤波，海杂波较好地得到了抑制。

　　为了更清晰地对比不同方法的处理效果，图 6.19 中给出了 TFC17-006 数据中距离单元 25 的检测结果和参数估计结果，在该距离单元中，目标回波极其微弱，受到强杂波干扰，检测难度较大。

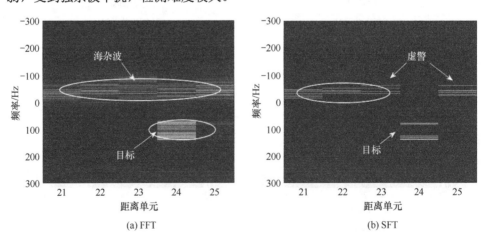

(a) FFT

(b) SFT

图 6.18　TFC17-006 处理结果对比

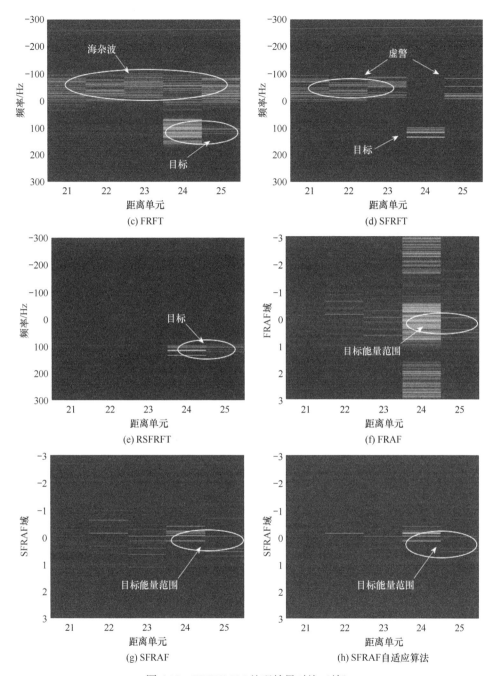

图 6.18　TFC17-006 处理结果对比（续）

可以看出，SFT 和 SFRFT 算法均无法检测出目标；在 SFRAF 的处理结果中，目标受到强杂波干扰，导致检测性能严重下降，而通过 SFRAF 域自适应处理，海杂波得到了明显抑制。需要说明的是，由于自适应滤波器自身的特点，

SFRAF 域自适应算法无法完全消除杂波，而是在保留目标能量的前提下最大限度地对杂波进行抑制，降低杂波对目标信号的干扰，进而提高强杂波背景下的目标检测性能。

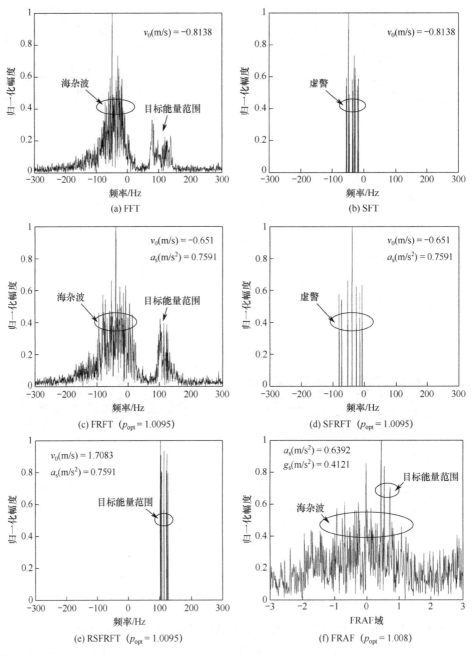

图 6.19　TFC17-006 处理结果对比（距离单元 25）

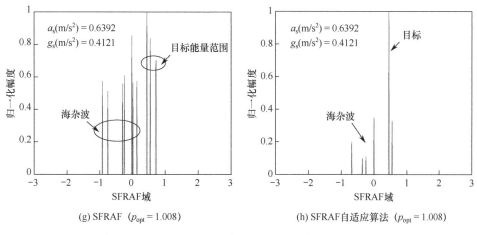

(g) SFRAF（p_{opt} = 1.008）　　　　　　　(h) SFRAF自适应算法（p_{opt} = 1.008）

图 6.19　TFC17-006 处理结果对比（距离单元 25）（续）

3．检测性能分析

通过蒙特卡罗仿真计算，对所提算法的检测性能进行进一步分析。采用与表 6.3 中相同的目标运动参数和海杂波数据，采样点数 N = 4096。分别采用 FRFT、FRAF、SFRAF、SFRAF 域自适应算法对回波信号进行处理，其中 SFRAF 的 K = 5, B = 128，SFRAF 域自适应算法的 τ = 1.6ms, χ = 0.97, μ = 1.9。在 P_{fa} = 10^{-3} 时，对不同 SCR 分别进行 10^6 次蒙特卡罗仿真计算。图 6.20 中给出了四种方法的检测性能曲线，可以看出：由于模型失配，FRFT 算法对动目标的检测性能相比其他三种方法有明显差距；相比 SFRAF，所提算法的检测性能提升了约 6dB，且略优于 FRAF 算法，在低 SCR 条件下仍具有较好的检测性能。

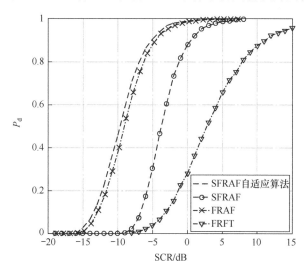

图 6.20　不同方法的检测性能曲线

综合上述分析可知，通过将自适应滤波原理引入 SFRAF 域，利用杂波和目标在 SFRAF 域中的相关性差异抑制杂波，能够突破稀疏度设置值对 SFRAF 处理结果的影响，提升杂波背景下高阶相位机动信号的检测性能。

参 考 文 献

[1] Yu X H, Chen X L, Huand Y, et al. Fast detection method for low-observable maneuvering target via robust sparse fractional Fourier transform [J]. *IEEE Geoscience & Remote Sensing Letters*. 2020, 17(6): 978-982.

[2] 于晓涵，陈小龙，黄勇，等. 雷达动目标短时稀疏分数阶表示域探测方法[J]. 系统工程与电子技术，2018, 40(11): 2426-2432.

[3] Chen X L, Yu X H, Huang Y, et al. Adaptive clutter suppression, detection algorithm for radar maneuvering target with high-order motions via sparse fractional ambiguity function [J]. *IEEE Journal of Selected Topics in Applied Earth Observations, Remote Sensing*, 2020, 13: 1515-1526.

[4] Shubhra Dixit, Deepak Nagaria. LMS adaptive filters for noise cancellation: A review [J]. *International Journal of Electrical and Computer Engineering*, 2017, 7(5): 2520-2529.

[5] 郝冬艳. 基于 FRFT 的 LFM 信号的自适应滤波研究[D]. 哈尔滨工程大学硕士学位论文，黑龙江哈尔滨，2013.

[6] D. I. Kim, P. De Wild. Performance analysis of the DCT-LMS adaptive filtering algorithm [J]. *Signal Processing*, 2010, 80: 1629-1654.

[7] 冯存前，张永顺，童宁宁. 一种基于离散小波变换的自适应滤波新算法[J]，空军工程大学学报（自然科学版），2004, 5(5): 50-53.

[8] Guan J, Chen X L, Huang Y, et al. Adaptive fractional Fourier transform-based detection algorithm for moving target in heavy sea clutter [J]. *IET Radar, Sonar and Navigation*, 2012, 6(5): 389-401.

[9] Qi L, Zhang Y H, Ran T, et al. Adaptive filtering in fractional Fourier domain [C]. *IEEE International Symposium on MAPE for Wireless Communications Proceedings*, 2005, 8(2): 1033-1036.

[10] 陈小龙，于仕财，关键，等. 海杂波背景下基于 FRFT 的自适应动目标检测方法[J]. 信号处理，2010, 26(11): 1614-1620.

[11] 陈小龙. 海杂波中基于 FRFT 的微弱动目标检测算法研究[D]. 海军航空工程学院，2010.

[12] Liu S H, Shan T, Tao R, et al. Sparse discrete fractional Fourier transform and its applications [J]. *IEEE Transactions on Signal Processing*, 2014, 62(24): 6582-6595.

第7章 稀疏长时间相参积累动目标检测方法

长时间积累技术能够有效提高回波信噪比，进而提高微弱目标的检测性能，因此得到了国内外学者的广泛关注。相比长时间非相参积累，长时间相参积累（Long-Time Coherent Integration，LTCI）同时利用信号的幅度和相位信息[1]，实现快时间和慢时间的联合积累，可获得更高的积累增益，但在积累时间内会出现复杂距离徙动和多普勒徙动现象，影响积累效果。具体表现为：① 动目标，如飞机、导弹等，其运动形式表现为加速运动、变加速运动等高阶运动，其多普勒频率表现为明显的时变特性，传统相参积累检测方法难以有效对目标能量进行积累；② 由于目标机动，其回波相位表现为多项式相位信号，机动性越强，多项式阶数越高，对其检测和参数的高精度估计也就越难；③ 高速高机动使得目标容易跨越单个距离单元，可有效利用的脉冲数少，使得传统基于单一距离单元检测方法的性能下降；④ 受杂波影响，目标时域幅度和频谱均易被杂波覆盖，使得信杂比较低。因此，动目标在距离和多普勒频率分辨单元中往往具有较低的SCR，提升了雷达探测的难度。

参数搜索匹配 LTCI 方法根据预先设定的目标运动参数（初始距离、速度和加速度）搜索范围，提取位于距离—慢时间二维平面中的目标观测值，然后在相应的变换域中选择合适的变换参数对该观测值进行匹配和积累[2]，实现对动目标能量的 LTCI，即在速度/加速度—距离域中执行多维联合搜索以实现一阶/高阶距离徙动校正的同时，获得目标的能量积累，该类方法的主要问题在于需要多维参数搜索，导致运算量较大，难以满足雷达实时信号处理的要求。随着雷达观测时间的延长，回波脉冲采样点急剧增加，此时再采用参数搜索匹配的思路运算效率很低，因此如何高效利用大数据量回波脉冲，在长时间观测条件下有效提取目标的特征并用于检测成为亟需研究的问题。

利用动目标回波信号具有稀疏性的特点，将稀疏变换和稀疏时频分析的方法引入 LTCI 处理，可有效提高算法运算效率、时频分辨率和参数估计性能，进而更有利于获得目标精细机动特征。本章首先介绍长时间积累的概念与内涵，然后介绍参数搜索类 LTCI 的典型方法，即 Radon 高阶相位变换 LTCI，接着将稀疏变换及 STFD 的思路与 LTCI 相结合，提出 Radon 稀疏变换 LTCI 方法及降维解耦非参数搜索 LTCI 方法，既可实现动目标的跨距离和多普勒频率单元同时补偿，又能够降低运算量，实现快速积累和检测；同时，在动目标稀疏域中进行处理和检测也能去除大部分杂波信号，降低杂波虚警。

7.1 雷达长时间积累概念与内涵

7.1.1 正交波形 MIMO 雷达观测模型

在雷达信号处理中，通常可以通过延长积累时间达到增加目标能量、改善信杂噪比的目的。然而，对于机械扫描雷达，由于天线机械旋转的惯性，波束在每个指向的驻留时间有限，因此可供积累的回波脉冲数量有限。近年来，随着相控阵雷达、数字阵雷达、MIMO 雷达、全息雷达等新体制的不断发展和应用，其宽发窄收模式、驻留模式以及凝视模式等工作模式为目标能量的长时间积累处理提供了可能[3,4]。

下面以发射正交波形的 MIMO 阵列雷达（见图 7.1）为例加以介绍。由于各阵元发射的波形正交，因此不能形成方向性波束，其能量基本均匀地分布在一个很宽的观测区域内，相当于发射波束一直照射在该区域内的每个目标上。只要信号能量积累方法得当，原则上目标能量的积累时间就只取决于目标在该区域内的停留时间。

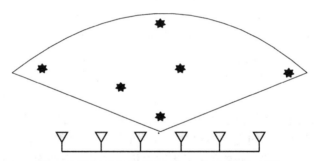

图 7.1 发射正交波形的 MIMO 阵列雷达示意图

设有 M 个阵元发射 M 个信号 $s_1(n)$，$s_2(n)$，$\cdots$，$s_M(n)$，其中 n 表示各个阵元发射的第 n 个脉冲。假设在各个阵元上附加不同的相位，将这些相位项表示成向量为 $[a_1(\theta_0) \quad a_2(\theta_0) \quad \cdots \quad a_M(\theta_0)]$。接着，将附加相位的信号从各个阵元上发射出去，即第 1 个阵元发射 $a_1(\theta_0)s_1(n)$……第 M 个阵元发射 $a_M(\theta_0)s_M(n)$。假设目标位于方位 θ 处，则第 1 个阵元发射的信号到达目标时的相移记为 $a_1(\theta)$……第 M 个阵元发射的信号到达目标时的相移记为 $a_M(\theta)$，并且第 1 个阵元发射的信号到达目标时变为 $a_1(\theta_0)s_1(n)a_1(\theta)$ …… 第 M 个阵元发射的信号到达目标时变为 $a_M(\theta_0)s_M(n)a_M(\theta)$。然后，这些信号在目标处叠加在一起，记为 $x_\theta(n)$：

$$x_\theta(n) = [s_1(n) \quad s_2(n) \quad \cdots \quad s_M(n)] \begin{bmatrix} a_1(\theta_0)a_1(\theta) \\ a_2(\theta_0)a_2(\theta) \\ \vdots \\ a_M(\theta_0)a_M(\theta) \end{bmatrix} \tag{7.1}$$

目标处信号的功率为

$$P = \sum_{n=1}^{N} \left| x_\theta(n) \right|^2 = N \cdot \boldsymbol{a}^{\mathrm{H}}(\theta_0, \theta) \boldsymbol{R} \boldsymbol{a}(\theta_0, \theta) \tag{7.2}$$

式中，

$$\boldsymbol{a} = \begin{bmatrix} a_1(\theta_0) a_1(\theta) \\ a_2(\theta_0) a_2(\theta) \\ \vdots \\ a_M(\theta_0) a_M(\theta) \end{bmatrix}$$

当各个阵元发射的信号相互正交时，有

$$N\boldsymbol{R} = \begin{bmatrix} N\left| \boldsymbol{s}_1 \right|^2 & 0 & \cdots & 0 \\ 0 & N\left| \boldsymbol{s}_2 \right|^2 & \cdots & 0 \\ \vdots & \vdots & \ddots & \vdots \\ 0 & 0 & \cdots & N\left| \boldsymbol{s}_M \right|^2 \end{bmatrix}$$

其中，$N\left| \boldsymbol{s}_m \right|^2 = p$ 表示第 m 个阵元发射的脉冲串的功率。于是，上式可写为

$$P = N\boldsymbol{a}^{\mathrm{H}}(\theta_0, \theta) \boldsymbol{R} \boldsymbol{a}(\theta_0, \theta) = N \sum_{m=1}^{M} \left| \boldsymbol{s}_m \right|^2 \left| a_m(\theta_0) a_m(\theta) \right|^2 = Mp \tag{7.3}$$

其中，导向向量的模为 1。

这表明，只要各个阵元各向同性发射的是正交信号，那么无论各个阵元上附加什么样的相移，也无论目标处在哪个方位角上，目标处的功率都是相同的；也就是说，此时发射功率密度是均匀的。以全向发射波束和数字波束形成接收多波束的探测体制称为"泛探"工作模式，能够实现探测空域内连续和不间断的监视。因此，该模式也是长时间积累信号处理的基础，通过延长信号的积累时间，增加信号能量，进而对抗噪声和杂波背景，提高动目标雷达探测能力。

积累时间的长短是一个相对的概念，与最小相参积累增益、目标速度、天线波束驻留时间和回波采样频率密切相关，在海杂波背景下，还要考虑海杂波和目标的去相关时间。针对不同的微动目标模型，其积累时间的选取是不同的。相比长时间非相参积累，长时间相参积累要求积累时间内目标 RCS 不能起伏，因此，相参积累时间通常要比非相参积累时间短，且相参积累时间内目标不宜跨越较大的角度范围，以免引起 RCS 起伏。鉴于两者的上述差别，一般在检测前跟踪（Track Before Detection，TBD）处理中采用长时间非相参积累，而在先检测后跟踪（Detection Before Track，DBT）处理中采用长时间相参积累。

7.1.2 长时间观测目标回波模型

下面以雷达观测海上目标为例建立回波模型。

1. 非匀速平动目标雷达回波模型

假设在较短的观测时间内，目标回波不存在距离徙动现象。岸基对海雷达观测海面目标几何关系如图 7.2 所示，包括目标固定参考坐标系 $C_{ref} = (X, Y, Z)$、目标运动坐标系 $C_{mov} = (x, y, z)$ 和 RLOS 坐标系 $C_{rlos} = (q, r, h)$。参考坐标系的坐标原点假定与雷达始终保持相同距离且位于目标船体中心。目标运动坐标系的原点 O 可取在目标上的任何一点，纵轴 Ox 平行于目标横滚轴并指向舰船的船首，横轴 Ox 平行于俯仰轴并指向左舷，垂直轴 Oz 指向目标的上部。$Oxyz$ 构成一个右手直角坐标系。为了分析问题方便，常把原点 O 设在舰船质心上，且认为坐标轴 Ox、Oy 和 Oz 分别为目标的横滚轴、俯仰轴和偏航轴，(x, y, z) 坐标绝对值分别表示目标的长度、宽度和高度。RLOS 坐标系中的 r 沿视线方向在 XOY 平面内，h 轴垂直于 r 轴，且 q 满足右手法则。

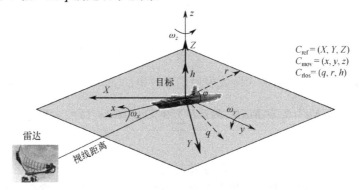

图 7.2 岸基对海雷达观测海面目标几何关系

为了获得高分辨率和远探测距离，假设雷达发射 LFM 信号

$$s_t(t) = \mathrm{rect}\left(\frac{t}{T_p}\right)\exp\left[\mathrm{j}2\pi\left(f_c t + \frac{1}{2}kt^2\right)\right] \tag{7.4}$$

式中，

$$\mathrm{rect}(u) = \begin{cases} 1, & |u| \leqslant 1/2 \\ 0, & |u| > 1/2 \end{cases}$$

f_c 为雷达载频，T_p 为时宽，$k = B/T_p$ 为调频率，B 为带宽，则 t 时刻雷达接收的信号表示为

$$s_r(t) = \sigma_r \mathrm{rect}\left(\frac{t-\tau}{T_p}\right)\exp\left[\mathrm{j}2\pi\left(f_c(t-\tau) + \frac{k}{2}(t-\tau)^2\right)\right] \tag{7.5}$$

式中，σ_r 为目标的散射截面积，于是时延为 $\tau = 2r_s(t_m)/c$，c 代表光速，$r_s(t_m)$ 为雷达与目标的视线距离（Radar Line Of Sight，RLOS），t_m 表示在相参处理间隔（Coherent Processing Interval，CPI）内脉冲—脉冲间的慢时间。因此，雷达回波为慢时间 t_m 和脉内快时间 t 的函数。

假设海面目标朝向雷达运动，且仅考虑径向速度分量，则目标的距离徙动为时间的多项式函数，经泰勒级数展开得

$$r_s(t_m) = r_0 - vt_m - \frac{1}{2!}v't_m^2 - \frac{1}{3!}v''t_m^3 - \cdots, \ t_m \in [-T_n/2, T_n/2] \quad (7.6)$$

式中，v 为目标速度，T_n 为相参积累时间。若仅保留上式的前三项作为 RLOS 的二次近似，则上式改写为

$$r_s(t_m) = r_0 - v_0 t_m - a_s t_m^2 / 2 \quad (7.7)$$

式中，v_0 为目标运动初速度，a_s 为加速度。由于雷达的相参性，采用发射信号作为参考信号，则回波信号解调后的输出形式为

$$s_{\mathrm{IF}}(t, t_m) = s_r \cdot s_t^* = \sigma_r \mathrm{rect}\left(\frac{t-\tau}{T_p}\right) \exp(-\mathrm{j}2\pi k\tau t) \exp(-\mathrm{j}2\pi f_c \tau) \quad (7.8)$$

式中，"*" 表示复共轭运算。经过脉冲压缩运算后，上式改写为

$$s_{\mathrm{PC}}(t, t_m) = A_r \mathrm{sinc}[B(t-\tau)] \exp(-\mathrm{j}2\pi f_c \tau) \quad (7.9)$$

式中，A_r 是回波幅度。将 $\tau = 2r_s(t_m)/c$ 代入上式并对相位取时间导数，得到由目标匀加速运动导致的瞬时频率为

$$f_t = -\frac{2}{\lambda}\frac{\mathrm{d}(r_0 - v_0 t_m - a_s t_m^2 / 2)}{\mathrm{d}t_m} = \frac{2}{\lambda}(v_0 + a_s t_m) \quad (7.10)$$

式中，$\lambda = c/f_c$ 为雷达波长。由上式可知，经过解调和脉压运算后，动目标回波信号受速度和加速度调制，可近似为一阶多项式信号，即 LFM 信号。

2. 三轴转动目标雷达回波模型[5]

设海面动目标作横滚、俯仰和偏航运动，则目标绕中心作旋转运动可用旋转矩阵 $\boldsymbol{R}_{z\text{-}y\text{-}x}$ 表示，它是三维旋转分量的乘积：

$$\boldsymbol{R}_{z\text{-}y\text{-}x} = \boldsymbol{R}(\theta_x)\boldsymbol{R}(\theta_y)\boldsymbol{R}(\theta_z) \quad (7.11)$$

式中，$\boldsymbol{R}(\theta_x)$, $\boldsymbol{R}(\theta_y)$, $\boldsymbol{R}(\theta_z)$ 分别为横滚、偏航和俯仰矩阵，θ_x, θ_y 和 θ_z 为对应的旋转角度：

$$\boldsymbol{R}(\theta_x) = \begin{bmatrix} 1 & 0 & 0 \\ 0 & \cos\theta_x & -\sin\theta_x \\ 0 & \sin\theta_x & \cos\theta_x \end{bmatrix}, \boldsymbol{R}(\theta_y) = \begin{bmatrix} \cos\theta_y & 0 & \sin\theta_y \\ 0 & 1 & 0 \\ -\sin\theta_y & 0 & \cos\theta_y \end{bmatrix}, \boldsymbol{R}(\theta_z) = \begin{bmatrix} \cos\theta_z & -\sin\theta_z & 0 \\ \sin\theta_z & \cos\theta_z & 0 \\ 0 & 0 & 1 \end{bmatrix} \quad (7.12)$$

为了得到目标在 RLOS 坐标系 C_{rlos} 中的运动状态，首先要将目标运动坐标系 C_{mov} 通过旋转矩阵 $\boldsymbol{R}_{z\text{-}y\text{-}x}$ 变换至参考坐标系 C_{ref}：

$$C_{\mathrm{ref}} = \boldsymbol{R}_{z\text{-}y\text{-}x} C_{\mathrm{mov}} = \begin{bmatrix} a_{11}x + a_{12}y + a_{13}z \\ a_{21}x + a_{22}y + a_{23}z \\ a_{31}x + a_{32}y + a_{33}z \end{bmatrix} \quad (7.13)$$

然后，根据舰船和雷达的几何关系，通过变换 C_{ref} 得到 C_{rlos}：

$$C_{\text{rlos}} \triangleq \begin{bmatrix} q \\ r \\ h \end{bmatrix} = \boldsymbol{R}(\varphi)C_{\text{ref}} = \begin{bmatrix} \cos\varphi & -\sin\varphi & 0 \\ \sin\varphi & \cos\varphi & 0 \\ 0 & 0 & 1 \end{bmatrix} \begin{bmatrix} a_{11}x + a_{12}y + a_{13}z \\ a_{21}x + a_{22}y + a_{23}z \\ a_{31}x + a_{32}y + a_{33}z \end{bmatrix} \qquad (7.14)$$

假设雷达和舰船在同一个坐标平面内，即忽略高度信息，则可通过推导上式的第二行得到 RLOS 距离：

$$r_{\text{s}}(t_m) = \sin\varphi(a_{11}x + a_{12}y + a_{13}z) + \cos\varphi(a_{21}x + a_{22}y + a_{23}z) \qquad (7.15)$$

式中，

$$\begin{cases} a_{11} = \cos\theta_y\cos\theta_z \\ a_{12} = -\cos\theta_y\sin\theta_z \\ a_{13} = \sin\theta_y \\ a_{21} = \sin\theta_x\sin\theta_y\cos\theta_z + \cos\theta_x\sin\theta_z \\ a_{22} = -\sin\theta_x\sin\theta_y\sin\theta_z + \cos\theta_x\cos\theta_z \\ a_{23} = -\sin\theta_x\cos\theta_y \end{cases} \qquad (7.16)$$

对式（7.15）时间求导，则由目标旋转运动产生的微多普勒频率可表示为

$$f_r = \frac{2v_r(t_m)}{\lambda} = \frac{2}{\lambda}\frac{\mathrm{d}r_{\text{s}}(t_m)}{\mathrm{d}t_m} \qquad (7.17)$$

为了计算方便，分别分析三种旋转运动，对应的转动角速度为 $\omega_x = \theta_x/t$，$\omega_y = \theta_y/t$，$\omega_z = \theta_z/t$ 和 $\omega = \varphi/t$。

1）目标作横滚运动

在此情况下，$\theta_y = \theta_z = 0$，因此目标到雷达的距离可表示为

$$r(t) = \sin\varphi \cdot x + \cos\varphi(\cos\theta_x \cdot y - \sin\theta_x \cdot z) \qquad (7.18)$$

多普勒频率为

$$f_{rx} = \frac{2}{\lambda}\begin{bmatrix} \cos\varphi \cdot \omega x - \sin\varphi \cdot \omega(\cos\theta_x \cdot y - \sin\theta_x \cdot z) - \\ \cos\varphi(\sin\theta_x \cdot \omega_x y + \cos\theta_x \cdot \omega_x z) \end{bmatrix} \qquad (7.19)$$

在较短的观测时间范围内，旋转角度 φ 非常小，因此三角函数可由泰勒级数近似展开，即 $\cos\varphi \gg \sin\varphi$，$\sin\theta_x \approx \omega_x t$，$\cos\theta_x \approx 1$。式（7.19）可简化为

$$f_{rx} \approx \frac{2}{\lambda}\cos\varphi(\omega x - \omega_x z - \omega_x^2 y t_m) \qquad (7.20)$$

上式表明，横滚运动产生的多普勒频移可表示为调频信号，其频率与角速度及舰船的运动坐标 (x, y, z) 有关。

2）目标作偏航运动

类似于目标作横滚运动，此时 $\theta_x = \theta_z = 0$，同样采用近似计算，则由偏航运动产生的微多普勒频率可表示为

$$f_{ry} \approx \frac{2}{\lambda}\cos\varphi(\omega x + \omega\omega_y z t_m) \qquad (7.21)$$

上式表明回波不是单频信号，由于存在调频项，多普勒频率发生偏移和展宽。

3）目标作俯仰运动

当舰船作俯仰运动时，$\theta_x = \theta_y = 0$，则由俯仰运动产生的微多普勒频率可表示为

$$f_{rz} \approx \frac{2}{\lambda}\cos\varphi\left(\omega x + \omega_z x - \omega\omega_z y t_m - \omega_z^2 y t_m\right) \tag{7.22}$$

若同时存在横滚、偏航和俯仰运动，则微多普勒频率为三者的线性组合：

$$f_r \approx \frac{2}{\lambda}\cos\varphi\left[3\omega x - \omega_x z + \omega_z x + (\omega\omega_y z - \omega\omega_z y - \omega_x^2 y - \omega_z^2 y)t_m\right] \tag{7.23}$$

3. 长时间机动动目标观测模型

采用向量形式分析雷达和动目标观测模型，如图 7.3 所示，其中雷达位于原点 O。当 $t = t_0$ 时，海面动目标质心位于 O_1 点，点散射体 D_1 在 $t = t_1$ 时运动到 D_3 点，目标质心运动到 O_2 点。由式（7.9）可知，若雷达发射 LFM 信号，则经过解调和脉压后，目标雷达回波可表示为

$$s_{\mathrm{PC}}(t, t_m) = A_r \mathrm{sinc}\left[B\left(t - \frac{2R_s(t_m)}{c}\right)\right]\exp\left(-\mathrm{j}\frac{4\pi R_s(t_m)}{\lambda}\right) \tag{7.24}$$

式中，$R_s(t_m)$ 为 RLOS 距离。根据图 7.3 中的几何关系，可知 RLOS 距离 OD_3 可分解为初始距离 r_0 以速度 v 从 D_1 平动到 D_2，然后以角速度 ω 转动到 D_3：

$$R_s(t_m) = OD_3 = OD_1 + D_1D_2 + D_2D_3 = r_0 + vt_m + R_tR_0 \tag{7.25}$$

式中，从 D_2 转动到 D_3 可用旋转矩阵 R_t 描述，$R_0 = (x_0, y_0, z_0)^{\mathrm{T}}$ 为目标运动坐标系中任意散射点的位置。

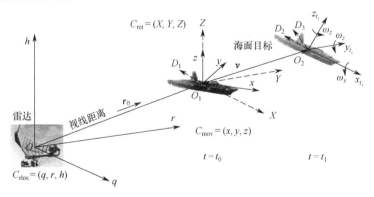

图 7.3　雷达和动目标观测模型

由式（7.24）和式（7.25）可知，由于目标的运动，目标的峰值位置会随慢时间变化而偏移，在长时间观测条件下，当偏移量 ΔR 大于雷达距离单元时，将产生距离徙动效应，即 ARU（Across Range Unit）效应。仅考虑径向速度分量，由式（7.25）可得海面目标的多普勒频率为

$$f_{\text{m-D}}(t_m) = \frac{2}{\lambda} \cdot \frac{\mathrm{d}}{\mathrm{d}t_m} \boldsymbol{R}_s(t_m) = \frac{2}{\lambda} \cdot \left[\boldsymbol{v} + \frac{\mathrm{d}}{\mathrm{d}t_m}(\boldsymbol{R}_t\boldsymbol{R}_0) \right]^{\mathrm{T}} \cdot \boldsymbol{n} = f_t(t_m) + f_r(t_m) \qquad (7.26)$$

式中，$\boldsymbol{n} = \boldsymbol{r}_0/\|\boldsymbol{r}_0\|$ 表示单位向量，$\|\ \|$ 表示欧氏范数。上式表明，动目标多普勒频率由平动和转动产生。在较长的观测时间内，由于目标的复杂运动，RLOS 距离经泰勒级数展开后保留三次项更准确，使得机动回波信号近似为三次相位信号（Cubic Phase Signal，CPS），其多普勒频率为 QFM 信号，即

$$f_t(t_m) = \frac{2}{\lambda} \cdot (\boldsymbol{v}_r \cdot \boldsymbol{n}) \approx f_0 + \mu t_m + \frac{k}{2}t_m^2 \qquad (7.27)$$

$$
\begin{aligned}
f_r(t_m) &= \frac{2}{\lambda}(\boldsymbol{\omega} \times \boldsymbol{R}_t\boldsymbol{R}_0) \cdot \boldsymbol{n} \\
&\approx \frac{2}{\lambda} \left[\boldsymbol{\omega}_0 \cdot (\boldsymbol{R}_t\boldsymbol{R}_0 \times \boldsymbol{n}) + \boldsymbol{\omega}_1 \cdot (\boldsymbol{R}_t\boldsymbol{R}_0 \times \boldsymbol{n})t_m + \boldsymbol{\omega}_2 \cdot (\boldsymbol{R}_t\boldsymbol{R}_0 \times \boldsymbol{n})\frac{t_m^2}{2} \right]
\end{aligned}
\qquad (7.28)
$$

式中，$f_0 = 2v_0/\lambda$，$\mu = 2a_s/\lambda$ 为加速度引起的调频率，$k = 2g_s/\lambda$ 表示由急动度 g_s 产生的加速度的变化，$\boldsymbol{\omega}_0$、$\boldsymbol{\omega}_1$ 和 $\boldsymbol{\omega}_2$ 为 $\boldsymbol{\omega}$ 的泰勒级数展开结果。于是，瞬时 RLOS 距离为

$$\boldsymbol{R}_s(t_m) = \int_0^{T_n} [(\boldsymbol{v} + \boldsymbol{\omega} \times \boldsymbol{R}_t\boldsymbol{R}_0) \cdot \boldsymbol{n}]\mathrm{d}t_m \approx r_0 - v_0 t_m - a_s t_m^2/2 - g_s t_m^3/6 \qquad (7.29)$$

式中，T_n 为积累时间。

结合式（7.24）和式（7.29）可知：① 脉压后的信号包络不仅产生距离徙动，还存在距离弯曲，并且随雷达的距离分辨率和目标非匀速运动速度的增大而显著增加；② QFM 和 CPS 信号将引起回波多普勒频率的徙动，当多普勒频率变化量跨越多个多普勒频率单元时，目标发生多普勒频率扩散，产生多普勒徙动（Doppler Frequency Migration，DFM）效应。因此，海面动目标回波分别在快时间和慢时间对雷达回波产生影响，即回波包络中的时延与复指数函数的多普勒相位调制产生距离和多普勒徙动。需要说明的是，在实际应用中，积累时间的长短是一个相对的概念，它取决于天线波束驻留时间和回波采样频率，在海杂波背景下，还要考虑海杂波和目标的去相关时间。针对不同的动目标模型，积累时间的选取是不同的。此外，长时间观测模型不考虑目标在多波束下的徙动问题，即在观测时间内，雷达波束可获得完整的目标运动信息。

由上述关于刚体目标多普勒调制模型的讨论得知，在雷达发射 LFM 信号照射点目标的前提下，目标的多普勒频率由非匀速平动和三维转动引起，其幅度和频率受海况与目标运动状态影响。动目标在一段短时间范围内可用 LFM 信号作为调频信号的一阶近似，包括幅度、初速度和加速度三个参数：

$$x(t) = s(t) + c(t) = \sum_i A_i(t)\exp(\mathrm{j}2\pi f_i t + \mathrm{j}\pi\mu_i t^2) + c(t), \quad |t| \leqslant T/2 \qquad (7.30)$$

式中，$A_i(t)$ 为第 i 个机动信号分量的幅度，它是时间的函数；中心频率和调频率分别为 f_i 和 μ_i；$c(t)$ 为海杂波。

海面动目标的运动在较长观测时间内变得较为复杂，对于以非匀速平动为主要运动方式的海面目标，如低空掠海飞行目标、快艇、潜望镜等，运动形式主要以加速运动或减速运动为主，回波仍可建模为 LFM 信号；而对于以转动为主要运动方式或者高机动的海面目标，如高海况海面起伏目标、大型舰船、反舰导弹等，其回波具有周期调频性，可建模为多分量 QFM 信号，具有二次调频的多普勒频率，由于正弦调频信号在一个周期内仍可由三次多项式很好地近似，因此，长时间动目标观测模型可统一建模为

$$x(t,t_m) = s(t,t_m) + c(t,t_m)$$

$$= A_r \text{sinc} \left[B \left(t - \frac{2R_s(t_m)}{c} \right) \right] \exp \left[\text{j} 2\pi \left(f_0 t_m + \frac{1}{2} \mu t_m^2 + \frac{1}{6} k t_m^3 \right) \right] + c(t,t_m), |t_m| \leqslant T_n/2$$

$$(7.31)$$

7.1.3 检测前跟踪（TBD）长时间积累

在 TBD 方法中，长时间积累主要解决两方面的问题：一是短时间相参积累达到 TBD 方法检测跟踪所需的最低信噪比要求，二是长时间非相参积累过程中结合目标运动信息的目标航迹快速搜索。前一方面的问题可参照 DBT 方法中所述的内容，后一方面的问题已有多种解决方法，包括：① 三维匹配滤波器方法[6]，该方法将运动点目标的检测转化为三维变换域中寻找匹配滤波器的问题。② 多级假设检验方法[7]，该方法将大量可能的目标轨迹以树的形式组织起来，采用假设检验的方法对树形结构的每层分支做出删减，具有同时检测出多个直线运动目标的能力，但在低信噪比条件下，算法所需计算量迅速增加，影响算法性能。③ 动态规划方法[8]，该方法实际上将一个多变量联合优化问题通过分级处理转化为单变量优化问题，大大简化了求解过程，但该方法在信噪比很低时，继续增加帧数难以提高目标检测的性能。④ 投影变换方法，该类方法分为二维投影和三维投影。作为其中的杰出代表，Hough 变换方法将位于距离-慢时间（帧时间）平面中的目标轨迹积累到参数空间中的一点[9]，实现目标能量的积累。⑤ 基于粒子滤波的 TBD 方法[10]，该方法是递归贝叶斯滤波的一种实现方法，非常适合处理非线性、非高斯类的目标运动模型和传感器观测模型，并且完整地引入了跟踪的思想和算法，实现过程简单，能对目标状态的后验概率进行较好的估计，是TBD 技术实现方法中的研究热点。

7.1.4 先检测后跟踪（DBT）长时间积累

在 DBT 方法研究中，长时间积累主要解决的是长时间相参积累问题。长时间相参积累（Long-Time Coherent Integration，LTCI）技术同时利用了目标回波的幅度和相位信息，具有积累增益高、抗杂波性能好等优点，能对具有威胁的微

弱动目标进行早期预警,非常适合复杂环境下微弱动目标的检测。然而,随着观测时间的延长,相参积累后的目标能量可能会在距离和多普勒频率平面上发生二维扩散,即所谓的距离和多普勒徙动现象,从而限制 LTCI 的性能。在未知目标运动参数的情况下,如何通过运动补偿来延长有效相参积累时间仍是雷达信号长时间积累处理的一个重要研究方向[11]。

在实际应用中,一方面由于雷达距离分辨率的不断提高和积累时间的增加,在不同的脉冲周期中,当目标径向速度在观测时间内近似为匀速时,运动补偿主要解决距离徙动问题。文献[12]中分别采用距离拉伸联合时频分析方法、速度分段方法、频分包络移位补偿方法和时域包络插值补偿方法来校正目标的距离徙动;文献[15]中采用 Keystone 变换来校正距离徙动,优点是无须已知目标速度,但受多普勒频率模糊的影响,不适用于重频较低的情况。文献[16]中提出的Radon-Fourier 变换方法在距离-慢时间二维平面中利用离散傅里叶变换沿目标运动参数给出的观测值轨迹进行积分,实现目标能量的 LTCI。该方法本质上是一种多普勒频率滤波器,既避免了补偿类方法对目标距离徙动的校正,又能将MTD、Hough 变换和 Radon 变换等方法统一起来,是一种优秀的长时间积累方法。

在只考虑多普勒徙动而不考虑距离徙动的情况下,研究得较多的是通常目标具有恒定径向加速度的情况。此时,目标回波在慢时间维是一个线性调频信号,可采用 Radon-Wigner 变换、Wigner-Hough 变换、Radon-ambiguity 变换、Chirplet 变换、分数阶傅里叶变换(FRFT)等时频分析方法对其进行能量积累[17]。当目标发生复杂机动而不能用简单的匀速和匀加速建模时,目标检测问题变得更加复杂,一般需要采用时频分布并联合其他方法对其进行检测,且难以实现目标能量的相参积累。

7.1.5 常见长时间积累处理方法

根据是否利用目标信号的相位信息,长时间脉冲积累可分为非相参积累、相参积累和混合积累三种。非相参积累方法包括包络插值移位补偿法、动态规划法、最大似然法和 Hough 变换(Hough Transform,HT)法等,对雷达系统硬件要求简单,但目标积累增益低,难以实现强杂波背景中的可靠检测。相参积累技术利用目标的运动特性和多普勒频率信息,可获得更高的积累增益[18]。混合积累则的积累增益和算法复杂度介于非相参和相参积累之间。目前,对动目标的长时间积累主要面临如下两方面的问题:一方面,由于雷达距离分辨力的不断提高和目标的高速运动,目标回波包络在不同脉冲周期之间徙动和弯曲,产生距离徙动效应,使目标能量在距离向分散,例如由目标匀速运动产生的跨距离单元徙动,称为**一阶距离徙动**(First-order Range Migration,FRM);由目标加速或减速运动产生的跨距离单元徙动,称为**二阶距离徙动**(Second-order Range Migration,SRM);由目标高阶运动(如加速度变化)产生的跨距离单元徙动,称为**三阶距离徙动**(Third-order Range Migration,TRM)[19, 20]。另一方面,目标的加速、减速、高阶运动及转动等会引起回波相位变化，使雷达回波信号具有时变特性并表现为高阶多项式相位形式，使得目标能量在频域分散，降低了相参积累增益。由式（7.31）可知，第一项 sinc 函数表示距离徙动，第二个指数项表示多普勒频率信息，当距离和多普勒频率跨越多个多普勒频率单元时，便会产生距离和多普勒徙动效应。

目前，该领域的研究思路主要分为两类。第一类是，根据目标的机动性和相应的运动状态来设计相应的长时间积累方法，如匀速、匀加速或匀减速、变加速或高阶运动目标，进而设计距离徙动、距离弯曲和多普勒徙动补偿方法。为了提高算法对目标机动特性的适应性，文献[21]中提出了一种短时间 GRFT 方法，通过准确估计目标运动模型的"转戾点"与模态变化的节点位置，接着通过判断和确定目标的具体运动模态，然后利用自适应处理，实现多模态间相参积累算法的自适应切换和匹配，进而对多种运动模态高机动目标进行动态相参处理。第二类是，从处理的流程和算法运算量等角度来设计相应的长时间积累方法，如分段处理、分步处理、分级处理、参数搜索 LTCI、相位差分降阶 LTCI、非参数搜索 LTCI 等，具体如下。

1）基于运动轨迹搜索的长时间非相参积累方法

最典型的是 TBD 技术，它通过 HT 等轨迹搜索方法，对可能是同一运动轨迹的回波能量进行幅值积累，也称**长时间非相参积累**[22]。该类方法对系统没有严格的相参要求，在工程实现上比较简单，但其信号积累效率和 SCR 改善均明显低于相参积累方法，复杂环境下微弱动目标的检测性能难以保证。

2）分段长时间积累方法

分段长时间积累方法即非相参和相参积累结合的混合积累方法。这种方法首先将距离分段，在段内完成脉冲间的相参积累，然后通过距离包络对齐或 Keystone 变换（Keystone Transform，KT）实现回波的非相参积累。文献[23]中通过将积累时间划分为若干子孔径，在子孔径内的同一个距离单元内进行相参积累，在子孔径间实现高效的跨距离单元非相参积累，是一种混合积累方法。该方法是综合考虑检测性能和运算量的一种有效途径，但积累增益仍非常有限，无法应对强杂波背景和动目标的复杂运动形式。

3）分步长时间积累方法

分步长时间积累方法即先补偿距离徙动，再采用变换域处理方法匹配时变的多普勒信号，如相位匹配法、FRFT、Chirplet 变换等，典型的距离徙动补偿方法为 KT 法，这种方法能通过插值对原有的坐标轴进行尺度变换，进而有效地校正距离徙动[24, 25]。然而，KT 方法仅能补偿一阶距离徙动，即匀速运动导致的距离徙动，对于高阶动目标信号，其距离徙动体现为高阶多项式，难以有效补偿，需要研究二阶 KT 的补偿方法，且后续多普勒徙动补偿的效果受距离徙动补偿结果的影响，容易造成目标多普勒能量扩散，运动参数估计精度较差。

4）分级长时间积累方法

对动目标的相参积累涉及多维参数的匹配滤波，运算量较大，但在不同距离的雷达回波中，目标所占据的单元是有限的，因此可对数据进行预处理，将可能存在动目标的单元筛选出来，后续再进行长时间积累。这是工程应用的一种有效途径。文献[26]综合利用 MTD 和 FRFT、FRAF 的优势，采用两级门限处理，即首先采用 MTD 处理通过较高的虚警概率条件下的门限（第一级门限），筛选出可能有动目标的距离单元，然后让这些距离单元的回波并行经过 FRFT 和 FRAF 运算，通过最佳变换域输出 SCR 的比较，判断动目标回波与哪种变换匹配最佳，进而在相应的距离－最佳变换域中进行恒虚警检测（第二级门限），并估计运动参数。由于仅在超过第一级门限的少数几个距离单元内进行处理，因此在保证较高检测性能的同时降低了运算量，并且能准确估计出动目标的多个运动参数，如速度、加速度和急动度等，实现动目标的快速精细化处理。

7.2　Radon 高阶相位变换长时间相参积累动目标检测

Radon 高阶相位变换 LTCI 方法属于参数搜索类 LTCI 方法，它对距离徙动和多普勒徙动进行统一补偿，典型的方法为傅里叶变换（Radon-FT，RFT）[27]，它在脉压后的距离－慢时间域中通过搜索初始距离和旋转角度来实现信号的相参积累，很好地统一了 MTD、HT 和 RT，但 RFT 仅沿目标运动的直线轨迹进行相参积累，当遇到动目标产生的距离弯曲和高阶非平稳相位时，RFT 积累增益下降。为此，Radon-FRFT（RFRFT）[2]、Radon-FRAF（RFRAF）[28]、Radon－线性正则变换（RLCT）[29]、Radon-Lv 分布（Radon Lv's Distribution，RLVD）[30]、Radon－线性正则模糊函数（RLCAF）[31]、Radon 多项式 FT（Radon-Polynomial FT，RPFT）[32]等方法根据预先设定的目标运动参数（初始距离、速度和加速度）搜索范围，提取位于距离－慢时间二维平面中的目标观测值，然后在相应的变换域中选择合适的变换参数对该观测值进行匹配和积累，实现对动目标能量的 LTCI，即通过在速度/加速度－距离域中的多维联合搜索，实现一阶/高阶距离徙动的校正，同时获得目标的能量积累。

作者团队分别利用目标的加速度和急动度信息构建了多变换参数的广义多普勒滤波器组，提出了 RFRFT、RLCT、RFRAF、RLCAF、相位差分 Radon-Lv 分布（Phase Differentiation and Radon-Lv's Distribution，PD-RLVD）等 Radon 高阶相位变换动目标长时间相参积累方法[28-31]。根据待检测目标运动状态确定参数搜索范围（距离、速度、加速度或急动度），提取距离－慢时间二维平面中的目标观测值；利用高阶相位变换对该观测值进行匹配积累处理，在相应的 Radon 变换域中实现长时间动目标能量聚焦。该类方法同时补偿距离和多普勒徙动，扩展了信号维度，是经典动目标检测（MTD）、FRFT、LCT、LVD、RFT 等积累方法的广义形式。

下面主要介绍比较典型的两种方法，即 RFRFT 和 PD-RLVD 长时间相参积累。

7.2.1 Radon-FRFT 长时间相参积累

1. RFRFT 原理及特性

动目标距离徙动如图 7.4 中的点斜线所示，该斜线由目标初速度和起始距离决定，可在斜线上通过傅里叶变换将目标能量相参积累起来，得到

$$S_{\text{RFT}} = \int s_{\text{PC}}[2(r_0 + vt_m)/c, t_m]\mathrm{e}^{-\mathrm{j}2\pi f_{\mathrm{d}}t_m}\mathrm{d}t_m \qquad （7.32）$$

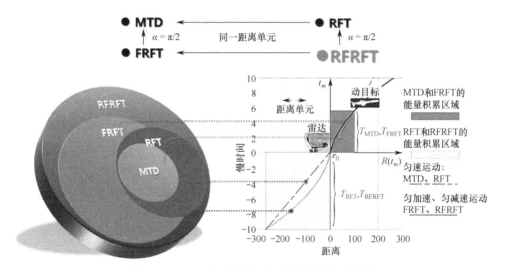

图 7.4　RFRFT 与几种相参积累方法比较示意图

由上式可知，MTD 是 RFT 的一种特例，RFT 所需脉冲数不受距离单元的限制，可大大延长相参积累时间。然而，在实际应用中，目标的加速、减速或高阶运动使距离发生弯曲，限制沿直线搜索的 RFT 有效积累时间 T_{RFT}；同时，由于多普勒频率的展宽，导致目标回波失配于 RFT 的搜索参数，积累增益下降。由动目标雷达回波模型可知，多普勒徙动的原因实际上是在慢时间上增加了一个二次相位，因此需要对 RFT 的积累结果进行二次相位补偿，然后通过某种方法实现 LFM 信号能量的积累。作为傅里叶变换的广义形式，FRFT 通过旋转时频平面，在最佳变化域中积累非平稳信号能量。但是，FRFT 的积累时间 T_{FRFT} 同样受到距离单元的限制。

基于上述考虑，提出一种新的动目标长时间相参积累方法。假设 $f(t, r_s) \in C$ 是定义在 (t, r_s) 平面上的二维复函数，由目标初始距离、速度和加速度确定的参数化曲线 $r_s = r_0 + vt + at^2/2$ 用于搜索此平面内的任意一条曲线，代表匀加速或高

阶运动，则连续 RFRFT 定义为[2]

$$G_r(\alpha, u) = F^\alpha[x(t, r)](u) = \int_{-\infty}^{\infty} x(t, r_0 - vt - at^2/2) K_\alpha(u, t) \mathrm{d}t \qquad (7.33)$$

式中，$\alpha = p\pi/2$ 为旋转角度，p 为变换阶数，$K_\alpha(u, t)$ 为核函数：

$$K_\alpha(t, u) = \begin{cases} A_\alpha \exp\left\{ \mathrm{j}\left[\frac{1}{2}t^2\cot\alpha - ut\csc\alpha + \frac{1}{2}u^2\cot\alpha \right] \right\}, & \alpha \neq n\pi \\ \delta\left[u - (-1)^n t \right], & \alpha = n\pi \end{cases} \qquad (7.34)$$

式中，$A_\alpha = \sqrt{(1 - \mathrm{j}\cot\alpha)/2\pi}$，RFRFT 的变换阶数 p 由量纲归一化处理后的搜索加速度确定。

由式（7.33）可知，RFRFT 为线性变换，不存在交叉项的影响。由此可知：① RFRFT 结合了 RFT 和 FRFT 的优点，在获得长积累时间的同时，适合处理非平稳和时变信号；② RFRFT 的核函数能够补偿由目标高阶运动导致的回波脉间的相位起伏和变化；③ RFRFT 可视为一种广义的多普勒滤波器组，不同滤波器组由变换阶数确定。

2. 相参积累时间影响因素

目标发生距离和多普勒徙动会明显制约雷达对动目标回波的有效积累时间。相参积累时间与最小相参积累增益、加速度和天线波束驻留时间有关。RFT 的推导是以目标作匀速运动为假设前提的，因此，RFT 算法要求在相参积累时间内，由目标可能的最大加速度 $a_{\max}$ 引起的多普勒频率扩散量不大于多普勒分辨单元，同时距离弯曲不大于距离分辨单元：

$$\begin{cases} \Delta f_{\max}(t)\big|_{t\in[-T_n/2,\,T_n/2]} = \dfrac{2a_{\max}T_n}{\lambda} \leqslant \dfrac{1}{T_n} \\ \Delta r_{\max}(t)\big|_{t\in[-T_n/2,\,T_n/2]} = \dfrac{1}{2}a_{\max}\left(\dfrac{T_n}{2}\right)^2 \leqslant \dfrac{c}{2B} \end{cases} \qquad (7.35)$$

由上式得

$$\begin{cases} T_n \leqslant T_{a,\mathrm{Doppler}} = \sqrt{\dfrac{\lambda}{2a_{\max}}} \\ T_n \leqslant T_{a,\mathrm{curvature}} = \sqrt{\dfrac{4c}{a_{\max}B}} \end{cases} \qquad (7.36)$$

式中，$T_{a,\mathrm{Doppler}}$ 一般小于 $T_{a,\mathrm{curvature}}$。

RFRFT 相比 RFT 的相参积累时间大大增加，仅受最小相参积累增益所需时间 $T_{\mathrm{SNR_{req}}}$ 和天线波束驻留时间 T_{dwell} 的限制。设脉间相参积累时间 T_n 和相参积累脉冲数 N_p 的关系为 $T_n = N_p T_r$，$T_n \in [T_{\mathrm{SNR_{req}}}, T_{\mathrm{dwell}}]$，其中 $T_{\mathrm{SNR_{req}}} = 10^{G/10}T_r$，$G$ 定义为相参积累改善增益。当雷达天线为机械扫描时，

$$T_{\text{dwell}} = \frac{\theta_{\alpha,0.5}}{\Omega_\alpha \cos \beta} \qquad (7.37)$$

式中，$\theta_{\alpha,0.5}$ 为半功率天线方位波束宽度（°），Ω_α 为天线方位扫描速度（°/s），β 为目标仰角（°）。当雷达天线扫描方式为相扫时，波束指向可以任意控制，此时 T_{dwell} 仅由预置值决定，而与波束宽度无关。

3．RFRFT 算法流程

图 7.5 给出了基于 RFRFT 的动目标长时间相参积累方法流程图，共分为如下步骤。

（1）雷达回波距离向解调、脉压，完成脉内积累。

在相参雷达接收端，将雷达回波数据进行距离向和方位向采样，对距离向的雷达回波数据进行解调和脉压处理，得到 $s_{\text{PC}}(t,t_m)$。存储处理后的距离－时间（方位）二维数据矩阵 $\boldsymbol{S}_{N\times M} = s_{\text{PC}}(i,j)$，$i = 1, 2, \cdots, N;\ j = 1, 2, \cdots, M$，$N$ 为脉冲数，M 为距离单元数。

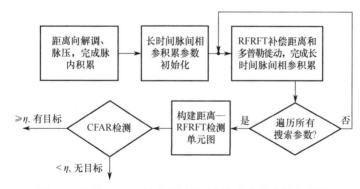

图 7.5　基于 RFRFT 的动目标长时间相参积累方法流程图

（2）长时间脉间相参积累参数初始化。

根据雷达系统参数和波束驻留时间，确定脉间相参积累时间 T_n、相参积累脉冲数 N_p、距离搜索范围 $[r_1, r_2]$ 和间隔 Δr，根据待检测目标的类型和运动状态，确定预期补偿的初速度搜索范围 $[-v_{\max}, v_{\max}]$ 和间隔 Δv，以及加速度搜索范围 $[-a_{\max}, a_{\max}]$ 和间隔 Δa。

脉间相参积累时间 T_n 和相参积累脉冲数 N_p 的关系为 $T_n = N_p T_r$，其中 T_n 应不小于最小相参积累增益所需时间 $T_{\text{SNR}_{\text{req}}}$，且不大于天线波束在目标的驻留时间 T_{dwell}，即 $T_n \in [T_{\text{SNR}_{\text{req}}}, T_{\text{dwell}}]$，其中

$$T_{\text{SNR}_{\text{req}}} = 10^{G/10} T_r \qquad (7.38)$$

式中，G 定义为相参积累改善增益：

$$G = G_{\text{req}} - G_{\min} - G_{\text{PC}} \qquad (7.39)$$

式中，G_{req} 为给定虚警概率和发现概率条件下恒虚警（CFAR）检测所需的信噪比，由 CFAR 检测算法确定；G_{min} 为根据雷达检测目标质量的要求，检测目标信号所需的最小输出信噪比，具体定义为

$$G_{min} = 10\lg\left[\frac{P_t G_t^2 \lambda^2 \sigma_{min}}{(4\pi)^3 k T_0 B_n F_n L R_{max}^4}\right] \tag{7.40}$$

式中，P_t 为雷达发射功率，G_t 为雷达天线增益，发射波长 λ，σ_{min} 为雷达能够探测目标的最小 RCS，可根据待探测的微弱目标选取，$k = 1.38\times10^{-23}$ J/K 为玻尔兹曼常数，$T_0 = 290$K 为标准室温，B_n 为接收机带宽，F_n 为噪声系数，L 为系统损耗，R_{max} 为雷达最大探测距离，G_{PC} 为脉压信噪比增益，定义为

$$G_{PC} = 10\lg D = 10\lg(BT_p) \tag{7.41}$$

式中，D 为发射信号的时宽带宽积，若发射信号为单频信号，则 $D = 1$。

距离搜索范围 $[r_1, r_2]$ 需要覆盖目标探测区域，搜索间隔与雷达距离分辨单元相同，即 $\Delta r = \rho_r$，距离搜索个数为 $N_r = \lceil(r_2 - r_1)/\Delta r\rceil$。针对不同的探测目标类型大致确定相应的初速度搜索范围 $[-v_{max}, v_{max}]$，搜索间隔与雷达多普勒分辨单元 ρ_v 得到的速度分辨单元相同，即 $\Delta v = \lambda\rho_v/2 = \lambda/2T_n$，速度搜索个数为 $N_v = \lceil 2v_{max}/\Delta v\rceil$。针对不同的探测目标类型大致确定相应的加速度搜索范围 $[-a_{max}, a_{max}]$，搜索间隔为 $\Delta a = \lambda/2T_n^2$，加速度搜索个数为 $N_a = \lceil 2a_{max}/\Delta a\rceil$。

（3）采用 RFRFT 补偿距离和多普勒徙动，完成长时间脉间相参积累。

根据搜索距离、搜索初速度和搜索加速度确定待搜索的目标运动点迹：

$$r(t_m) = r_i - v_j t_m - a_k t_m^2/2 \tag{7.42}$$

式中，$t_m = nT_r, n = 1, 2, \cdots, N_p$，$r_i \in [r_1, r_2]$，$i = 1, 2, \cdots, N_r$，$v_j \in [-v_{max}, v_{max}]$，$j = 1,$ $2, \cdots, N_v$，$a_k \in [-a_{max}, a_{max}]$，$k = 1, 2, \cdots, N_a$。在距离—慢时间（方位）二维数据矩阵 $S_{N\times M}$ 中，抽取长时间相参积累所需的数据向量 $X_{1\times N_p} = s_{PC}\left(n, \left\lceil\frac{r(nT_r) - r_1}{\rho_r}\right\rceil\right)$。

对数据向量 $X_{1\times N_p}$ 进行 RFRFT 运算，同时补偿距离徙动和多普勒徙动，实现对运动目标能量的长时间相参积累。RFRFT 可描述为：假设 $x(t, r_s) \in C$ 是定义在 (t, r_s) 平面上的二维复函数，$r_s = r_0 + vt + at^2/2$ 表示此平面的任意一条曲线，代表匀加速或高阶运动，则连续 RFRFT 定义为

$$G_r(\alpha, u) = F^\alpha[x(t, r)](u) = \int_{-\infty}^{\infty} f(t, r_0 + vt + at^2/2)K_\alpha(u, t)\mathrm{d}t \tag{7.43}$$

式中，$\alpha = p\pi/2$ 为旋转角度，p 为变换阶数，$K_\alpha(u, t)$ 为核函数：

$$K_\alpha(u, t) = \begin{cases} A_\alpha\exp\left[\mathrm{j}\left(\frac{u^2+t^2}{2}\cot\alpha - jut\csc\alpha\right)\right], & \alpha \neq n\pi \\ \delta(u - t), & \alpha = 2n\pi \\ \delta(u + t), & \alpha = (2n+1)\pi \end{cases} \tag{7.44}$$

式中，$A_\alpha = \sqrt{(1-\mathrm{j}\cot\alpha)/2\pi}$，RFRFT 所需的变换阶数 p 由量纲归一化处理后的搜索加速度确定，即

$$p_i = -\frac{2\mathrm{arc}\cot(\mu_i S^2)}{\pi} + 2 = -\frac{2\mathrm{arc}\cot(2a_i S^2/\lambda)}{\pi} + 2 \qquad (7.45)$$

式中，$S = \sqrt{T_n/f_r}$ 为量纲归一化的尺度因子。

由 RFRFT 的定义可知，RFRFT 根据目标的运动参数提取位于距离−慢时间二维平面中的目标观测值，然后通过 FRFT 对该观测值进行长时间相参积累，因此，运动目标的加速度和初速度 (a_k, v_j) 分别对应 RFRFT 中的 (p_k, u_j)，采用 H. M. Ozaktas 等人提出的 FRFT 分解算法，基于如下公式完成不同变换阶数下的 DFRFT 运算：

$$F_p\left(\frac{m}{2\Delta x}\right) = A_\alpha \mathrm{e}^{\mathrm{j}\frac{1}{2}\left(\frac{m}{2\Delta x}\right)^2(\cot\alpha - \csc\alpha)} \sum_{n=-N}^{N}\left[x\left(\frac{n}{2\Delta x}\right)\mathrm{e}^{\mathrm{j}\frac{1}{2}\left(\frac{m}{2\Delta x}\right)^2(\cot\alpha - \csc\alpha)}\right]\mathrm{e}^{\mathrm{j}\frac{1}{2}\left(\frac{m-n}{2\Delta x}\right)^2\csc\alpha} \qquad (7.46)$$

式中，N 为信号长度。

（4）遍历所有搜索参数，构建距离−RFRFT 域检测单元图。

遍历所有距离、初速度和加速度的搜索范围，重复步骤（3），得到不同搜索距离 r_i 条件下，二维参数平面 (p, u) 的 RFRFT 谱 $G_{r_i}(p, u)$ 的幅值最大值，并记录对应的坐标 $(p_{i_0}, u_{i_0}) = \underset{p,u}{\arg\max}\left|G_{r_i}(p, u)\right|$，进而形成 $N_r \times N_r$ 维距离−RFRFT 域检测单元图 $\boldsymbol{G}[r_i, (p_{i_0}, u_{i_0})]$，$i = 1, 2, \cdots, N_r$，幅值为 $\left|G_{r_i}(p_{i_0}, u_{i_0})\right|$。

（5）对距离−RFRFT 域检测单元图进行 CFAR 检测，判决目标的有无。

将构建的距离−RFRFT 域检测单元图的幅值作为检测统计量，并与给定虚警概率下的自适应检测门限进行比较：

$$\left|\boldsymbol{G}\left[r_i, (p_{i_0}, u_{i_0})\right]\right| \underset{H_0}{\overset{H_1}{\gtrless}} \eta \qquad (7.47)$$

式中，η 为检测门限，若检测单元的幅值高于门限值，则判决为存在运动目标信号，否则判决为无运动目标信号，继续处理后续的检测单元。

（6）目标运动参数估计，并输出目标的运动点迹。

将目标所在距离−RFRFT 域检测单元对应的距离、初速度和加速度作为目标运动参数估计值 $\hat{r}_0$、$\hat{v}_0$ 和 $\hat{a}_s$，假设检测出的运动目标的初始距离为 r_l，对应的 RFRFT 幅值最大值坐标为 (p_{l_0}, u_{l_0})，则参数估计方法为

$$\begin{cases} \hat{r}_0 = r_1 + l\rho_r \\ \hat{v}_0 = \frac{\lambda}{2} \cdot \frac{u_{l_0}\csc(p_{l_0}\pi/2)}{S} \\ \hat{a}_s = -\frac{\lambda}{2} \cdot \frac{\cot(p_{l_0}\pi/2)}{S^2} \end{cases} \qquad (7.48)$$

将其对应的搜索曲线作为目标的运动点迹估计，即

$$r_s(t_m) = \hat{r}_0 + \hat{v}_0 t_m + \hat{a}_s t_m^2 / 2 \tag{7.49}$$

7.2.2 相位差分 Radon-Lv 分布长时间相参积累

1. PD-RLVD 原理及特性[30]

Lv 变换（LVD）法能够将信号能量积聚到中心频率－调频率对应的位置，无须参数搜索操作，参数估计精度高，抗噪声性能与 CFT 算法及 FRFT 算法的性能相近。高速动目标的多普勒频率随时间非线性变化，很难用较少参数的 LFM 信号来建模回波多普勒频率，此时的目标检测问题变得更加复杂。例如，火箭和导弹在飞行过程中的推力变化导致加加速度（急动度），产生二次以上的高阶相位；又如，对高海况下的目标进行探测时，目标随海面起伏，回波相位具有周期性，此时目标回波需要用 QFM 信号表示。常用的高次相位匹配方法主要有 PFT 和 HAF 等，但算法对输入信号的信噪比要求较高，难以满足雷达对微弱动目标探测性能的需求。

复杂运动目标的雷达回波包括由非匀速平动及转动产生的调频信号。根据 Weierstrass 近似原理，运动目标的回波信号可由足够阶次的多项式相位信号近似表示。目标的速度变化引起的加速度导致回波出现二次相位，同时目标在机动过程中发动机的推力变化对应于加速度的变化（急动度），使得回波出现三次相位（Cubic Phase，CP），频率随时间非线性变化。因此，采用 CP 信号可作为非匀速平动目标回波信号的高阶近似。转动目标，如高海况下的海面目标，由于受非线性策动力和非线性阻尼力的作用，其在海浪作用下各维度的摆动均呈现多倍周期和随机性的特点，具有类似于钟摆运动的特性，目标的偏航角、俯仰角和横滚角通常为时间的周期函数，周期与振幅的大小与海况、目标类型、速度和航向有关。由于正弦调频信号在一个周期内仍可由三次多项式很好地近似，因此复杂运动目标回波可统一建模为 CP 信号，具有 QFM 的多普勒频率，即

$$r_s(t_m) = r_0 + v_0 t_m + a_s t_m^2 + g_s t_m^3 \tag{7.50}$$

$$f_d = \frac{2v}{\lambda} = \frac{2}{\lambda} \frac{\mathrm{d} r_s(t_m)}{\mathrm{d} t_m} = f_0 + 2\mu_s t_m + 3k t_m^2 \tag{7.51}$$

式中，t_m 为脉间慢时间，$t_m = mT_l$，T_l 为脉冲重复周期，λ 为发射波长，r_0 为起始距离，v_0 为目标运动初速度，a_s 为加速度，g_s 为急动度，$f_0 = 2v_0/\lambda$ 为初始频率，$\mu_s = 2a_s/\lambda$ 为调频率，$k = 2g_s/\lambda$ 为二次调频率。

由于长时间观测和目标运动，目标包络的峰值位置会随慢时间变化而偏移，当偏移量大于雷达距离单元时，将产生距离徙动效应，目标能量将部分泄漏到相邻的距离单元中。动目标回波中的调频分量将使得回波多普勒频率展宽，当多普勒频率跨越多个多普勒频率单元时，便会产生多普勒徙动效应。

2．PD-RLVD 算法流程

由于动目标脉压后的回波相位可近似为多项式函数，目标机动性越强，多项式相位就越高，因此，先采用相关或相位差分方法将高阶多项式降阶为低阶多项式，再采用 FRFT 或 FT 进行积累，就可降低运算量。图 7.6 中给出了基于 PD-RLVD 的雷达微弱动目标 LTCI 检测方法实施流程图。

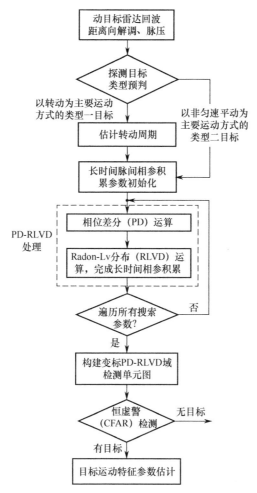

图 7.6　基于 PD-RLVD 的雷达微弱动目标 LTCI 检测方法实施流程图

（1）动目标雷达回波距离向解调、脉压。

在相参雷达接收端，对接收并经过放大和限幅处理后得到的雷达回波数据进行距离向和方位向采样，通常距离向采样间隔等于雷达距离分辨单元，方位向采样频率等于脉冲重复频率，以保证在距离向和方位向的相参积累时间 T_n 中运动目标的回波能够被完整采集，对距离向的雷达回波数据进行解调处理，获得零中

频信号 $s_{IF}(t,t_m)$，可采用雷达发射信号作为解调的参考信号：

$$s_{IF}(t,t_m) = s_r(t,t_m) \cdot s_t^*(t) \tag{7.52}$$

式中，t 为脉内快时间，t_m 为脉间慢时间，$t_m = mT_l, m = 1, 2, \cdots$，$T_l$ 为脉冲重复周期，$s_r(t,t_m)$ 为回波信号，$s_t(t)$ 为雷达发射信号，"*" 表示复共轭运算。将解调后的雷达回波数据进行脉冲压缩处理，得到脉内积累后的雷达回波数据 $s_{PC}(t,t_m)$，对不同时间（方位向）的数据进行处理，并存储距离-慢时间（方位向）二维数据矩阵 $S_{N \times M} = s_{PC}(i,j)$，$i = 1, 2, \cdots, N; j = 1, 2, \cdots, M$，$N$ 为脉冲数，M 为距离单元数。

（2）探测目标类型预判，长时间脉间相参积累参数初始化。

根据观测环境、雷达类型，初步判断待观测的目标类型。以海上目标为例，在高海况条件下（三级及三级以上，海况等级划分标准见表 7.1），海上目标随海面颠簸导致姿态变化，包括俯仰、偏航和横滚等运动，引发雷达回波功率调制效应，相对于平动运动方式，转动引起的多普勒频率分量占主要成分，该类目标被判为类型一目标；而飞机、导弹和航天器等高速动目标在突防或转弯机动过程中，则主要以非匀速平动为主要运动方式，该类目标被判为类型二目标。

表 7.1 海况等级划分标准

海　况	风速/kn	有效浪高/m	波动周期平均值/s
0～1（微浪）	0～6	0～0.1	—
2（小浪）	7～10	0.1～0.5	7
3（清浪）	11～16	0.5～1.25	8
4（中浪）	17～21	1.25～2.5	9
5（大浪）	22～27	2.5～4.0	10
6（巨浪）	28～47	4.0～6.0	12
7（狂浪）	48～55	6.0～9.0	14
8（狂涛）	56～63	9.0～14.0	17
>8（怒涛）	>63	>14.0	20

对于类型一目标，由转动产生的多普勒频率为正弦调频信号，在一个转动周期内，回波可很好地近似为 CP 信号，因此其相参积累时间 $T_n^{(1)}$ 应不大于波束驻留时间 T_{dwell} 和转动周期 T_r 的最小值，即 $T_n^{(1)} \leqslant \min(T_{dwell}, T_r)$，相参积累脉冲数为 $N_p^{(1)} = \lceil T_n^{(1)}/T_l \rceil$，其中 $\lceil \ \rceil$ 表示向上取整运算。T_r 通常可按海况等级确定，近似等于表 7.1 中的海浪波动周期平均值；对于机械扫描雷达，雷达天线波束驻留时间 T_{dwell} 为

$$T_{dwell} = \frac{\theta_{\alpha,0.5}}{\Omega_\alpha \cos \beta} \tag{7.53}$$

式中，$\theta_{\alpha,0.5}$ 为半功率天线方位波束宽度（°），Ω_{α} 为天线方位扫描速度（°/s），β 为目标仰角（°）。若为相扫雷达，由于波束指向任意控制，此时波束驻留时间仅由预置值决定，而与波束宽度无关。类型二目标的相参积累时间 $T_n^{(2)}$ 仅受 T_{dwell} 的限制，相参积累脉冲数为 $N_p^{(2)} = \lceil T_n^{(2)}/T_l \rceil$。

距离搜索范围 $r_0 \in [r_1, r_2]$ 需覆盖目标探测区域，搜索间隔 Δr 与雷达距离分辨单元 ρ_r 相同，距离搜索个数为 $N_r = \lceil (r_2 - r_1)/\Delta r \rceil$；针对待检测的动目标类型大致确定相应的初速度搜索范围为 $v_0 \in [-v_{\max}, v_{\max}]$，搜索间隔与雷达多普勒频率分辨单元 ρ_v 得到的速度分辨单元相同，即 $\Delta v = \lambda \rho_v / 2 = \lambda / 2T_n$，$\lambda$ 为发射波长，速度搜索个数为 $N_v = \lceil 2v_{\max}/\Delta v \rceil$；加速度搜索范围为 $a_s \in [-a_{\max}, a_{\max}]$，搜索间隔为 $\Delta a = \lambda / 2T_n^2$，加速度搜索个数为 $N_a = \lceil 2a_{\max}/\Delta a \rceil$；急动度搜索范围为 $g_s \in [-g_{\max}, g_{\max}]$，搜索间隔为 $\Delta g = \lambda / 2T_n^3$，急动度搜索个数为 $N_g = \lceil 2g_{\max}/\Delta g \rceil$。

（3）相位差分（PD）运算。

根据搜索距离、初速度、加速度和急动度确定待搜索的目标运动点迹：

$$r(t_m) = r_i + v_j t_m + a_l t_m^2 + g_q t_m^3 \tag{7.54}$$

式中，对于类型一目标，$t_m = nT_l, n = 1, 2, \cdots, N_p^{(1)}$，对于类型二目标，$t_m = nT_l$，$n = 1, 2, \cdots, N_p^{(2)}$，$r_i \in [r_1, r_2]$，$i = 1, 2, \cdots, N_r$，$v_j \in [-v_{\max}, v_{\max}]$，$j = 1, 2, \cdots, N_v$，$a_l \in [-a_{\max}, a_{\max}]$，$l = 1, 2, \cdots, N_a$，$g_q \in [-g_{\max}, g_{\max}]$，$q = 1, 2, \cdots, N_g$，在距离—时间（方位向）二维数据矩阵 $\boldsymbol{S}_{N \times M}$ 中抽取长时间相参积累所需的数据向量

$$\boldsymbol{X}_{1 \times N_p} = s_{\text{PC}}\left(n, \left\lceil \frac{r(nT_l) - r_1}{\rho_r} \right\rceil \right), \quad n = 1, 2, \cdots, N_p \tag{7.55}$$

假设 $f(t_m, r_s) \in C$ 是定义在距离—慢时间平面 (t_m, r_s) 上的二维复函数，$r_s(t_m) = r_0 + v_0 t_m + a_s t_m^2 + g_s t_m^3$ 表示该平面内的任意一条曲线，代表匀加速或高阶复杂运动，定义长积累时间下的复确定信号 $f(t_m, r_s)$ 的相位差分（PD）运算为

$$P_f(t_m, r_s) = f\left(t_m + \frac{\tau_0}{2}, r_s \right) f^*\left(t_m - \frac{\tau_0}{2}, r_s \right) \tag{7.56}$$

式中，τ_0 为常数，代表固定的时延。

由动目标模型可知，回波信号的相位为 $\Phi(t_m) = -\dfrac{4\pi r_s(t_m)}{\lambda}$，因此动目标回波信号可简化为

$$f(t_m) = \sigma_r \exp\left[\mathrm{j}\Phi(t_m) \right] = \sigma_r \exp\left[-\mathrm{j}\frac{4\pi}{\lambda} \left(r_0 + v_0 t_m + a_s t_m^2 + g_s t_m^3 \right) \right] \tag{7.57}$$

经 PD 运算后得

$$P_f(t_m, r_s) = \sigma_r^2 \exp\left[-\mathrm{j}\frac{4\pi}{\lambda}\left(v_0\tau_0 + \frac{g\tau_0^3}{4} + 2a_s\tau_0 t_m + 3g_s\tau_0 t_m^2\right)\right] \quad (7.58)$$

由上式可知，经过 PD 运算，关于慢时间的 CP 信号降阶为二次相位信号。

（4）RLVD 运算，完成长时间相参积累。

包括 Radon 瞬时自相关函数（Radon Instantaneous Auto-correlation Function，RIAF）运算、变标处理和 RFT 运算。

定义长积累时间下复确定信号 $f(t_m, r_s)$ 的瞬时自相关函数 $R_f(t_m, \tau, r_s)$，称为 **Radon 瞬时自相关函数（RIAF）**：

$$R_f(t_m, \tau, r_s) = f\left(t_m + \frac{\tau+b}{2}, r_s\right)f^*\left(t_m - \frac{\tau+b}{2}, r_s\right) \quad (7.59)$$

式中，b 为常数。上式表示沿曲线 r_s 提取位于 (t_m, r_s) 二维平面中的目标观测值 $f(t_m, r_s)$，并对其进行自相关运算。对步骤（3）处理后的二次相位信号进行 RIAF 运算，得

$$R_f(t_m, \tau, r_s) = \sigma_r^4 \exp\left(-\mathrm{j}\frac{4\pi}{\lambda}\big[2a_s\tau_0(\tau+b) + 6g_s\tau_0(\tau+b)t_m\big]\right) \quad (7.60)$$

由上式可知，经过 RIAF 运算，动目标回波信号为慢时间 t_m 和延迟变量 τ 的一次函数，为消除两者之间的耦合，对时间坐标轴进行尺度变换（称为**变标处理**）：

$$t_m = \frac{t_n}{q(\tau+b)} \quad (7.61)$$

式中，q 为尺度变换因子，为保证参数无模糊估计，通常令 $qb = 1$。于是有

$$R_f(t_n, \tau, r_s) = \sigma_r^4 \exp\left(-\mathrm{j}\frac{4\pi}{\lambda}\big[2a_s\tau_0(\tau+b) + 6g_s\tau_0 t_n/q\big]\right) \quad (7.62)$$

此时，t_m 和 τ 之间的耦合已被消除。

对时间变量 t_n 做 RFT 运算，将信号能量聚集到二次调频率处，得到调频率估计

$$\mathcal{G}_R(g, \tau, r_s) = \int_{-T_n/2}^{T_n/2} R_f(t_n, \tau, r_s)\mathrm{e}^{-\mathrm{j}2\pi g t_n}\mathrm{d}t_n = \sigma_r^4 T_n \mathrm{e}^{-\mathrm{j}\frac{8\pi}{\lambda}a_s\tau_0(\tau+b)}\mathrm{sinc}\left[\frac{T_n}{2}\left(g + \frac{12}{\lambda q}g_s\tau_0\right)\right] \quad (7.63)$$

式中，$\mathcal{G}$ 表示 RFT 算子，$\mathrm{sinc}(z) = \sin(\pi z)/\pi z$，$T_n$ 由步骤（2）确定；继续对延迟变量 τ 做 RFT 运算，完成动目标信号的长时间相参积累，将能量聚集到调频率和二次调频率处：

$$\begin{aligned}
\mathcal{G}_R(g, a, r_s) &= \int_{-T_n/2}^{T_n/2} \mathcal{G}_R(g, \tau, r_s)\mathrm{e}^{-\mathrm{j}2\pi a\tau}\mathrm{d}\tau \\
&= \sigma_r^4 T_n^2 \mathrm{e}^{-\mathrm{j}\frac{8\pi}{\lambda}a_s\tau_0 b}\mathrm{sinc}\left[\frac{T_n}{2}\left(a + \frac{4}{\lambda}a_s\tau_0\right)\right]\mathrm{sinc}\left[\frac{T_n}{2}\left(g + \frac{12}{\lambda q}g_s\tau_0\right)\right]
\end{aligned} \quad (7.64)$$

图 7.7 所示为 PD-RLVD 与其他相参积累方法的比较。

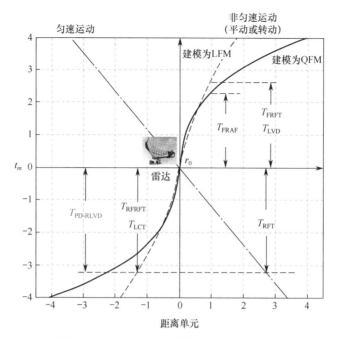

图 7.7　PD-RLVD 与其他相参积累方法比较

（5）构建变标 PD-RLVD 域检测单元图，对其进行 CFAR 检测，判决目标的有无。

若将步骤（3）和步骤（4）中的 PD 和 RLVD 运算统称为 **PD-RLVD**，则动目标回波信号将在 PD-RLVD 域形成峰值，峰值位置 $\left(-\frac{4}{\lambda}a_s\tau_0, -\frac{12}{\lambda q}g_s\tau_0\right)$ 直接对应信号的调频率和二次调频率，形成二维分布。因此，距离 r_i 处对应的目标 PD-RLVD 域峰值坐标为

$$(a_{i_0}, g_{i_0}) = \underset{a,g}{\mathrm{argmax}} \left| \mathcal{G}_R^{(i)}(g,a,r_s) \right|, \quad i = 1,2,\cdots,N_r \tag{7.65}$$

遍历距离、初速度、加速度和急动度的搜索范围，重复步骤（3）和步骤（4），得到不同距离 r_i 条件下 PD-RLVD 域峰值的最大值，形成 PD-RLVD 域检测单元图 $\mathcal{G}_R^{(i)}(g_{i_0}, a_{i_0}, r_s), i = 1,2,\cdots,N_r$，将其幅值作为检测统计量，并与给定虚警概率下的自适应检测门限进行比较：

$$\left| \mathcal{G}_R^{(i)}(g_{i_0}, a_{i_0}, r_s) \right| \underset{H_0}{\overset{H_1}{\gtrless}} \eta, \quad i = 1,2,\cdots,N_r \tag{7.66}$$

式中，η 为检测门限；若检测单元的幅值高于门限值，则判决为存在运动目标信号，否则判决为没有运动目标信号，继续处理后续的检测单元。

（6）目标运动特征参数估计。

将目标所在的 PD-RLVD 域检测单元所对应的搜索距离、加速度和急动度作

为目标运动参数估计值 $\hat{r}_0$、$\hat{a}_s$ 和 $\hat{g}_s$。假设检测出的运动目标的初始距离为 r_l，PD-RLVD 域幅值的最大值坐标为 (a_{l_0}, g_{l_0})，则目标运动参数的估计方法为 $\hat{r}_0 = r_l$，$\hat{a}_s = -\lambda a_{l_0}/4\tau_0$，$\hat{g}_s = -\lambda q g_{l_0}/12\tau_0$。目标初速度的估计值 $\hat{v}_0$ 可通过解调频并搜索傅里叶变换峰值得到，即

$$\hat{v}_0 = \lambda/2 \cdot \underset{f}{\arg\max} \left| \text{FFT}\left\{ f(t_m) \cdot \exp\left[j2\pi\left(\hat{\mu}_s t_m^2 + \hat{k} t_m^3 \right) \right] \right\} \right| \tag{7.67}$$

式中，$\hat{\mu}_s = 2\hat{a}_s/\lambda$，$\hat{k} = 2\hat{g}_s/\lambda$。

PD-RLVD 方法根据预先设定的目标运动参数搜索范围，提取位于距离一慢时间二维平面中的目标观测值，采用 PD-RLVD 积累高次相位信号能量，在 PD-RLVD 域中能够直接得到目标的加速度和急动度估计，估计值和精度由步骤（2）中的长时间相参积累参数初始化确定。

当初始搜索距离单元出现多个动目标，且多个目标在长时间积累时的运动状态大致相同时，其回波均落在同一个距离单元内，例如空中编队或水面舰艇编队等群目标。此时，多分量动目标回波信号在进行 PD 和 RIAF 运算时会出现交叉项，会一定程度上影响动目标的检测。然而，由于本方法实现了长时间相参积累，随着观测时间的延长，PD-RLVD 对自相关项的增强占主要作用，一定程度上抑制了多分量交叉项的影响。同时，经过步骤（5）处理后，多分量动目标回波信号将在 PD-RLVD 域中形成多个超过门限的峰值，这时可以借鉴 CLEAN 方法，利用逐次消除对多个目标进行逐一检测，直到没有超过门限的峰值为止。因此，PD-RLVD 方法也适用于多运动目标的检测。

3. 与其他相参积累方法的关系

（1）RFT、广义 RFT（GRFT）和 PD-RLVD。

基于多普勒滤波器组的传统方法，即 MTD，可视为 RFT 在同一距离单元内积累的一种特殊形式：

$$\text{RFT}[f(t_m, r_s)](u) = \int_{-T_{\text{RFT}}/2}^{T_{\text{RFT}}/2} f(t_m, r_0 - v_0 t_m)\exp(-j2\pi f_d t_m)\mathrm{d}t_m \tag{7.68}$$

式中，T_{RFT} 是 RFT 的积累时间。

GRFT 是 RFT 的改进，适用于任何复杂的运动[16]：

$$GRFT(\alpha_1, \alpha_2, \cdots, \alpha_N) = \int_{-T_{\text{GRFT}}/2}^{T_{\text{GRFT}}/2} f[t_m, \eta(\alpha_1, \cdots, \alpha_N, t_m)] \cdot \\ \exp[-j2\pi\varepsilon\eta(\alpha_1, \cdots, \alpha_N, t_m)]\mathrm{d}t_m \tag{7.69}$$

式中，ε 是一个相对于 $f(t_m, r_s)$ 的常数，$r_s(t_m)$ 可用带有参数 $\alpha_1, \alpha_2, \cdots, \alpha_N$ 的函数 η 来描述。

由式（7.69）可知，GRFT 和 PD-RLVD 都可实现包络和相位联合补偿。假设只有三个参数 α_1、α_2 和 α_3（QFM 信号的情况），二阶 GRFT 需要进行三维参数搜索。PD-RLVD 无变换阶数或旋转角度，所有 QFM 分量在调频率和调频变化域（Chirp Rate and Chirp Change，CRCC）中对应的位置变成尖峰。在 PD-RLVD 域

中，每个分量都可以很容易地通过峰值检测，其运动参数可从坐标值中转化得到。

（2）LVD、FRFT 和 PD-RLVD。

容易证明，RLVD 是 LVD 的广义形式，即

$$\mathcal{L}_R(v,a,r_s)\Big|_{\Delta r_s \leqslant \rho_r\big|} = \mathcal{R}_\tau\Big[\mathcal{R}_{t_n}\big(\mathcal{S}[R_f(t_m,\tau,r_s)]\big)\Big]\Big|_{\Delta r_s \leqslant \rho_r\big|} \qquad (7.70)$$
$$= \text{LVD}[f_{\text{LFM}}(t_m)](v,a)$$

式中，$\mathcal{L}()$ 表示 RLVD 算子，$\Delta r_s \leqslant \rho_r$ 表示一个距离分辨单元。当 $\alpha_3 = 0$ 时，PD-RLVD 可以处理 LFM 信号：

$$\mathcal{G}_R(a,r_s) = \int_{-\infty}^{+\infty} \mathcal{G}_R(\tau,r_s) e^{-j a\tau} d\tau = e^{j 2a_2\tau_0 b}\delta(a - 2a_2\tau_0) \qquad (7.71)$$

中心频率可以用去调频的方法来估计[33]。

由于变换角 α，FRFT 是 LFM 信号分析的有用工具。这时，加速移动目标 PD-RLVD 的积累结果与在一个距离单元内使用 LVD 和 FRFT 的积累结果非常相似：

$$\Big|\mathcal{G}_{f_{\text{LFM}}}(v,a)\Big|_{\Delta r_s \leqslant \rho_r\big|} \approx \text{LVD}[f_{\text{LFM}}(t_m)](v,a) \qquad (7.72)$$

$$\Big|\mathcal{G}_{f_{\text{LFM}}}(v,a)\Big|_{\Delta r_s \leqslant \rho_r\big|} \approx \text{FRFT}_\alpha[f_{\text{LFM}}(t_m)](u) \qquad (7.73)$$

（3）FRAF 和 PD-RLVD。

FRAF 基于 FRFT 和 AF 来解决三次相位信号问题[34]。然而，FRAF 的性能也受 ARU 效应的影响。当在一个距离单元内处理时，PD-RLVD 的幅值是 FRAF 幅值的平方，即

$$\Big|\mathcal{G}_R(g,a,r_s)\Big|_{\Delta r_s \leqslant \rho_r\big|} = \Big|\text{FRAF}_\alpha[f(t_m)](\tau,u)\Big|^2 \qquad (7.74)$$

式（7.74）的证明如下。考虑一个急动度的三次相位动目标回波：

$$f(t_m,r_s) = \sigma_r \exp\big[j\Phi(t_m)\big]$$
$$= \sigma_r \exp\Big[-j\frac{4\pi}{\lambda}\Big(r_0 - v_0 t_m - \frac{1}{2}a_s t_m^2 - \frac{1}{6}g_s t_m^3\Big)\Big] \qquad (7.75)$$

其 PD-RLVD 为

$$\Big|\mathcal{G}_R(g,a,r_s)\Big|_{\Delta r_s \leqslant \rho_r\big|} = \Big|\int_{-T_n/2}^{+T_n/2}\int_{-T_n/2}^{-T_n/2} R_f(t_n,\tau,r_s) e^{-j 2\pi(g+a)t_n} dt_n d\tau\Big| = \sigma_r^4 T_n^2 \qquad (7.76)$$

为了与 FRAF 比较，在同一距离单元内进行相参积累。

具有延迟 τ 和变换角 α 的 FRAF 定义为

$$\text{FRAF}_\alpha[f(t_m)](\tau,u) = \int_{-T_n/2}^{T_n/2} R_f(t_m,\tau) K_\alpha(t_m,u) dt_m \qquad (7.77)$$

式中，$K_\alpha(t_m,u)$ 是变换核函数，即

$$K_\alpha(t_m,u) = \begin{cases} e^{j\left(\frac{1}{2}t_m^2\cot\alpha - u t_m\csc\alpha + \frac{1}{2}u^2\cot\alpha\right)}, & \alpha \neq n\pi \\ \delta\big[u - (-1)^n t_m\big], & \alpha = n\pi \end{cases} \qquad (7.78)$$

将式（7.75）代入式（7.77），得到如下的 FRAF 表达式：

$$\mathrm{FRAF}_\alpha[f(t_m)](\tau,u) = \int_{-T_n/2}^{T_n/2} f\left(t_m + \tfrac{\tau}{2}, r_s\right) f^*\left(t_m - \tfrac{\tau}{2}, r_s\right) \mathrm{e}^{\mathrm{j}\left(\frac{1}{2}t_m^2\cot\alpha - ut_m\csc\alpha + \frac{1}{2}u^2\cot\alpha\right)}\, \mathrm{d}t_m$$

$$= \sigma_r^2 \mathrm{e}^{\mathrm{j}\pi\left(2a_1\tau + g_s\tau^3/6\lambda\right) + \mathrm{j}u^2/2\cot\alpha} \int_{-T_n/2}^{T_n/2} \exp\left[\begin{array}{l}\mathrm{j}\left(\frac{2\pi}{\lambda}g_s\tau + \frac{1}{2}\cot\alpha\right)t_m^2 + \\ \mathrm{j}\left(4\pi a_2\tau - u\csc\alpha\right)t_m\end{array}\right]\mathrm{d}t_m \qquad (7.79)$$

当 $4\pi g_s\tau/\lambda + \cot\alpha = 0$ 时，将形成 sinc 函数：

$$\mathrm{FRAF}_\alpha[f(t_m)](\tau,u) = \sigma_r^2 \mathrm{e}^{\mathrm{j}\pi\left(4v_0\tau/\lambda + g_s\tau^3/6\lambda\right) + \mathrm{j}u^2/2\cot\alpha} T_n \mathrm{sinc}\left[\tfrac{T_n}{2}(4\pi a_s\tau/\lambda - u\csc\alpha)\right] \qquad (7.80)$$

因此，可得到 FRAF 的幅值为

$$\left|\mathrm{FRAF}_\alpha[f(t_m)](\tau,u)\right| = \sigma_r^2 T_n \qquad (7.81)$$

由此，式（7.74）成立。

在实际应用中，积累时间是一个相对值，它取决于天线的驻留时间和慢时间采样频率。有时，只要数据数量足以满足预期性能或目标运动状态具有跨单元特性，积累时间也只需要较短的时间。

4. 实测数据验证

利用 CSIR 数据真实海杂波数据（见附录 A）验证算法的可行性。测量实验于 2006 年在 Over berg 实验场（OTB）使用 Fynmet 动态 RCS 测量雷达进行，数据记录了掠射角为 0.501°～0.56° 的海杂波。部署地点的平面概览如图 7.8(a) 所示，Fynmet 雷达的规格和环境参数如表 7.2 所示。选择名为 X-14# 的 TFA17_014 数据集，WaveRider 刚性充气船（RIB）作为合作海上目标。

表 7.2　Fynmet 雷达的规格和环境参数

		TFA17_014 (X-14#)
雷达参数	发射频率/GHz	6.9
	距离范围/m	720
	波束宽度/°	< 2
	掠射角/°	0.501～0.56
	极化方式	VV
实验参数	距离分辨率/m	15
	日期	2006/8/03
	目标	WaveRider RIB
	观测时间/s	104
环境参数	观测方向	Downwind
	Douglas 海况等级	5

图 7.8 中描述了 X-14# 数据集的特性。从距离—时间回波幅度图［见图 7.8(b)］可以看出，共记录了 48 个距离单元和 104s 的数据，由于海杂波较强，仅通过雷达回波的幅值检测 WaveRider RIB 相当困难。可以使用 GPS 信息获得目标的真实轨迹，该信息用白线绘制。由图 7.8(c) 可知，雷达波束覆盖了目标的活动区域，具备长时间积累的可能。图 7.8(d) 表明，在观测时间内，目标在几个距离单元中移

动，三次多项式拟合曲线（蓝色虚线）与 GPS 轨迹非常接近。因此，目标回波模型可近似为 QFM 信号。

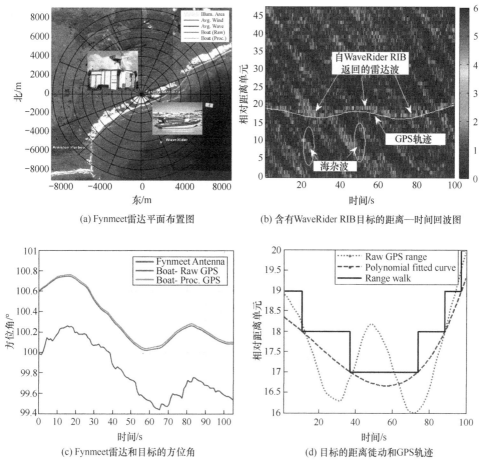

(a) Fynmeet雷达平面布置图　　　　(b) 含有WaveRider RIB目标的距离—时间回波图

(c) Fynmeet雷达和目标的方位角　　　　(d) 目标的距离徙动和GPS轨迹

图 7.8　X-14#数据集的特性

　　进一步分析可得海杂波和目标的回波多普勒频率特性，如图 7.9 所示。距离单元 18 和 20 的高分辨多普勒谱表明目标具有高机动特性，微多普勒非常复杂，表现出时变和调频特性。最后，进行基于 PD-RLVD 的长时间相参积累，并与 RFT 和二阶 GRFT 方法进行比较，结果如图 7.10 所示。我们从频谱图中选择两个典型的微多普勒（m-D）特征，即从 50s 和 65s 开始的数据，2048 个采样脉冲的积累时间为 10s。RFT 方法基于匀速运动模型，无法获得更高的 m-D 信号积累增益。由于海杂波可以建模为多个单频点信号，因此也可在 RFT 域中得到积累。GRFT 的输出用红色曲线绘制，与 RFT 方法相比，由于有更多的参数自由度，在窄多普勒响应下显示出了更好的积累性能。由图 7.10(b1)和 7.10(b2)可以看出，PD-RLVD 方法可以很好地解决 ARU 和 DFM 效应，目标在 CRCC 域中表现为峰值。RFT、GRFT 和

PD-RLVD 的目标与海杂波之间的归一化峰值差从 0.2、0.5 提高到约 0.6，极大地抑制了海杂波。将 GRFT 与 PD-RLVD 相比，输出 SCR 改善了 3dB。此外，可在 CRCC 域中直接对应得到 m-D 参数，即加速度和急动度，有助于目标运动的精细化特征描述。

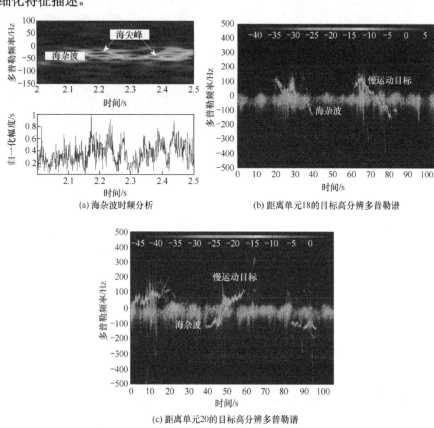

(a) 海杂波时频分析

(b) 距离单元18的目标高分辨多普勒谱

(c) 距离单元20的目标高分辨多普勒谱

图 7.9　海杂波和目标的回波多普勒特性

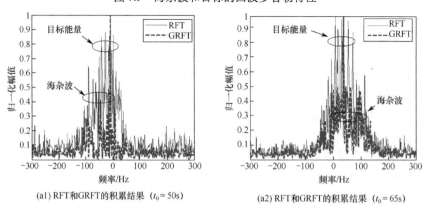

(a1) RFT和GRFT的积累结果（$t_0 = 50$s）

(a2) RFT和GRFT的积累结果（$t_0 = 65$s）

图 7.10　RFT、二阶 GRFT 和 PD-RLVD 积累和参数估计结果对比（X-14#，$T_n = 5.12$s）

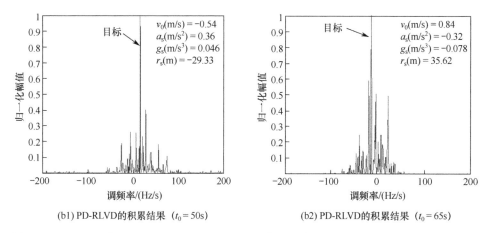

(b1) PD-RLVD的积累结果 ($t_0 = 50$s)　　　　(b2) PD-RLVD的积累结果 ($t_0 = 65$s)

图 7.10　RFT、二阶 GRFT 和 PD-RLVD 积累和参数估计结果对比（X-14#, $T_n = 5.12$s）（续）

7.2.3　LTCI 算法的局限和不足

　　现有的参数搜索类 LTCI 方法根据预先设定的目标运动参数（初始距离、速度和加速度）搜索范围，提取位于距离－慢时间二维平面中的目标观测值，然后在相应的变换域中选择合适的变换参数对该观测值进行匹配和积累，实现对动目标能量的 LTCI，但该类方法的主要问题是需要多维参数搜索，运算量较大。相位差分逐次降阶的 LTCI 方法在处理动目标高阶相位信号时，多次引入了交叉项，参数估计精度下降。为此，7.3 节和 7.4 节中将分别介绍基于稀疏变换和非参数搜索的快速 LTCI 方法。

7.3　Radon 稀疏变换 LTCI 动目标检测

　　作为一种新兴的信号处理方法，信号稀疏表示在雷达信号处理领域具有很大的优势，能够突破采样定理的限制，利用目标信号在某个变换域中的稀疏性或稀疏分解下的稀疏性，对信号进行压缩，对频率具有超分辨能力，降低运算量，有利于动目标的检测及获得精细的特征。自 2012 年美国麻省理工学院提出 SFT 理论以来，人们已开发了多个版本的快速算法 SFFT 1.0～3.0，克服了传统 FFT 算法运算量随采样点线性指数增加的不足，运算量近似保持线性增加，极大地提高了大数据量条件下的运算效率[35, 36]，并且应用于频谱感知、医学成像、图像检测和大数据处理等领域，非常适合 LTCI 的大数据量计算，并且能够提高参数估计精度，成为 LTCI 工程化应用的有效手段。

7.3.1　Radon 稀疏变换长时间相参积累

　　稀疏 FRFT（SFRFT）算法主要包括时域 Chirp 乘法运算、SFT 运算、频域

Chirp 乘法运算三个过程，算法原理框如图 7.11 所示，其中 SFT 运算主要包括以下几个步骤。

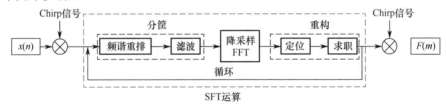

图 7.11 SFRFT 算法原理框图

SFRFT 算法对 LFM 信号具有良好的聚集性能，而且当数据长度 N 大于 212 时，能够明显降低 FRFT 的计算复杂度。根据 Pei 采样类离散分数阶傅里叶变换（DFRFT）方法，若 $\alpha \neq Q\pi$（α 表示旋转角度，Q 为整数），离散 FRFT 可分解为一次 FFT 运算加两次 Chirp 乘法运算，因此 SFRFT 的基本思想是将离散 FRFT 的 FFT 阶段用 SFT 替换。

将 SFT 和稀疏分数阶表示域处理方法与 Radon-FRFT、Radon-FRAF 和 Radon-LVD 相结合，将高阶相位信号的变换域积累转变至稀疏域处理，设计稀疏 Radon 变换系列方法[37]，如 Radon-SFRFT（RSFRFT）、Radon-SFRAF（RSFRAF）和 Radon-SLVD（RSLVD），可以进一步提高长时间大数据量的运算效率和参数估计精度。RSFRFT、RSFRAF 和 RSLVD 的流程图如图 7.12 所示，其中 SLVD 可通过二维 SFT 实现。

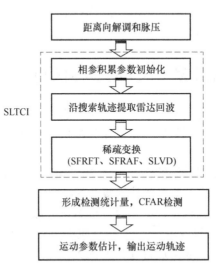

图 7.12 RSFRFT、RSFRAF 和 RSLVD 的流程图

7.3.2 稳健稀疏长时间相参积累

利用信号频谱的稀疏性，基于 SFT 实现，能够极大地提高运算效率，处理

高数据量回波信号时，运算量低于分数阶傅里叶变换、分数阶模糊函数等运算；该方法采用高分辨稀疏表示方法，实现动目标回波高分辨多普勒提取，具有一定的抗杂波和噪声能力，参数估计精度高。

1. 雷达回波匹配滤波处理，实现距离高分辨

在相参雷达接收端，将接收并经过放大处理后得到的雷达回波数据进行距离向和方位向采样，通常距离向采样间隔等于雷达距离分辨单元，方位向采样频率等于脉冲重复频率，以保证在距离向和方位向的信号处理时间中，运动目标的回波能够被完整地采集，对距离向的雷达回波数据进行解调处理，将解调后的雷达回波数据进行脉冲压缩处理，得到脉内积累后的雷达回波数据 $s_{PC}(t, t_m)$，即

$$s_{PC}(t, t_m) = A_r \text{sinc} \left[B\left(t - \frac{2R_s(t_m)}{c_0} \right) \right] \exp\left(-j\frac{4\pi R_s(t_m)}{\lambda} \right) \tag{7.82}$$

式中，$R_s(t_m)$ 为雷达与目标的视线距离，$A_r(t_m)$ 是回波幅度，$2R_s(t_m)/c$ 为时延，B 为发射信号带宽，c_0 代表光速，λ 为信号波长。假设目标朝向雷达运动，且仅考虑径向速度分量，则目标的距离徙动为时间的多项式函数，保留其泰勒级数展开式的前四项作为高阶动目标与雷达 RLOS 的三次近似，则有

$$R_s(t_m) = R_0 + v_0 t_m + a_s t_m^2 /2 + g_s t_m^3 /6 \tag{7.83}$$

式中，R_0 为目标与雷达的初始 RLOS 距离，v_0、a_s 和 g_s 为向量，分别代表目标运动初速度、加速度和急动度。

存储距离－脉间慢时间二维数据矩阵 $\boldsymbol{S}_{N \times M} = s_{PC}(h, q)$，$h = 1, 2, \cdots, H$，$q = 1, 2, \cdots, Q$，$H$ 为距离单元数，Q 为脉冲数。若观测时间范围内运动目标跨越多个距离单元，则首先进行距离徙动补偿，如 Keystone 变换等方法，然后选取某个距离单元 h_0 作为待检测单元数据 $s(t_m) = s_{PC}(h_0, q)$；若观测时间范围内运动目标跨越距离单元，则直接选取 $s(t_m) = s_{PC}(h_0, q)$ 进行后续处理。

2. 稳健 SFRAF（RoSFRAF）运算，得到动目标回波 RoSFRAF 稀疏谱

建模为 QFM 的动目标信号为

$$
\begin{aligned}
s(t_m) &= A_0 \exp\left(\sum_{i=0}^{3} j2\pi a_i t_m^i \right) + c(t_m) \\
&= A_0 \exp\left[j2\pi \left(a_0 + a_1 t_m + a_2 t_m^2 + a_3 t_m^3 \right) \right] + c(t_m)
\end{aligned}
\tag{7.84}
$$

式中，A_0 为信号幅度，a_i 为多项式系数，$a_0 = 2R_0/\lambda$，$a_1 = 2v_0/\lambda$，$a_2 = a_s/\lambda$，$a_3 = g_s/3\lambda$，$c(t_m)$ 为噪声或杂波。

如图 7.13 所示，动目标回波 RoSFRAF 高分辨稀疏表示的具体实施分以下步骤。

（1）接收雷达回波信号，并计算其瞬时自相关函数（Instantaneous Auto Correlation Function，IACF），离散后回波信号可表示为

$$s(n\Delta t) = A_0 \exp\left[j2\pi\left(a_0 + a_1 n\Delta t + a_2 n^2 \Delta t^2 + a_3 n^3 \Delta t^3 \right) \right] + c(n\Delta t),$$
$$n = 1, 2, \cdots, N \tag{7.85}$$

式中，Δt 为信号时间采样间隔，$N = T_n \cdot f_s$ 为采样点数，T_n 为观测时间，f_s 为采样频率，定义信号的 IACF 为

$$R_s(n,\tau) = s(n\Delta t + \tau/2)s^*(n\Delta t - \tau/2)$$
$$= A_0^2 \exp\left[j2\pi\tau\left(a_1 + 2a_2 n\Delta t + 3a_3 n^2 \Delta t^2 + a_3 \tau^2/4 \right) \right] + R_c(n,\tau) + R_{sc}(n,\tau) \tag{7.86}$$

式中，τ 为回波信号时延，为固定常数，$R_c(n,\tau)$、$R_{sc}(n,\tau)$ 分别为噪声 IACF、噪声和信号交叉相的 IACF，由 IACF 运算可将 QFM 信号降阶为 LFM 信号。

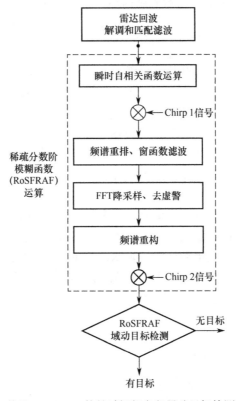

图 7.13　基于 RoSFRAF 的长时间相参积累动目标检测流程图

（2）将信号 IACF 与 Chirp 1 信号相乘，计算方法如下：

$$x(n) = R_s(n,\tau) \cdot e^{(j\cot\alpha n^2 \Delta t^2)/2}, \quad n = 1, 2, \cdots, N \tag{7.87}$$

式中，$e^{(j\cot\alpha n^2 \Delta t^2)/2}$ 为 Chirp 1 信号，α 为 SFRAF 的旋转变换角度。

（3）对时域序列 $x(n)$ 进行处理，实现信号频谱的重新排列，定义重排方式 P_σ，则重排后的序列可以表示为

$$P_\sigma(n) = x[(\sigma \cdot n)\bmod N], \quad n = 1, 2, \cdots, N \tag{7.88}$$

式中，σ 是从区间 $[1, N]$ 上随机选取的奇数，满足 $(\sigma \times \sigma^{-1}) \bmod N = 1$，mod 为取模运算。

（4）让重排后的序列与滤波窗函数 $g(n)$ 相乘，滤波器窗长为 ω，$G(m)$ 为 $g(n)$ 的频域表达形式，满足

$$G(m) \in \begin{cases} [1-\delta, 1+\delta], & m \in [-\varepsilon' N, \varepsilon' N] \\ [0, \delta], & m \notin [-\varepsilon N, \varepsilon N] \end{cases} \quad (7.89)$$

式中，ε' 和 ε 分别为通带截断因子和阻带截断因子，δ 为振荡波纹。定义信号 $y(n) = g(n) \cdot P_\sigma(n), n \in [1, N]$，$y(n)$ 的支撑满足 $\mathrm{supp}(y) \subseteq \mathrm{supp}(g) = \left[-\frac{\omega}{2}, \frac{\omega}{2} \right]$。

（5）将 $y(n)$ 输入计算装置 5 进行时域混叠，若 $\sin \alpha > 0$，则计算混叠后信号 $z(n)$ 的傅里叶变换：

$$Z(m) = \mathrm{FFT}\{z(n)\} = \mathrm{FFT}\left\{ \sum_{j=0}^{\lfloor \omega/B \rfloor - 1} y(n+jB) \right\}, \quad n = 1, 2, \cdots, B \quad (7.90)$$

式中，B 为混叠长度，且 N 可被 B 整除。若 $\sin \alpha < 0$，则将上式中的 FFT 用逆傅里叶变换（IFFT）代替；设 $Y(m)$、$Z(m)$ 分别为 $y(n)$ 和 $z(n)$ 的频域表达式：

$$Z(m) = Y(m \cdot N/B), \quad m = 1, 2, \cdots, B \quad (7.91)$$

由傅里叶变换的性质可知，通过时域混叠可以实现频域的降采样。

（6）$Z(m)$ 中不仅包含回波信号谱线，而且包含噪声或杂波的谱线，会影响后续的谱线重构和目标检测过程，这时采用门限比较的方法去除一部分杂波或噪声谱，比较过程如下：

$$|Z(m)| \underset{H_0}{\overset{H_1}{\gtrless}} \eta_1 \quad (7.92)$$

式中，η_1 为门限；由于背景噪声和杂波谱的分布类型未知，可以采用双参数门限处理方法，将待处理的谱线幅度减去均值 $\hat{\mu}$，再与标准差估计值 $\hat{\sigma}^2$ 和阈值因子 γ 的乘积相比较，进而实现门限比较：

$$|Z(m)| \underset{H_0}{\overset{H_1}{\gtrless}} \eta_1 = \gamma \hat{\sigma} + \hat{\mu} \quad (7.93)$$

式中，$\hat{\mu} = \dfrac{1}{B} \sum_m |Z(m)|$，$\hat{\sigma}^2 = \dfrac{1}{B} \sum_m (|Z(m)| - \hat{\mu})^2$。

（7）计算过门限结果，将 $Z(m)$ 过门限后的 M 个幅值对应的坐标 m 归入集合 J：

$$J = \arg_m \left(|Z(m)| > \eta_1 \right) \quad (7.94)$$

定义哈希函数 $h_\sigma(m) = \lfloor \sigma \cdot m \cdot B/N \rfloor$ 和偏移量 $o(\sigma_m) = \sigma \cdot m - h_\sigma(m) \cdot N/B$，通过哈希反映射得到 J 的原像并保存到集合 I 中，即

$$I = \{ m \in [1, N] \mid h_\sigma(m) \in J \} \quad (7.95)$$

I 的大小为 MN/B。

（8）对于每个 $m \in I$ ，通过下式估计其原始频域系数：

$$\hat{X}(m) = \begin{cases} \dfrac{Z(h_\sigma(m)) \mathrm{e}^{-\mathrm{j}\pi o_\sigma(m)\omega/N}}{G(o_\sigma(m))}, & m \in I \\ 0, & m \in [1, N] \cap \overline{I} \end{cases} \qquad (7.96)$$

（9）将输出的 I 记为 I_1 ，重复计算步骤（3）至步骤（8）R 次，$R = \mathrm{lb}\, N$ ，对每次循环中装置 7 输出的集合 I 顺序编号，第 r 次循环得到的集合 I 记为 I_{r+1} ，存储所有 R 次循环的结果并进行累加运算，得到 R 次累加后的频域系数：

$$\hat{X}_\Delta(m) = \sum_{r=1}^{R} \hat{X}_r(m) \qquad (7.97)$$

（10）将得到的稀疏傅里叶变换估计值与 Chirp 2 信号相乘，得到 RoSFRAF 稀疏谱 $\mathcal{F}_\alpha(m)$ ，即

$$\mathcal{F}_\alpha(m) = \hat{X}_\Delta(m) \cdot \mathrm{e}^{\frac{\mathrm{j}m^2 \Delta u^2}{2\tan\alpha}} \sqrt{(\sin\alpha - \mathrm{j}\cos\alpha) \cdot \mathrm{sgn}(\sin\alpha)/N} \qquad (7.98)$$

式中，

$$\mathrm{e}^{\frac{\mathrm{j}m^2 \Delta u^2}{2\tan\alpha}} \sqrt{(\sin\alpha - \mathrm{j}\cos\alpha) \cdot \mathrm{sgn}(\sin\alpha)/N}$$

为 Chirp 2 信号，sgn 为符号函数，$\Delta u = \dfrac{2\pi|\sin\alpha|}{N \cdot \Delta t}$ 为 RoSFRAF 稀疏谱的采样间隔。

3. **遍历所有距离单元，对 RoSFRAF 稀疏谱进行门限判决，完成 RoSFRAF 域动目标检测**

计算不同变换角条件下的 RoSFRAF 稀疏谱 $\mathcal{F}_\alpha(m)\big|_{h_0}$ ，$\alpha \in [\alpha_1, \alpha_2]$ ，搜索最大峰值点坐标：

$$(\alpha_0^{h_0}, m_0^{h_0}) = \arg\max_{\alpha, m} \left| \mathcal{F}_\alpha(m)\big|_{h_0} \right| \qquad (7.99)$$

得到距离单元 h_0 回波信号的 RoSFRAF 稀疏谱的最佳变换角 $\alpha_0^{h_0}$ ，其对应的最佳 RoSFRAF 稀疏谱为 $\mathcal{F}_{\alpha_0^{h_0}}(m)\big|_{h_0}$ ；遍历所有距离单元，得到不同距离单元回波信号的 $H \times N$ 维最佳 RoSFRAF 稀疏谱 $\boldsymbol{F}_{\alpha_0^h}$ ，即

$$\boldsymbol{F}_{\alpha_0^h} = \begin{bmatrix} \mathcal{F}_{\alpha_0^1}(m)\big|_1 \\ \mathcal{F}_{\alpha_0^2}(m)\big|_2 \\ \vdots \\ \mathcal{F}_{\alpha_0^{h_0}}(m)\big|_{h_0} \\ \vdots \\ \mathcal{F}_{\alpha_0^H}(m)\big|_H \end{bmatrix}_{H \times N} \qquad (7.100)$$

将 $\boldsymbol{F}_{\alpha_0^h}$ 的幅值作为检测统计量，与给定虚警概率下的检测门限进行比较：

$$\left|\boldsymbol{F}_{\alpha_0^h}\right| \underset{H_0}{\overset{H_1}{\gtrless}} \eta_2 \qquad (7.101)$$

式中，η_2 为检测门限；若检测统计量低于检测门限，则判决为该距离单元中无动目标，否则判决为该距离单元有动目标。

7.4 降维解耦非参数搜索 LTCI 动目标检测

在多普勒徙动补偿过程中，多数相参积累方法需要进行变换参数搜索，这提升了精度，但增大了运算量。为此，作者团队发明了非变换参数搜索的长时间相参积累检测方法，将快时间－慢时间维搜索匹配积累方法转变为距离频率－脉间慢时间，解决了两者的耦合问题，实现了距离徙动补偿，并通过变标尺度变换、非均匀采样降阶运算、二阶 Keystone 变换等运算，将高维参数搜索降为一维处理，在保证检测性能的同时，减少了运算量。

非参数搜索 LTCI 通过快速降阶处理和多项式相位补偿等思路提高算法运算效率。将非均匀采样降阶运算引入动目标信号多项式高阶相位的降阶处理，仅通过一次非均匀采样降阶运算，即可实现高阶相位信号降至低阶相位信号。利用时间反转及二阶 KT 对距离频率和高次项慢时间解耦，实现了非参数搜索跨距离和多普勒频率单元的快速相参积累[38, 39]。

7.4.1 非均匀采样尺度变换 LTCI 动目标检测

非均匀采样尺度变换（Non-Uniform resampling and Scale Processing，NUSP）LTCI 方法采用非均匀采样降阶运算和变标尺度变换，不需要进行参数搜索，适合复杂运动的动目标，能同时补偿距离和多普勒徙动。NUSP-LTCI 处理流程如图 7.14 所示。首先，沿距离向对脉压后的雷达数据进行傅里叶变换，得到距离频率－脉间慢时间二维数据；然后，对脉间慢时间进行非均匀采样降阶运算，并且进行变标尺度变换；最后，对距离频率维做逆傅里叶变换，对时间变量维做傅里叶变换。若存在动目标，则在二维平面形成峰值，完成 LTCI。

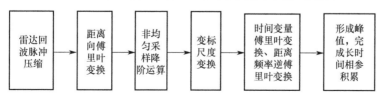

图 7.14 NUSP-LTCI 处理流程

1. 沿距离向对脉压后的雷达数据做傅里叶变换，得到距离频率－脉间慢时间二维数据

设雷达发射线性调频信号，接收的基带回波信号表示为

$$s_r(t,t_m) = A_r \text{rect}\left[\frac{t - 2R_s(t_m)/c_0}{T_p}\right]\exp\left[j\pi K\left(t - \frac{2R_s(t_m)}{c_0}\right)\right]\exp\left(-j\frac{4\pi R_s(t_m)}{\lambda}\right) \quad (7.102)$$

式中，t 为脉内快时间，t_m 为脉间慢时间，$s_r(t,t_m)$ 为基带回波信号，A_r 为回波幅度，K 为发射的线性调频信号的调频斜率，T_p 为脉冲长度，$R_s(t_m)$ 为雷达与目标的径向距离，c_0 为光速，$2R_s(t_m)/c$ 为回波延迟，λ 为信号波长。进行距离脉冲压缩，得到脉内积累后的雷达回波数据 $s_{PC}(t,t_m)$ 为

$$s_{PC}(t,t_m) = A_{PC}\text{sinc}\left[B\left(t - \frac{2R_s(t_m)}{c_0}\right)\right]\exp\left(-j\frac{4\pi R_s(t_m)}{\lambda}\right) \quad (7.103)$$

式中，A_{PC} 为信号幅度，B 为发射信号带宽。假设目标朝向雷达运动，且仅考虑径向速度分量，则目标的距离徙动为慢时间的多项式函数，而三阶多项式可描述大部分动目标的运动：

$$R_s(t_m) = r_0 + v_0 t_m + a_s t_m^2/2 + g_s t_m^3/6 \quad (7.104)$$

式中，r_0 为初始距离；v_0、a_s 和 g_s 为向量，分别代表目标的运动初速度、加速度和急动度。

由式（7.103）可知，第一项 sinc 函数表示距离徙动，在长时间观测条件下，目标包络的峰值位置会随慢时间变化而偏移，当偏移量大于雷达距离单元时，将产生距离徙动效应，目标能量将部分泄漏到相邻的距离单元中；第二个指数项表示多普勒信息，动目标的高阶调频分量将引起回波多普勒展宽，当多普勒频率跨越多个多普勒频率单元时，便会产生多普勒徙动效应。

沿距离向对脉压后的雷达数据做傅里叶变换，得到距离频率－脉间慢时间二维数据，即

$$\begin{aligned}
S_{PC}(f,t_m) &= A'_{PC}\text{rect}\left(\frac{f}{B}\right)\exp\left[-j\frac{4\pi}{c_0}(f+f_c)R_s(t_m)\right] \\
&= A'_{PC}\text{rect}\left(\frac{f}{B}\right)\exp\left[-j\frac{4\pi}{c_0}(f+f_c)(r_0 + v_0 t_m + a_s t_m^2/2 + g_s t_m^3/6)\right]
\end{aligned} \quad (7.105)$$

式中，A'_{PC} 为信号幅度，f_c 为发射信号载频，f 为距离频率。

2. 对脉间慢时间进行非均匀采样降阶运算

非均匀采样降阶运算定义为

$$S(f,t'_m) = S_{PC}(f,t_p + t'_m)S_{PC}(f,t_p - t'_m) \quad (7.106)$$

式中，t'_m 为非均匀采样后的慢时间；t_p 为非均匀采样时间区间的中心；$t'_m = \sqrt{c\tau_m}$，其中 c 为尺度因子，控制非均匀采样的密度，τ_m 为新时间变量。通过运算，可得

$$S(f,\tau_m) = \left(A'_{\text{PC}}\right)^2 \text{rect}\left(\frac{f}{B}\right) \exp\left[-j\frac{4\pi}{c_0}(f+f_c)\cdot 2R_s(t_p)\right]\cdot$$
$$\exp\left[-j\frac{4\pi}{c_0}(f+f_c)(a_s+g_s t_p)c\tau_m\right] \tag{7.107}$$

于是，动目标回波相位已由关于 t_m 的三阶多项式降阶为关于新时间变量 τ_m 的一次项。

3. 变标尺度变换

由于式（7.107）中的距离频率 f 和 τ_m 具有线性耦合关系，仍存在距离徙动效应。为了消除两者之间的耦合，对时间坐标轴进行尺度变换（称为**变标尺度变换**）：

$$\tau_m = \frac{\tau'_m}{q(f+f_c)} \tag{7.108}$$

式中，q 为尺度变换因子。为了保证参数无模糊估计，通常取 $qf_c = 1$，τ'_m 为变标尺度变换后的时间变量。因此，式（7.108）可改写为

$$S(f,\tau'_m) = \left(A'_{\text{PC}}\right)^2 \text{rect}\left(\frac{f}{B}\right) \exp\left[-j\frac{4\pi}{c_0}(f+f_c)\cdot 2R_s(t_p)\right] \exp\left[-j\frac{4\pi}{c_0 q}(a_s+g_s t_p)c\tau'_m\right] \tag{7.109}$$

于是，经过慢时间非均匀采样降阶运算及变标尺度变换后，得到了关于 (f,τ'_m) 的二维指数函数，不存在耦合，且为一次项。

4. 长时间相参积累

对式（7.109）分别做时间变量 τ'_m 的傅里叶变换、距离频率 f 的逆傅里叶变换，实现动目标能量的二维积累：

$$S_{\text{LTCI}}(t,f_{\tau'_m}) = \text{IFT}[\text{FT}(S(f,\tau'_m))|_{\tau'_m}]|_f$$

$$= A_{\text{LTCI}} \exp\left[-j\frac{4\pi}{c_0}f_c\cdot 2R_s(t_p)\right] \text{sinc}\left[B\left(t-\frac{2R_s(t_p)}{c_0}\right)\right] \text{sinc}\left[\frac{T_n}{2}\left(f_{\tau'_m}+\frac{2(a_s+g_s t_p)c}{c_0 q}\right)\right] \tag{7.110}$$

$$= A_{\text{LTCI}} \exp\left[-j\frac{8\pi}{\lambda}R_s(t_p)\right] \text{sinc}\left[B\left(t-\frac{2R_s(t_p)}{c_0}\right)\right] \text{sinc}\left[\frac{T_n}{2}\left(f_{\tau'_m}+\frac{2(a_s+g_s t_p)c}{c_0 q}\right)\right]$$

式中，$S_{\text{LTCI}}(t,f_{\tau'_m})$ 表示长时间相参积累后的二维数据，$\text{FT}(\ )|_{\tau'_m}$ 表示对 τ'_m 做傅里叶变换，$\text{IFT}(\ )|_f$ 表示对 f 做逆傅里叶变换，A_{LTCI} 表示长时间相参积累幅值，T_n 为积累时长。

由式（7.110）可知，若回波信号存在动目标，则会在二维平面 $(t,f_{\tau'_m})$ 上形成峰值，从而实现动目标的距离和多普勒徙动补偿，完成长时间相参积累。

7.4.2 时间反转二阶 KT 变换 SLTCI 动目标检测

1. 算法原理与流程

时间反转二阶 Keystone 变换 LTCI（Time Reversal Second-order Keystone

Transform，TR-SKT-LTCI）的处理流程如图 7.15 所示[40]。首先，沿快时间维对脉压后的雷达数据进行傅里叶变换，得到回波距离频率－慢时间二维数据；接着，对慢时间维数据进行时间反转运算；然后，对慢时间维进行二阶 Keystone 变换，完成高阶距离徙动补偿；最后，对距离频率维进行逆傅里叶变换，对慢时间维进行二阶匹配傅里叶变换，完成跨单元相参积累。该方法能补偿高阶运动带来的非线性距离徙动，无须多维运动参数搜索匹配计算，简单高效，无交叉项的影响，提高了雷达对高速或高机动目标的检测能力。

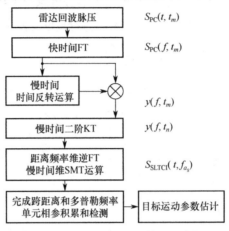

图 7.15　TR-SKT-LTCI 的处理流程

（1）沿快时间维对脉压后的雷达数据进行傅里叶变换，得到距离频率－脉间慢时间二维数据：

$$
\begin{aligned}
S_{\mathrm{PC}}(f,t_m) &= A_1 \mathrm{rect}\!\left(\frac{f}{B}\right)\exp\!\left[-\mathrm{j}\frac{4\pi}{c_0}(f+f_\mathrm{c})R_\mathrm{s}(t_m)\right] \\
&= A_1 \mathrm{rect}\!\left(\frac{f}{B}\right)\exp\!\left[-\mathrm{j}\frac{4\pi}{c_0}(f+f_\mathrm{c})\left(r_0+v_0 t_m+a_\mathrm{s}t_m^2/2+g_\mathrm{s}t_m^3/6\right)\right]
\end{aligned}
\tag{7.111}
$$

式中，A_1 为信号幅度，f_c 为发射信号载频，f 为距离频率。

（2）对慢时间维数据进行时间反转运算，并与步骤（1）的输出相乘。

对式（7.111）在慢时间维进行时间反转运算：

$$
S_{\mathrm{PC}}(f,-t_m)=A_1 \mathrm{rect}\!\left(\frac{f}{B}\right)\exp\!\left[-\mathrm{j}\frac{4\pi}{c_0}(f+f_\mathrm{c})\left(r_0-v_0 t_m+a_\mathrm{s}t_m^2/2-g_1 t_m^3/6\right)\right]
\tag{7.112}
$$

将式（7.112）与 $S_{\mathrm{PC}}(f,t_m)$ 相乘得

$$
\begin{aligned}
y(f,t_m) &= S_{\mathrm{PC}}(f,t_m)S_{\mathrm{PC}}(f,-t_m) \\
&= A_2 \mathrm{rect}\!\left(\frac{f}{B}\right)\exp\!\left[-\mathrm{j}\frac{4\pi}{c_0}(f+f_\mathrm{c})(2r_0+a_\mathrm{s}t_m^2)\right]
\end{aligned}
\tag{7.113}
$$

式中，A_2 为信号幅度。

（3）SKT 距离频率和慢时间解耦，进行高阶距离徙动补偿。

SKT 定义为

$$t_m = \left(\frac{f_c}{f+f_c} \right)^{1/2} t_n \tag{7.114}$$

式中，t_n 为新的慢时间变量。于是，式（7.113）改写为

$$\begin{aligned}
y(f,t_n) &= A_2 \text{rect}\left(\frac{f}{B} \right) \exp\left[-\text{j} \frac{4\pi}{c_0}(f+f_c)\left(2r_0 + \frac{a_s f_c}{f+f_c} t_n^2 \right) \right] \\
&= A_2 \text{rect}\left(\frac{f}{B} \right) \exp\left[-\text{j}\left(\frac{8\pi}{\lambda}r_0 + \frac{8\pi}{c_0} f r_0 + \frac{4\pi}{\lambda} a_s t_n^2 \right) \right]
\end{aligned} \tag{7.115}$$

由式（7.115）可知，经过 SKT 运算后，得到了关于 (f,t_n) 的二维函数，f 和 t_n 不存在耦合关系，从而实现了高阶距离徙动的补偿。

（4）对距离频率维进行逆傅里叶变换，对慢时间维进行二阶匹配傅里叶变换，完成跨单元相参积累。

式（7.115）是关于 t_n 的二次函数，因此可采用二阶匹配变换实现信号积累，如二阶匹配傅里叶变换（Second order Matched Transform，SMT），定义函数 $x(t)$ 的 SMT 为

$$\text{SMT}(\omega) = \int_{-T/2}^{T/2} x(t)\text{e}^{-\text{j}\omega t^2} \text{d}t^2 \tag{7.116}$$

式中，T 为时长，ω 为角频率。

对式（7.115）分别进行距离频率 f 逆傅里叶变换，对慢时间 t_n 进行二阶匹配傅里叶变换：

$$\begin{aligned}
S_{\text{LTCI}}(t,f_{a_s}) &= \text{SMT}\left[\text{IFT}\left(y(f,t_n) \right)|_f \right]|_{t_n} \\
&= A_{\text{LTCI}} \exp\left(-\text{j}\frac{8\pi}{\lambda}r_0 \right) \text{sinc}\left[B\left(t - \frac{4r_0}{c_0} \right) \right] \text{sinc}\left[\frac{T_n}{2}\left(f_{a_s} + \frac{2a_s}{\lambda} \right) \right]
\end{aligned} \tag{7.117}$$

式中，A_{LTCI} 表示相参积累幅值，T_n 表示积累时长，$S_{\text{LTCI}}(t,f_{a_s})$ 表示跨单元相参积累后的二维数据，$\text{IFT}(\ )|_f$ 表示对 f 进行逆傅里叶变换，$\text{SMT}(\ )|_{t_n}$ 表示对 t_n 进行 SMT 计算。

由式（7.117）可知，若回波信号存在动目标，则在 (t,f_{a_s}) 二维平面形成峰值，峰值位置表示动目标的初始距离和加速度，从而实现了高阶动目标跨距离和多普勒频率单元的徙动补偿，完成长时间相参积累。

（5）目标运动参数估计。

假设第 i 个目标的幅值坐标为 $S_{\text{SLTCI}}(t,f_{a_s})$，超过检测门限的峰值为 (t_{i_0}, f_{i_0})，则目标的运动参数估计为

$$\begin{cases} t_{i_0} = \dfrac{4\hat{r}_i}{c_0} \\[3mm] f_{i_0} = -\dfrac{2\hat{a}_{s_i}}{\lambda} \end{cases} \Rightarrow \begin{cases} \hat{r}_i = \dfrac{t_{i_0} c_0}{4} \\[3mm] \hat{a}_{s_i} = -\dfrac{\lambda f_{i_0}}{2} \end{cases} \tag{7.118}$$

式中，$\hat{r}_i$，$\hat{a}_{s_i}$ 是第 i 个动目标的起始距离和加速度。

SMT 可以由 RSFRFT 替换，实现二次相位函数的快速变换积累：

$$S_{\text{SLTCI}}(t, f_{a_s}) = \text{RSFRFT}[\text{IFT}(y(f, t_n))|_f]|_{t_n}$$

$$= A_{\text{LTCI}} \exp\left(-\text{j}\frac{8\pi}{\lambda} r_0\right) \text{sinc}\left[B\left(t - \frac{4r_0}{c_0}\right)\right] \text{sinc}\left(f_{a_s} + \frac{2a_s}{\lambda}\right) \tag{7.119}$$

此时，对加速度的估计方法改为

$$\hat{a}_{s_i} = \frac{\lambda}{2} \cot\left(\frac{p_{\text{opt}_i}}{2}\pi\right) \Big/ S^2 \tag{7.120}$$

式中，S 为尺度因子，用于参数归一化，p_{opt_i} 为最优变换阶数。

2. 算法运算量分析

SKT 方法是一种流行的距离补偿方法。参考 KT 的实现方法，SKT 的计算有两种方法：一是 sinc 函数插值法，二是 Chirp-Z 变换 IFFT 法（CZT-IFFT）。在大量积累脉冲的情况下，CZT-IFFT 方法的计算量显著减少，因此这里采用了基于 CZT-IFFT 的 SKT 方法。具体的实现方法和计算量已在相关文献中进行了详细分析。因此，算法的计算量主要与步骤（4）中的 RSFRFT 运算有关。根据式（7.114）中的关系，新的慢时变量 t_n 序列的长度与慢时 t_m 的长度相同。因此，算法的计算复杂度主要与慢时采样点序列 N 的长度有关。基于 DFRFT 的检测方法需要搜索每个频率通道来构建检测器，且其计算复杂度为 $O(N^2)$。此外，由文献[36]可知，SFRFT 算法中的复数乘法器可近似为

$$\text{SFRFT}_{\#} \approx 2N + [\omega + B\,\text{lb}\,B / 2 + dK + \text{card}(U)] \cdot M \tag{7.121}$$

式中，筐数是 $B = O(\sqrt{N})$，窗函数的长度是 $\omega = O(B\,\text{lb}\,N)$，$d$ 是稀疏度增益，U 是 SFRFT 算法中重构得到的频点集合，card(U)表示集合 U 的测度。

RSFRFT 算法包括的复乘数近似为

$$\text{RSFRFT}_{\#} \approx [\omega + B\,\text{lb}\,B / 2 + K + \text{card}(V)] \cdot M + (2 + H) \cdot N \tag{7.122}$$

式中，K 为过第一门限得到的稀疏度估值，H 为重构得到的疑似目标频点数，V 为 RSFRFT 算法中重构得到的频点集合。

假设雷达要搜索的距离单元的采样点为 N_1，采样点序列在慢时间维度上的长度为 N_2，则在快时间维度上经过脉冲压缩后的雷达数据的 FT 计算量为 $O(N_1\text{lb}N_1)$。因此，所提算法的计算复杂度近似为

$$\mathrm{SLTCI}_\# \approx 2N_1 \,\mathrm{lb}\, N_1 + 2N_2 +$$

$$N_1 \left\{ \left[\sqrt{N_2} \,\mathrm{lb}\, N_2 + \sqrt{N_2} \,\mathrm{lb}\left(\sqrt{N_2}/2 \right) + K + K\sqrt{N_2} \right] M + (2+H)\cdot N_2 \right\} \tag{7.123}$$

图 7.16 显示了四种 LTCI 方法的计算复杂度比较，其中待检测的距离单元数 $N_1 = 30$，循环次数 $M = 30$，GRFT 的速度、加速度和急动度参数的搜索次数分别为 100、50 和 30。可以看出，与经典的基于 GRFT 和 DFRFT 的 LTCI 方法相比，所提出的算法在长时间序列的计算复杂度方面具有明显的优势。当 $N_2 < 2^{12}$ 时，SLTCI 算法的计算量几乎没有增加，且具有更高的计算效率。对于泛探雷达或 MIMO 雷达来说，这是相对常见的计算复杂度。因此，该算法不仅适用于杂波背景下的动目标检测，而且能够满足实时处理的需要。此外，还可以看出，与现有的 SFRFT 相比，所提出的算法可以快速确定待检测目标的多普勒频率，避免了逐个搜索确定多普勒频率，可以更大限度地降低计算复杂度，特别是当数据量 $N_2 < 2^{15}$ 时，计算复杂度的降低很明显（总低于 SFRFT）。

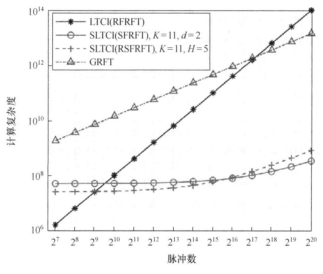

图 7.16　四种 LTCI 方法的计算复杂度比较

3. 实测数据验证结果

本节使用 S 波段和 X 波段的船用雷达来验证所提算法在杂波背景下的性能、目标多普勒是否被海杂波覆盖两种条件下的检测性能，并与其他相参积累方法（包括 MTD、FRFT、RFT、RFRFT、TR-SKT-FRFT、TR-SKT-SFRFT）进行比较。

1）S 波段雷达数据验证

（1）数据介绍。

雷达安装在海边的一座山顶上，工作于驻留模式，能够获得更多脉冲以提高

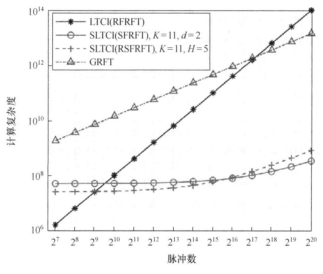

目标的多普勒分辨率。雷达脉冲重复频率为 400Hz，采集了 71 个距离单元的数据，每个距离单元约有 62000 个脉冲。有一个舰船目标，其初始距离单元编号为 52。在观测期间，它移动到距离单元 46，表明观测期间出现了距离徙动现象。图 7.17(a)是原始雷达回波的描述，即距离脉冲图和目标距离单元的多普勒频谱。可以发现，目标信号时域和频域均被海杂波覆盖。沿着距离轴和多普勒轴的能量未被聚焦并分布在几个距离与多普勒频率单元中。图 7.17(b)中具有 1024 个脉冲的多普勒频谱图表明目标多普勒展宽。因此，目标跨越距离和多普勒频率单元，严重影响检测性能。

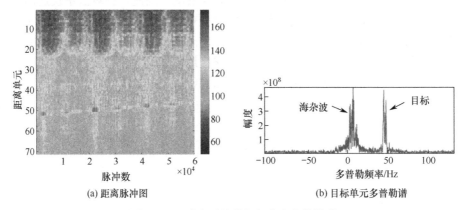

(a) 距离脉冲图   (b) 目标单元多普勒谱

图 7.17　S 波段雷达数据幅度和多普勒谱

　　雷达回波的距离—多普勒频率图（R-D）如图 7.18 所示。陆地和海杂波谱分布在 0～20Hz 内，目标波谱分布在 50Hz 附近。尽管目标能量已经过相参积累，但海洋目标的 RCS 很小，会被海杂波谱覆盖或者接近海杂波谱，很容易产生虚警。然后，采用运动目标指示（MTI）来抑制静止杂波，结果如图 7.19 所示。目标的回波比图 7.17 更明显，但仍存在一些剩余杂波，并且距离徙动仍然存在，这将影响目标的能量积累。

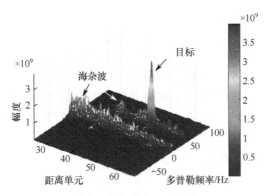

图 7.18　雷达回波的距离—多普勒频率图

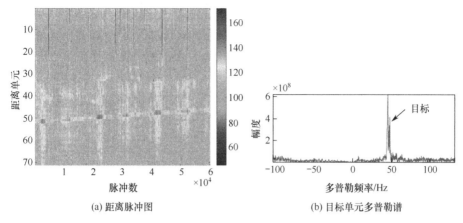

(a) 距离脉冲图   (b) 目标单元多普勒谱

图 7.19　S 波段雷达数据幅度和多普勒谱（MTI 处理后）

（2）不同方法处理结果对比。

对目标距离单元（52）进行 FRFT，得到如图 7.20 所示的二维 FRFT 谱，其中变换阶数反映了多普勒的变换，与目标加速度相对应，FRFT 域反映多普勒，与目标速度对应。当变换阶数为 1 时，目标作匀速运动。由图 7.20 可以看出，FRFT 谱的最大峰值位于 1 和 1.01 之间，表明目标具有加速度，与图 7.17(b)和图 7.19(b) 中的目标频谱扩展相对应。由于目标随海面起伏，具有微动特征，反映在图 7.20 中，FRFT 谱能量分布较广，能量不集中，不利于目标检测。

图 7.20　距离单元（目标）52 的 FRFT 谱

为了消除距离徙动和目标高阶运动的影响，进行 SKT 运算，得到距离徙动补偿后的距离－脉冲图，如图 7.21 所示。由图 7.20(b)所示的观测时间范围内的距离单元可知，距离徙动已得到校正。为了进一步验证和比较所提方法与其他方法的积累性能,选取两段数据,即 Data #1(4000 脉冲开始)和 Data #2(7000 脉冲开始)。对于 Data #1,该数据段时间内的回波信杂较低,且在距离单元 40 附近存在较强的干扰,因此适合验证算法的性能。由于部分数据段存在多径效应,因此不作为验证数据。

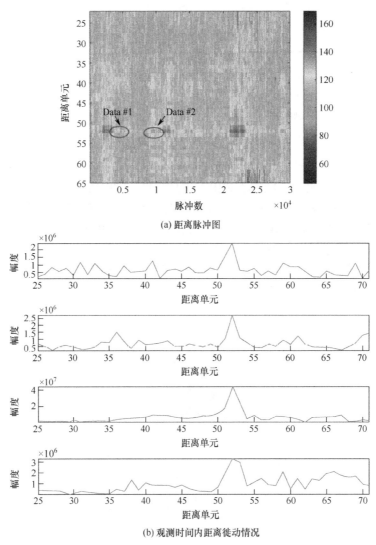

(a) 距离脉冲图

(b) 观测时间内距离徙动情况

图 7.21　距离徙动补偿后的距离−脉冲图

图 7.22 和图 7.23 分别给出了 Data #1 和 Data #2 的不同 LTCI 积累方法结果,即 RFT、RFRFT、TR-SKT-FRFT 及所提的 TR-SKT-SRFRFT 方法。对于 RFT 和 RFRFT,均为参数搜索 LTCI 方法,区别在于 RFT 采用的是基于傅里叶变换的多普勒通道处理,而 RFRFT 采用的是 FRFT 积累。RFRFT 在每个距离单

元中通过多参数广义多普勒滤波器组搜索匹配动目标，选取最佳变换阶数的 FRFT 域数值作为该距离单元的最终输出。

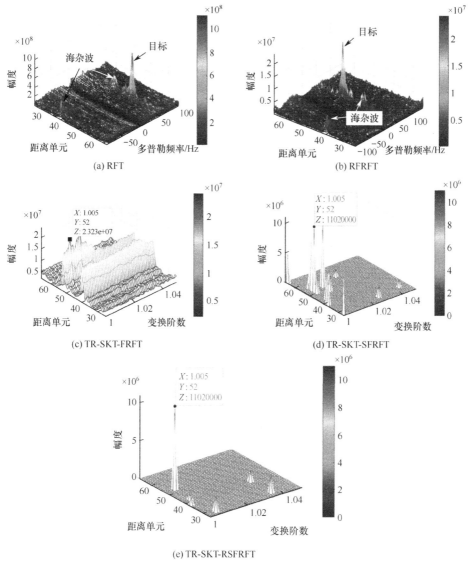

图 7.22　不同方法的 LTCI 结果（Data #1）

　　比较图 7.22(a)和图 7.22(b)可知，两种方法得到的距离－多普勒频率图均存在尖峰，该尖峰为距离单元 52 的目标。然而，其他位置也存在尖峰，尤其是在距离单元 40 附近存在干扰，这也与 Data #1 的特性相一致。经过最佳变换角的匹配处理，RFRFT 的积累效果要优于 RFT，有一定的性能改善，但不明显。图 7.22(c)和图 7.22(d)给出了 TR-SKT-FRFT 和所提算法的积累结果，即距离－变换阶数谱图。

TR-SKT-FRFT 的最大峰值出现在距离单元 52 和 $p = 1.005$ 处，但在距离单元 40 处有另一处很强的谱峰，严重影响了目标检测。因此，TR-SKT-FRFT 在低 SCR 且存在干扰的条件下性能较差。对于 TR-SKT-RSFRFT 方法，定位循环 M 和自适应门限 η 分别设为 lb 4096 = 12 和 10。TR-SKT-RSFRFT 方法只留下最稀疏的分量，因此谱图较干净，虚警大幅降低，仅在距离单元 40 和 20 附近有小幅输出。因此，所提方法相比经典方法，具有优秀的检测性能。对于 Data #2，由于其信杂比比 Data #1 的高，因此得到了更优的检测结果，如图 7.23 所示。

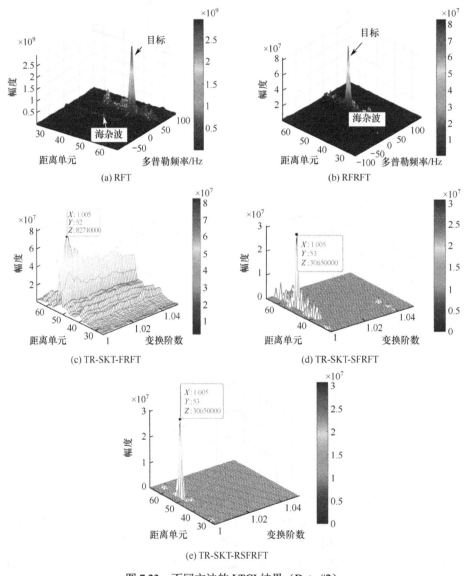

图 7.23　不同方法的 LTCI 结果（Data #2）

（3）检测性能分析。

图 7.24 和图 7.25 分别为图 7.22 和图 7.23 在各自最佳变换域的积累结果，横坐标为距离单元，能够清晰地反映海上目标所在的位置。不同积累方法的检测性能定量比较如表 7.3 所示。将目标的峰值归一化为 1。杂波峰值为各个距离单元中多普勒通道或变换域通道幅值输出的最大值。然后计算目标和海杂波之间的峰值差 P_Δ，可以得出如下结论。

① 五种方法的峰值差 P_Δ 分别为 0.3985、0.6734、0.7129、0.2268、0.8057，表明所提方法的检测性能最好。对于 Data #1，由于距离单元 40 处存在强干扰，使得 TR-SKT-FRFT 的输出结果在距离单元 40 处产生虚警，对积累结果产生重要影响。

② 通过分析 Data #2，RFRFT 和 TR-SKT-FRFT 两种方法的积累性能相近，但由于 RFRFT 为参数搜索方法，计算量较大。

③ TR-SKT-RSFRFT 方法结合了 FRFT 和稀疏变换的优势，较好地满足了相参积累性能和低运算量的要求。

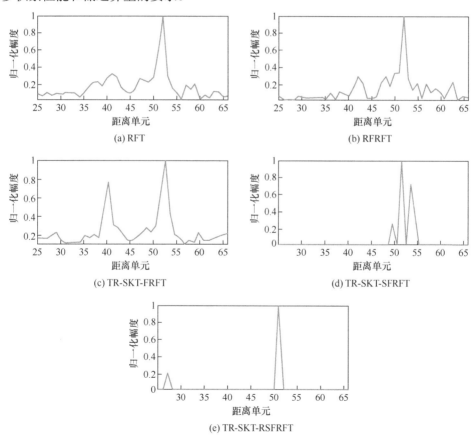

(a) RFT

(b) RFRFT

(c) TR-SKT-FRFT

(d) TR-SKT-SFRFT

(e) TR-SKT-RSFRFT

图 7.24　图 7.22 距离单元检测结果（Data #1）

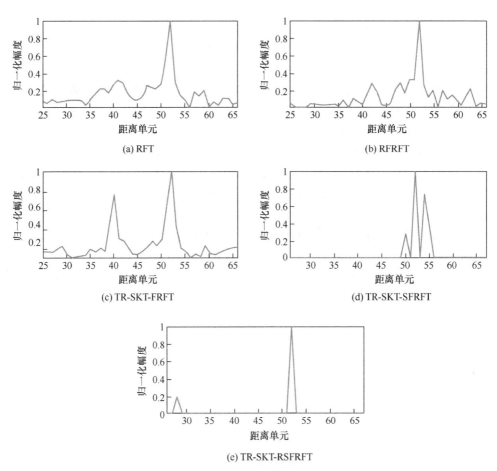

图 7.25　图 7.23 距离单元检测结果（Data #2）

表 7.3　不同积累方法的检测性能定量比较

方　法		MTD	RFT	RFRFT	TR-SKT-FRFT	TR-SKT-RSFRFT
积累脉冲数		256	4096	4096	4096	4096
Data #1	$P_{杂波}$	0.6015	0.3266	0.2871	0.7732	0.1943
	P_Δ	0.3985	0.6734	0.7129	0.2268	0.8057
Data #2	$P_{杂波}$	0.7198	0.2736	0.2103	0.2080	0.0742
	P_Δ	0.2802	0.7264	0.7897	0.7920	0.9258
计算时间/ms*		8.5	254.6	536.4	312.2	279.1

*计算机配置：Intel Core i9-9900K 3.6GHz CPU；32G RAM；MATLAB 2019b。

2）X 波段雷达数据验证

为了进一步验证所提方法在目标频谱完全被海杂波覆盖时的检测性能，本节采用 X 波段导航雷达数据。该雷达的工作频率为 9.3～9.5GHz，带宽为 25MHz，发射峰值功率为 50W，HH 极化。对目标进行仿真，并将其添加到真实的海杂波数据中。目标的运动参数如下：速度为-1.5m/s（-100Hz），加速度为-0.8m/s²，急动运动参数为-1.5m/s³。

图 7.26 显示了原始雷达回波的幅度和频谱。在三级海况下，海杂波的频谱为正，明显远离雷达。频谱的多普勒频率在-50Hz 到-200Hz 的范围内分布，表明频谱具有时变特性。目标的中心频谱约为-100Hz，且完全被海杂波覆盖，使得检测更加困难。图 7.27 显示了 RFT 和 TR-SKT-RSFRFT 方法在不同 SCR 条件下的输出，即 SCR = −3dB、−5dB 和-8dB 时的输出。积累脉冲为4096，目标跨越了 5～6 个距离单元。从图 7.27(a1)、图 7.27(a2)和图 7.27(a3)中可以看出，目标的能量完全被海杂波覆盖，且随着 SCR 的减小，很难区分出海杂波和目标的频谱。在 TR-SKT-RSFRFT 的二维域（距离与变换阶数）检测之后，获得了频域中的频谱，如图 7.27(b1)、图 7.27(b2)和图 7.27(b3)所示。可以发现，即使目标的频谱完全被海杂波覆盖，所提方法仍然有效，且频谱的位置可以指示运动目标的真实值。尽管 SCR 低于-8dB 时会有额外的谱线，但仍可找到真正的目标。需要注意的是，由于检测过程是在稀疏域中进行的，因此杂波背景仍然会影响检测性能，尤其是在其频谱特性与运动目标非常相似的情况下。

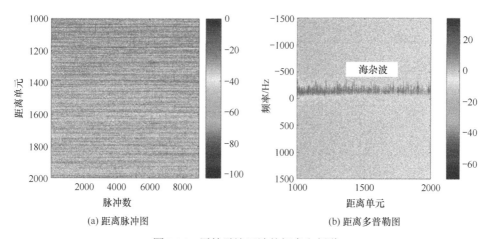

(a) 距离脉冲图   (b) 距离多普勒图

图 7.26　原始雷达回波的幅度和频谱

综上，所提方法可以有效地去除徙动（ARU 和 DFM），并通过 RSFRFT 大大减少计算开销。S 波段和 X 波段对海雷达探测实验验证了该方法的有效性，与经典的 LTCI 方法（如 MTD、RFT 和 RFRFT）相比，具有更好的积累性能和更少的计算量。

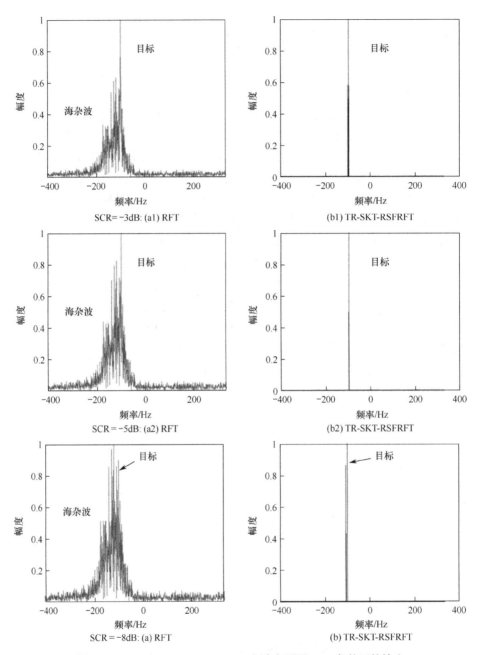

图 7.27 RFT 和 TR-SKT-RSFRFT 方法在不同 SCR 条件下的输出

7.5 LTCI 域目标与杂波特征差异虚警点剔除技术

在进行 LTCI 后，仍有部分杂波幅值超过检测门限，判为虚假目标，杂波在

LTCI 域中的能量聚集性与动目标有显著差异，可表现为峰值位置、谱聚集区域等特征差异，因此可基于杂波和动目标的特性分析，进一步区分动目标与海杂波虚警，进而达到降低虚警的目的。下面介绍纯海杂波和海上动目标在变换域与 LTCI 域中的能量聚集特性。

7.5.1 同一单元杂波与动目标变换域能量聚集性

采用两组 IPIX 雷达实测数据，分别为 IPIX-17#（四级海况）和 19931109_202217（IPIX-31#，二级海况），动目标模型为 LFM 信号。图 7.28 比较了 HH 极化方式下海杂波和动目标回波 FRFT 谱特性。由图 7.28(a1) 和图 7.28(b1) 可知，海杂波在 FRFT 域中的幅度主要分布在 $p=1$ 附近，虽有小的加速度分量，但幅值较低，且持续时间较短。海面粗糙程度影响海杂波的特性，通常可建模为两种尺度波——大尺度重力波和小尺度张力波，其中以重力作为恢复力的波为重力波，而以海洋表面张力作为恢复力的为张力波；重力波可用多分量单频信号表示，张力波可近似建模为高斯信号。

因此，海面的双尺度特性导致了海杂波在 FRFT 域中的能量分布较广〔见图 7.28(a2) 和图 7.28(b2)〕；而海面动目标（SCR = 0dB）经过 FRFT 后，在最佳变换域中能够形成明显的峰值〔见图 7.28(a3) 和图 7.28(b3)〕，其信号能量明显增强。进一步分析最佳变换域的 FRFT 谱特征〔见图 7.28(a4) 和图 7.28(b4)〕发现，海杂波的 FRFT 域峰值被目标峰值遮蔽，变换域信号变化较为平缓，起伏不明显，低频成分较高频成分丰富。此时，动目标回波信号和海杂波在 FRFT 域中的特性存在一定的差异[41]，可作为虚警点剔除和控制的依据。

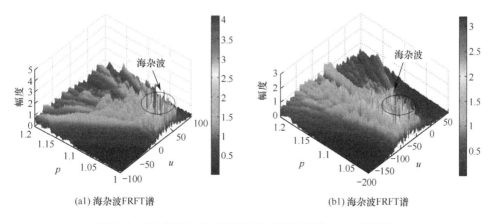

(a1) 海杂波FRFT谱 (b1) 海杂波FRFT谱

图 7.28   HH 极化方式下海杂波和动目标回波 FRFT 谱特性

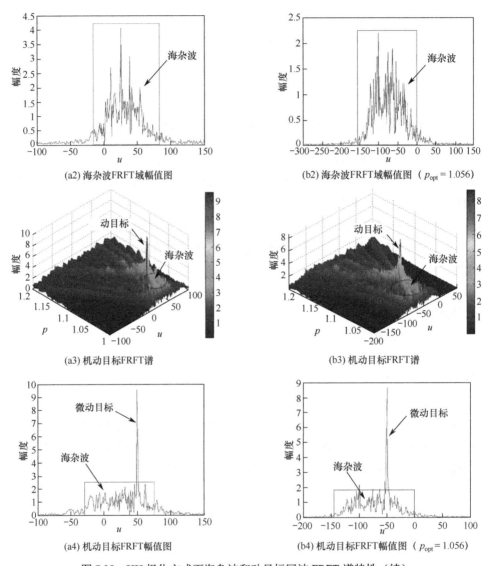

(a2) 海杂波FRFT域幅值图

(b2) 海杂波FRFT域幅值图（$p_{opt} = 1.056$）

(a3) 机动目标FRFT谱

(b3) 机动目标FRFT谱

(a4) 机动目标FRFT幅值图

(b4) 机动目标FRFT幅值图（$p_{opt} = 1.056$）

图 7.28　HH 极化方式下海杂波和动目标回波 FRFT 谱特性（续）

7.5.2　跨距离单元杂波与动目标 LTCI 域能量聚集性

假设位于同一起始位置（$r_0 = 13\text{km}$）的两个海面动目标朝向雷达运动，目标1（#1）具有高机动性，其脉压后的回波较弱（SCR = -5dB），而目标 2（#2）具有较强的反射，SCR = -3dB，海杂波背景由 IPIX-280#中的纯海杂波单元组合而成，目标的详细仿真参数如表 7.4 所示。图 7.29 给出了海杂波中动目标雷达回波和时间的关系，可知目标幅度被海杂波所覆盖，海杂波具有明显的周期起伏特性，且强海杂波尤其是海尖峰严重影响目标的检测。动目标的轨迹

［见图 7.29(b)］表明在观测时间内，两个动目标均产生了距离徙动和弯曲，且随目标机动性的增强变得更明显。

表 7.4　目标的详细仿真参数

	r_0/km	v_0/(m/s)	a_s/(m/s^2)	g_s/(m/s^3)	SCR/dB	f_s/Hz
#1	13	0	5	3	-5	500
#2	13	0	3	1	-3	500

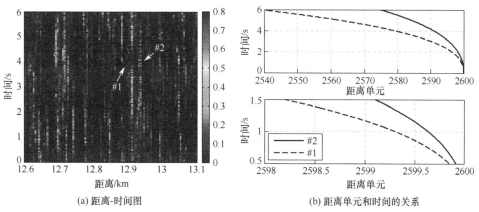

(a) 距离-时间图　　　　　　　(b) 距离单元和时间的关系

图 7.29　海杂波中动目标雷达回波和时间的关系（IPIX-280#）

　　图 7.30 和图 7.31 比较了 RFT、FRFT 和 RLCAF 的相参积累结果。由图 7.30 的 RFT 谱和频域能量分布可知，经过 RFT 对距离的校正，目标能量能被积累至一个距离单元。海杂波能量也被积累起来，且某些距离单元的幅值高于目标幅值，因此容易产生虚警。虽然目标和海杂波的 RFT 谱分布有所差异，但由于 RFT 不能处理动目标，动目标谱与海杂波谱均发散，导致部分重叠，因此难以利用 RFT 谱能量聚集性差异来区分杂波虚警和动目标。采用 RLCAF 进行动目标的 LTCI 如图 7.31 所示，它能得到预期的两个峰值，由于海杂波相关时间较短，且失配于 RLCAF，因此海杂波能量不集中，大部分幅值集中在较短的延迟时间范围内（$\tau \in [0, 0.1s]$）。而动目标峰值尖锐，且谱宽较窄，多信号分量间的交叉项的 RLCAF 谱峰较低，因此，海杂波和动目标在 LTCI 域中能量聚集性的明显差异可用于动目标和海杂波虚警的分类与剔除。

　　由于动目标信号经过 LTCI 后，在最佳变换域中能够形成明显的峰值，目标信号的能量得到最大限度的积累，因此提高了 SCR，而海杂波在 LTCI 域中的能量分布较为分散，幅值起伏剧烈，因此可以研究海杂波和动目标信号在 LTCI 域中的分形特征，进而利用分形特征差异作为区分目标和海杂波的判别标准，进一步降低虚警。

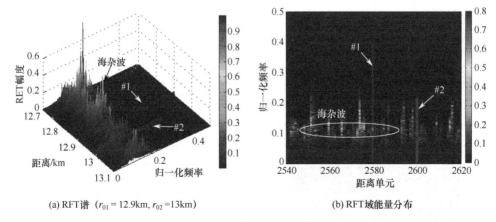

(a) RFT谱（$r_{01}=12.9$km，$r_{02}=13$km）　　(b) RFT域能量分布

图 7.30　RFT 海面动目标相参积累结果（$T_n=2$s）

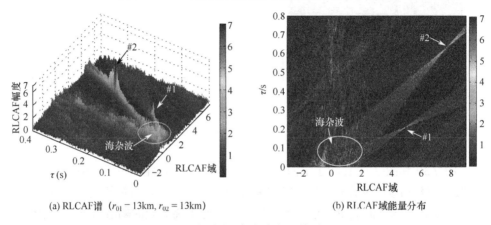

(a) RLCAF谱（$r_{01}-13$km，$r_{02}=13$km）　　(b) RLCAF域能量分布

图 7.31　FRFT 海面动目标相参积累结果（$T_n=2$s）

图 7.32 给出了基于 LTCI 域特征差异的动目标与杂波虚警点剔除方法框图，其中 LTCI 域分形特征均通过分形曲线得到，包括分形维数（FD）、斜距（Intercept）、分形拟合误差（Fractal Fitting Error，FFE）和分形维数方差（Fractal Dimension Variance，FDV）。

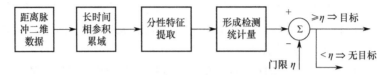

图 7.32　基于 LTCI 域特征差异的动目标与杂波虚警点剔除方法框图

1. 分形维数和斜距特征差异方法

在最佳变换域中，无标度区间$[2^5, 2^{10}]$的海杂波起伏函数$\mathrm{lb}F_c(m)$可表示为

$$\mathrm{lb}\,F_c(m)=(2-D_c)\mathrm{lb}(m)+I_c \tag{7.124}$$

式中，D_c 为海杂波的分形维数，I_c 为分形曲线的直线拟合斜距。

由于海面动目标的存在，使得 LTCI 域海杂波的分形特征发生改变，因此可以结合邻近距离单元或邻近时刻的雷达回波信号在 LTCI 域中的分形维数和斜距差异做目标检测。首先确定最佳变换域，然后根据 LTCI 域中的分形曲线，在一定的无标度区间内计算 LTCI 域分形特征。

2. 分形拟合误差和分形维数方差特征差异方法

信号对分形模型的匹配度可用分形曲线的直线拟合误差来表示。误差越小，其分形特征就越明显，即模型的匹配度越好，反之匹配度就差。LTCI 域中海杂波相比动目标更适合采用分形模型来描述，因此海杂波较动目标有更小的分形曲线拟合误差。对于点集 $\{x_i, y_i, 1 \leqslant i \leqslant N\}$，若拟合直线为 $y = ax + b$，则拟合误差定义为各点到直线的距离平均，即

$$E = \sqrt{\sum_{i=1}^{N}(ax_i + b - y_i)^2 \Big/ N} \qquad (7.125)$$

动目标在 LTCI 域中形成一个峰值，对分散的海杂波幅值有一定的遮蔽作用，当尺度与峰值的宽度接近时，信号幅值起伏变化最大，体现在分形维数于此尺度下有突变，不规则性增大。因此，可以研究分形维数随尺度的变化规律来进行目标检测。设 LTCI 域中分形曲线的横、纵坐标分别表示为

$$\begin{cases} y_i = \mathrm{lb}\, F(m_i) \\ x_i = \mathrm{lb}(m_i) \end{cases}, i = 1, \cdots, 11 \qquad (7.126)$$

则在相邻尺度范围 Δi 内的分形维数计算方法如下：

$$D_{\Delta i} = \frac{\mathrm{lb}\, F(m_i) - \mathrm{lb}\, F(m_{i-1})}{\mathrm{lb}(m_i) - \mathrm{lb}(m_{i-1})} = \frac{y_i - y_{i-1}}{x_i - x_{i-1}} \qquad (7.127)$$

在不同的时间尺度上，海杂波单元的分形维数变化不大，而在主目标单元中则变化剧烈。因此，可以通过计算分形维数方差 $V = \mathrm{var}(D)$ 来检测目标。

3. 算法验证

图 7.33 给出了海杂波和目标单元的 LTCI 域分形特征的统计直方图，反映了 LTCI 域中分形特征值出现的频数。经过对 1000 次检测结果的统计分析可知，海杂波与目标取值于不同的区域，利用回波信号 LTCI 域分形特征差异能将动目标和海杂波区分开来。

下面定量分析四种检测方法的检测性能。纯海杂波和主目标单元分别取 1000 段数据，每段数据的长度为 2000，相邻数据段之间重叠 1%，然后根据无标度区间分别计算每段数据的 FRFT 域分形特征，门限值通过对海杂波单元的蒙特卡罗计算得到。检测概率（P_d）和虚警概率（P_{fa}）与门限的关系如图 7.34 和图 7.35 所示。

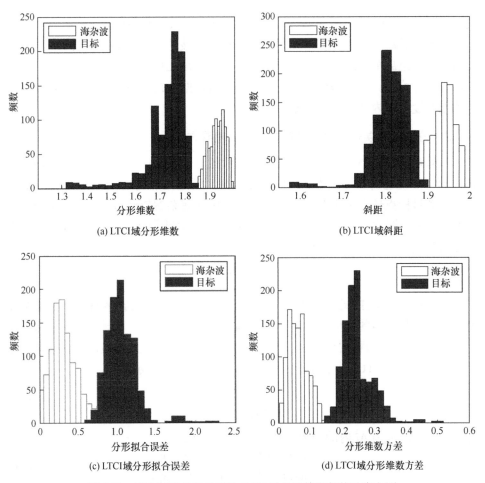

图 7.33 海杂波和目标单元的 LTCI 域分形特征的统计直方图

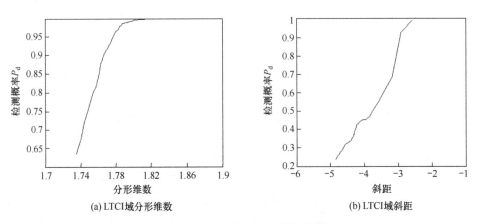

图 7.34 LTCI 域分形参数检测概率

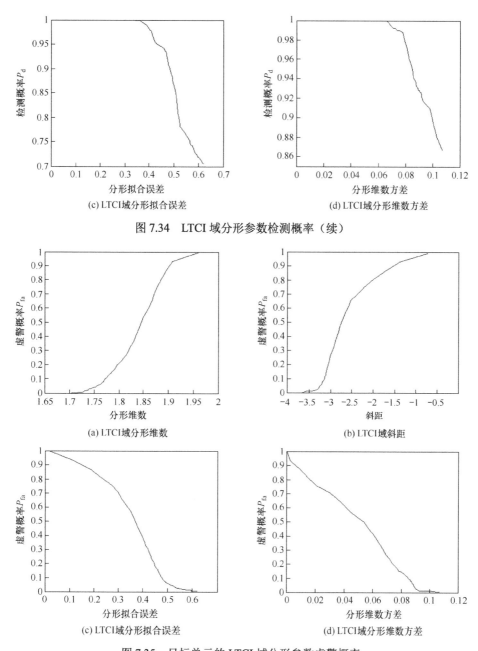

(c) LTCI域分形拟合误差

(d) LTCI域分形维数方差

图 7.34 LTCI 域分形参数检测概率（续）

(a) LTCI域分形维数

(b) LTCI域斜距

(c) LTCI域分形拟合误差

(d) LTCI域分形维数方差

图 7.35 目标单元的 LTCI 域分形参数虚警概率

参 考 文 献

[1] 陈小龙，黄勇，关键，等. MIMO 雷达微弱目标长时间积累技术综述[J]. 信号处理，2020，36(12): 1947-1964.

[2] Chen X L, Guan J, Liu N B, et al. Maneuvering target detection via Radon-fractional Fourier transform-based long-time coherent integration [J]. *IEEE Transaction on Signal Processing*, 2014, 62(4): 939-953.

[3] Chu C, Chen Y, Luo Y, et al. Wideband MIMO radar waveform design under multiple criteria [J]. *IEEE Geoscience and Remote Sensing Letters*, 2023, 20: 1-5.

[4] 郭瑞，张月，田彪，等. 全息凝视雷达系统技术与发展应用综述[J]. 雷达学报，2023, 12(2): 389-411.

[5] 陈小龙，董云龙，李秀友，等. 海面刚体目标微动特征建模及特性分析[J]. 雷达学报，2015, 4(6): 630-638.

[6] I. S. Reed, R. M. Gagliardi, L. B. Stotts. A recursive moving-target-indication algorithm for optical image sequences [J]. *IEEE Transactions on Aerospace and Electronic Systems*, 1990, 26(3): 434-440.

[7] M. De Feo, A. Graziano, R. Miglioli, et al. IMMJPDA versus MHT and Kalman filter with NN correlation: performance comparison [J]. *IEE Proceedings－Radar, Sonar and Navigation*, 1997, 144(2): 49-56.

[8] 曲长文，黄勇，苏峰. 基于动态规划的多目标检测前跟踪算法[J]. 电子学报，2006(12): 2138-2141.

[9] B. D. Carlson, E. D. Evans, S. L. Wilson. Search radar detection and track with the Hough transform [J]. *IEEE Transactions on Aerospace and Electronic Systems*, 1994, 30(1): 102-108.

[10] 卢锦，苏洪涛，水鹏朗. 采用粒子滤波的非相干积累检测方法[J]. 信号处理，2015, 31(06): 652-659.

[11] Li X, Sun Z, Yeo T S, et al. STGRFT for detection of maneuvering weak target with multiple motion models [J]. *IEEE Transactions on Signal Processing*, 2019, 67(7): 1902-1917.

[12] 王远模，马君国，付强，等. 高速运动目标的积累检测研究[J]. 现代雷达，2006(03): 24-27.

[13] 陈远征，朱永锋，赵宏钟，等. 基于包络插值移位补偿的高速运动目标的积累检测算法研究[J]. 信号处理，2004(04): 387-390.

[14] 王俊，张守宏. 微弱目标积累检测的包络移动补偿方法[J]. 电子学报，2000(12): 56-59.

[15] 张月，邹江威，陈曾平. 泛探雷达长时间相参积累目标检测方法研究[J]. 国防科技大学学报，2010, 32(06): 15-20.

[16] Xu J, Yu J, Peng Y, et al. Radon-Fourier transform for radar target detection [J]. *IEEE Transactions on Aerospace and Electronic Systems*, 2011, 47(2): 1186-1202.

[17] 陈小龙，关键，黄勇，等. 分数阶傅里叶变换在动目标检测和识别中的应用：回顾和展望[J]. 信号处理，2013, 29(01): 85-97.

[18] Huang P, Liao G, Yang Z, et al. Long-time coherent integration for weak maneuvering target detection and high-order motion parameter estimation based on Keystone transform [J]. *IEEE Transactions on Signal Processing*, 2016, 64(15): 4013-4026.

[19] Li X, Cui G, Yi W, et al. A fast maneuvering target motion parameters estimation algorithm based on ACCF [J]. IEEE Signal Processing Letters, 2015, 22(3): 270-274.

[20] Zheng J, Liu H, Liu Q H. Parameterized centroid frequency-chirp rate distribution for LFM signal analysis and mechanisms of constant delay introduction [J]. *IEEE Transactions on Signal Processing*, 2017, 65(24): 6435-6447.

[21] Li X, Sun Z, Yeo T S, et al. STGRFT for detection of maneuvering weak target with multiple motion models [J]. *IEEE Transactions on Signal Processing*, 2019, 67(7): 1902-1917.

[22] Yi W, Fang Z, Li W, et al. Multi-frame track-before-detect algorithm for maneuvering target tracking [J]. *IEEE Transactions on Vehicular Technology*, 2020, 69(4): 4104-4118.

[23] 周煦，许稼，钱李昌，等. 雷达高机动目标长时间混合积累快速算法[J]. 信号处理，2015，31(12): 1547-1553.

[24] 荣娟，刘飞峰，刘泉华，等. 基于 LTE 信号的小目标回波相参积累：目标散射建模与影响分析[J]. 信号处理，2019, 35(06): 965-971.

[25] Zeng C, Li D, Luo X, et al. Ground maneuvering targets imaging for synthetic aperture radar based on second-order Keystone transform and high-order motion parameter estimation [J]. *IEEE Journal of Selected Topics in Applied Earth Observations and Remote Sensing*, 2019, 12(11): 4486-4501.

[26] Chen X, Guan J, Wang G, et al. Fast and refined processing of radar maneuvering target based on hierarchical detection via sparse fractional representation [J]. *IEEE Access*, 2019, 7: 149878-149889.

[27] Xu J, Zhou X, Qian L, et al. Hybrid integration for highly maneuvering radar target detection based on generalized radon-fourier transform [J]. *IEEE Transactions on Aerospace and Electronic Systems*, 2016, 52(5): 2554-2561.

[28] Chen X, Huang Y, Liu N, et al. Radon-fractional ambiguity function-based detection method of low-observable maneuvering target [J]. *IEEE Transactions on Aerospace and Electronic Systems*, 2015, 51(2): 815-833.

[29] Chen X, Guan J, Liu N, et al. Detection of a low observable sea-surface target with micromotion via the radon-linear Canonical transforms [J]. *IEEE Geoscience and Remote Sensing Letters*, 2014, 11(7): 1225-1229.

[30] Chen X, Guan J, Li X, et al. Effective coherent integration method for marine target with micromotion via phase differentiation and radon-Lv's distribution [J]. *IET Radar, Sonar & Navigation*, 2015, 9(9): 1284-1295.

[31] Chen X, Guan J, Huang Y, et al. Radon-linear canonical ambiguity function-based detection and estimation method for marine target with Micromotion [J]. *IEEE Transactions on Geoscience and Remote Sensing*, 2015, 53(4): 2225-2240.

[32] Wu W, Wang G H, Sun J P. Polynomial radon-polynomial Fourier transform for near space hypersonic maneuvering target detection [J]. *IEEE Transactions on Aerospace and Electronic Systems*, 2018, 54(3): 1306-1322.

[33] Kong L, Li X, Cui G, et al.. Coherent integration algorithm for a maneuvering target with high-order range migration [J]. *IEEE Transactions on Signal Processing*, 2015, 63(17): 4474-4486.

[34] Gao C, Li Y and Tao Y. Fractional ambiguity functions for the generalized wideband mimo radar [J]. *IEEE Transactions on Aerospace and Electronic Systems*, 2022, 58(4): 2880-2899.

[35] Yu X, Chen X, Huang Y, et al. Radar moving target detection in clutter background via adaptive dual-threshold sparse Fourier transform [J]. *IEEE Access*, 2019, 7: 58200-58211.

[36] Liu S H, Shan T, Tao R, et al. Sparse discrete fractional Fourier transform and its applications[J]. *IEEE Transactions on Signal Processing*, 2014, 62(24): 6582-6595.

[37] Chen X L, Guan J, Chen WS, et al. Sparse long-time coherent integration–based detection method for radar low-observable maneuvering target [J]. *IET Radar, Sonar, Navigation*, 2020, 14(4): 538-546.

[38] Chen X L, Guan J, Zheng J B, et al. Non-parametric searching sparse long-time coherent

integration method for highly maneuverable target of MIMO radar[C]. *The 10th International Conference on Control, Automation, Information Sciences (ICCAIS), Xi'an, China*, October 14-17, 2021.

[39] Chen X L, Zhang H, Chen W S, et al. A non-parametric searching long-time coherent integration for radar maneuvering target with ubiquitous observation mode[C]. *2019 International Radar Conference, Toulon France*, 2019.

[40] Chen X L, Guan J, Zheng J B, et al. Radar fast long-time coherent integration via TR-SKT and robust sparse FRFT [J]. *Journal of Systems Engineering and Electronics*, 2023, 34(5): 1116-1129.

[41] Chen X L, Guan J, He Y, et al. Detection of low observable moving target in sea clutter via fractal characteristics in FRFT domain [J]. *IET Radar, Sonar, Navigation*, 2013, 7(6): 635-651.

第8章　基于稀疏表示的阵列雷达空距频聚焦处理

采用 LTCI 技术能够有效提高低可观测目标的探测性能，但对常规体制雷达难以保证有效的长观测时间。例如，对于机械扫描雷达或窄波束高增益相控阵雷达，探测高速高机动目标时，波束难以覆盖目标，导致目标极易出现波束跨越现象，造成波束驻留时间减少，目标回波缺失，积累时间减少，出现除跨距离和多普勒频率单元外的"跨波束"的"三跨"现象。MIMO 雷达具备"泛探"工作模式，能够实现探测空域内连续和不间断的监视，能够获得空间（角度）、距离和频率（多普勒）的灵活自由度和能量聚集性，实现空距频联合处理。然而，MIMO 雷达也有其固有的缺陷：在每个扫描快拍内，波束指向在距离向是恒定的，也就是说，波束指向与距离是无关的。但是在某些应用中，例如距离相关性干扰或杂波抑制应用，常常又期望阵列波束在同一个快拍内能够以相同的角度指向不同的距离，这就需要波束的指向能够随距离的变化而变化。

近年来，频率分集阵列（Frequency Diverse Array，FDA）雷达（中文译为频控阵）得到了国内外学者的广泛关注[1]，其在天线阵列的不同阵元上采用不同的发射频率和间隔很小的频偏（频偏远小于其载频），能够产生与距离相关的波束方向图，即阵列天线的方向图是距离相关的。2006 年，美国空军研究实验室的 Paul Antonik 和英国伦敦大学的 Hugh D. Griffiths 教授在国际雷达年会上首次提出了频控阵雷达的概念[1, 2]。2017 年，*IEEE Journal of Selected Topics In Signal Processing* 出版了《时/频调制阵列信号处理》专刊[3-7]，集中报道了频控阵雷达在阵列优化、波束形成、参数估计、SAR 成像等方面的进展。2017 年，IEEE 国际雷达年会设置了频控阵系统专题，引发了专家们的高度关注。理论研究表明，频控阵在抗干扰、空时自适应处理、SAR 成像和动目标检测方面都表现出了优异的性能。由此可见，频控阵已成为国内外的一大热点研究内容。由于频控阵的距离－角度相关性，很难被直接用作接收阵列，因此频控阵一般采用连续波频控阵或与 MIMO 雷达相结合的方式来实现波束形成和接收信号处理。

本章介绍稀疏表示技术在阵列雷达信号处理中的应用，并基于频控阵 MIMO 雷达提出空距频聚焦处理（Space-Range-Doppler Focus，SRDF）模型[8-12]，该模型整合了常规雷达信号处理的脉冲压缩、测角和多普勒滤波等多个级联处理环节，为解决多维信号处理问题提供了新思路和新途径。

8.1　频控阵 MIMO 雷达原理

8.1.1　频控阵 MIMO 雷达阵列结构设计及波束形成

频控阵以其角度、距离和时间依赖的波束图得到了越来越多的关注。频控阵通过在每个阵元上施加微小的频偏，形成了具有距离依赖性的波束指向。MIMO雷达的发射端不具有频控阵雷达的高增益特性，导致其对弱目标信号的检测性能较差，而应用频控阵的原理和技术可以提高频控阵 MIMO 雷达的发射增益，进而提高其探测和目标参数估计的性能[13]。同时，由于频控阵的距离－角度相关性，其很难被直接用作接收阵列，因此频控阵一般与 MIMO 雷达相结合来实现参数估计和波束形成。目前，该领域的研究尚处在理论研究阶段，需要突破多项关键技术，但因具有诸多优势而引起了国内外雷达专家的浓厚兴趣。2009 年，Sammartino 提出了一种基于频控阵的双站雷达系统，其主要应用背景为低截获电子侦察，进而将频率和波形复用应用到 MIMO 雷达，是一种基于频控阵的MIMO 雷达技术[14]。2014 年，王文钦提出使用频控阵子阵 MIMO 的方式来估计信号的来波方向。2015 年，Khan 等人将对数频偏应用到频控阵 MIMO 雷达中，不仅实现了空间中特定位置的波束能量集中分布，而且可以控制波束方向图的宽度[15]。2015 年，陈慧在频控阵 MIMO 雷达中采用稀疏重建的方法对目标进行定位，并与传统的 MUSIC 算法做了比较，结果显示应用稀疏重建的频控阵更有优势，估计参数的性能更高[16]。高宽栋等人研究了频偏误差对频控阵 MIMO 波束及参数估计性能的影响，给出了确定性频率偏移误差导致的波束方向图频移关系式[17]。作者团队研究了脉冲波形时间约束条件下的频控阵波束方向图，指出了在空间中形成稳定的点（面）波束以实现能量聚焦的前提条件[9]。

考虑一包含 M 个发射阵元的均匀线阵，阵元间距为 d，如图 8.1 所示。

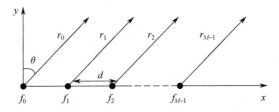

图 8.1　包含 M 个发射阵元的均匀线阵

第 m 个发射阵元的信号可写为

$$s_m(t) = w_m^* e^{j2\pi f_m t}, \quad m = 0, \cdots, M-1; t \in [0, T] \tag{8.1}$$

式中，T 为脉冲持续时间，$f_m = f_0 + \Delta f_m$ 为发射载频，w_m 为复加权。于是，到达远场空间中一点(r, θ)（r 和 θ 分别为相对第一阵元的距离和角度）的全部信号可写为[9]

$$S(t,r,\theta) = \sum_{m=0}^{M-1} w_m^* s_m(t - r_m/c)$$

$$= \sum_{m=0}^{M-1} w_m^* \mathrm{e}^{-\mathrm{j}2\pi(f_0 + \Delta f_m)\left(t - \frac{r - md\sin\theta}{c}\right)} \quad\quad (8.2)$$

$$= \mathrm{e}^{-\mathrm{j}2\pi f_0(t - r/c)} \sum_{m=0}^{M-1} w_m^* \mathrm{e}^{-\mathrm{j}2\pi\Delta f_m(t - r/c) - \mathrm{j}2\pi f_0 md\sin\theta/c - \mathrm{j}2\pi\Delta f_m md\sin\theta/c}$$

式中，$r_m \approx r - md\sin\theta$。对应的阵列因子可写为

$$AF(t,r,\theta) = \sum_{m=0}^{M-1} w_m^* \mathrm{e}^{-\mathrm{j}2\pi\Delta f_m(t - r/c)} \mathrm{e}^{-\mathrm{j}2\pi f_0 md\sin\theta/c} \mathrm{e}^{-\mathrm{j}2\pi\Delta f_m md\sin\theta/c} = \sum_{n=0}^{M-1} w_m^* \mathrm{e}^{\mathrm{j}\psi_m} \quad (8.3)$$

式中，$\psi_m = -2\pi[\Delta f_m(t - r/c) + f_0 md\sin\theta/c + \Delta f_m md\sin\theta/c]$。发射波束图为

$$B(t,r,\theta) = \left| AF(t,r,\theta) \right|^2 \quad\quad (8.4)$$

根据式（8.4）可得频控阵和相控阵的波束图，如图 8.2 所示。由图可以看出，频控阵的波束图是距离耦合的，而相控阵的波束图只与角度有关。

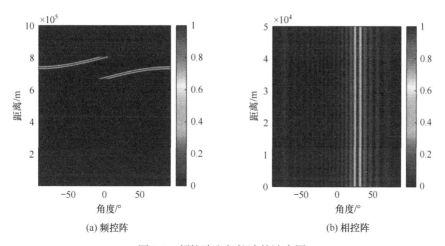

(a) 频控阵   (b) 相控阵

图 8.2　频控阵和相控阵的波束图

8.1.2　频控阵 MIMO 雷达距离－角度联合参数估计

频控阵雷达的阵列因子具有距离依赖性，其发射波束图是距离、角度和时间耦合的[12]，因此，频控阵雷达的阵列流形（导向向量）也与距离、角度和时间相关，能够通过导向向量同时估计目标的距离、角度参数。探索频控阵参数估计的早期方法如双脉冲法[19]，通过分别发送两个脉冲来定位目标，第一个不带频偏的脉冲用于侧向，第二个带频偏的脉冲用于测距，或者基于子阵的定位方法[20]。但是，这些方法未考虑导向向量的时变性，且未充分发挥频控阵联合角度、距离探测的优势。目前，关于频控阵雷达的联合参数估计方法仍处于探

索阶段，比较实际的信号模型按工作方式可分为两种：基于连续波体制的信号模型[21]和基于 FDA-MIMO 脉冲体制的信号模型[23]。连续波体制的信号模型是通过在每个阵元中施加带通滤波器来得到类似 MIMO 的虚拟阵列的，其阵列流形相较于相控阵增加了一个与距离相关的导向向量，同时消掉了时间耦合。清华大学刘一民等人基于此提出了随机频控阵的概念，通过在每个阵元中施加随机的频偏达到解耦的目的，然后提出了基于匹配滤波和稀疏表示的联合角度、距离估计方法[24]。Li Jingjing 等人分析了频偏排列与无模糊定位的关系[25]。Qin Si 等人提出了基于互质阵和互质频偏的频控阵，提高了系统的自由度，以用于多目标定位，定位方法采用贝叶斯压缩感知[6]。对于 FDA-MIMO 雷达，通过 MIMO 发射正交波形也可实现解耦，最终的信号模型与连续波的类似。Xiong J 等人分析了 FDA-MIMO 定位的克拉美罗限及 MUSIC 算法的性能[21]。总之，基于压缩感知框架的稀疏恢复方法和 MUSIC 等方法需要较为准确地知道目标的数量，即信号稀疏度，这在实际应用中很难做到。

综上，频控阵 MIMO 雷达不仅具有相控阵和 MIMO 雷达的优点，而且能弥补相控阵雷达和 MIMO 雷达波束指向不具有距离依赖性的缺点，能够对目标的距离和方位角进行二维联合估计，有利于区分杂波背景和动目标，在杂波抑制、运动目标检测、参数估计以及射频隐身等方面具有较大的应用潜力。然而，频控阵 MIMO 雷达信号处理和目标检测方面的研究多针对静止目标，对于运动目标，其多普勒频率出现时变特性，使得能量发散，应利用频控阵 MIMO 雷达的空间、时间和频率资源实现空间（方位）-距离（快时间）-频率（慢时间）聚焦处理，提高雷达运动目标检测的性能。

8.2 频控阵雷达空距频聚焦（SRDF）理论与方法

8.2.1 SRDF 处理架构

频控阵雷达也发射相参信号，只是经过附加的频偏控制后，辐射出去的信号频率不同，其主要特点是其阵列因子具有距离依赖性，即当频偏固定时，波束指向随距离变化而变化，具有距离相关性；而当距离固定时，波束指向随频偏变化而变化，具有频偏相关性，因此能够在空间中实现距离和方位的联合估计，这是传统相控阵雷达难以达到的。结合长时间的凝视观测方式，能够极大提高回波信号的多普勒分辨率，从而具备空（方位）-距（距离）-频（多普勒）三维聚焦（SRDF）处理的能力，进一步提高回波 SCR，获得目标的精细化特征。频控阵雷达空-距-频聚焦信号处理流程如图 8.3 所示。频控阵雷达通过 SRDF 处理，完成信号的多维联合相参积累，获得理想的 SCR 增益。换言之，SRDF 处理可以整合常规雷达信号处理的脉冲压缩、测角和多普勒滤波等多个级联处理环节，在实现运动目标检测的同时，实现目标参数的高精度测量。频控阵发射波束的解耦处理也是对频控阵的发射波束方向图进行方位和距离的聚焦处理。

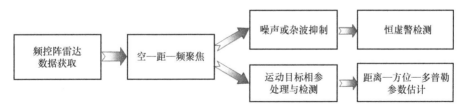

图 8.3　频控阵雷达空－距－频聚焦信号处理流程

8.2.2　基于稀疏表示的 SRDF 处理流程

对于运动目标，利用频控阵的距离－方位联合估计特性及慢时间的长时间自由度，能够实现空（方位）－距（距离，即快时间）－频（多普勒，慢时间）联合处理，能够进一步提高低可观测动目标的 SNR/SCR，同时可利用估计得到的不同运动类型目标的运动参数，实现对运动状态的精细化描述。SRDF 处理可以整合常规雷达信号处理的波束形成、脉冲压缩和多普勒滤波等多个级联的相参处理环节。基于稀疏表示的频控阵雷达空距频聚焦处理流程图如图 8.4 所示。

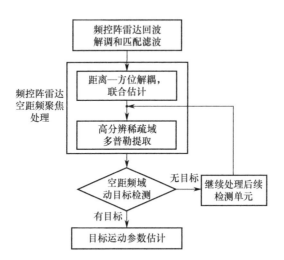

图 8.4　基于稀疏表示的频控阵雷达空距频聚焦处理流程图

（1）对接收端信号解调和匹配滤波，构建接收阵元信号距离－方位一维向量。

考虑有 M 个发射阵元的均匀线阵，阵元间距为 d。根据图 8.5 所示的频控阵雷达的发射阵列示意图，第 m 个阵元发射的信号为

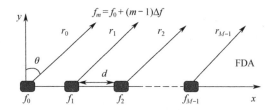

图 8.5 频控阵雷达的发射阵列示意图

$$s_m(t) = e^{j2\pi f_m t}, \quad m = 0, \cdots, M-1 \tag{8.5}$$

式中，$f_m = f_0 + \Delta f_m$，$\Delta f_m = (m-1)\Delta f$，$f_0$ 为载频，Δf 为远小于雷达工作载频的频率增量。对于位于距离和方位 (r_s, θ_s) 的一个点目标，接收端第 n 个阵元接收到的第 m 个阵元发射的信号表示为

$$y_{m,n}(r_s, \theta_s) = \alpha(r_s, \theta_s)\exp(-j4\pi\Delta f_m r_s/c_0)\exp(j2\pi md/\lambda \sin\theta_s)\exp(j2\pi nd/\lambda \sin\theta_s) \tag{8.6}$$

式中，$\alpha(r_s, \theta_s)$ 为目标散射系数，λ 为信号波长，c_0 为光速。于是，经过匹配滤波，全部接收阵元的信号写成向量形式为

$$\boldsymbol{y} = \alpha(r_s, \theta_s)[\boldsymbol{a}_R(r_s) \odot \boldsymbol{a}_t(\theta_s)] \otimes \boldsymbol{a}_r(\theta_s) \tag{8.7}$$

式中，$\odot$ 和 $\otimes$ 分别表示 Hadamard 积和 Kronecker 积运算，

$$\boldsymbol{a}_t(\theta_s) = [1 \quad e^{j2\pi df_0/c_0 \sin\theta_s} \quad \cdots \quad e^{j2\pi(M-1)df_0/c_0 \sin\theta_s}]^T \tag{8.8}$$

为发射阵列导向向量，上标 T 表示转置运算，

$$\boldsymbol{a}_r(\theta_s) = [1 \quad e^{j2\pi df_0/c_0 \sin\theta_s} \quad \cdots \quad e^{j2\pi(N-1)df_0/c_0 \sin\theta_s}]^T \tag{8.9}$$

为接收阵列导向向量，

$$\boldsymbol{a}_R(r_s) = [e^{-j4\pi\Delta f_0 r_s/c_0} \quad e^{-j4\pi\Delta f_1 r_s/c_0} \quad \cdots \quad e^{-j4\pi\Delta f_{M-1} r_s/c_0}]^T \tag{8.10}$$

为距离维阵列导向向量。令 $\boldsymbol{a}(r_s, \theta_s) = [\boldsymbol{a}_R(r_s) \odot \boldsymbol{a}_t(\theta_s)] \otimes \boldsymbol{a}_r(\theta_s)$，则接收阵元信号距离−方位一维向量表示为

$$\boldsymbol{y} \triangleq \alpha(r_s, \theta_s)\boldsymbol{a}(r_s, \theta_s) \tag{8.11}$$

（2）距离−方位解耦，基于空间谱估计算法距离−方位联合估计。

考虑加性噪声 $\boldsymbol{n}$，它是独立同分布的，且服从零均值方差为 σ_n^2 的高斯分布，则对于任意位置 (r_i, θ_i)，频控阵雷达接收阵元信号向量 $\boldsymbol{y}$ 的协方差矩阵 $\boldsymbol{R}_y$ 表示为

$$\boldsymbol{R}_y = E[\boldsymbol{y}\boldsymbol{y}^H] = \sum_i \alpha_i^2(r_i, \theta_i)\boldsymbol{a}(r_i, \theta_i)\boldsymbol{a}^H(r_i, \theta_i) + \sigma_n^2\boldsymbol{I} \tag{8.12}$$

式中，上标 H 表示共轭转置运算。目标与噪声相互独立，因此协方差矩阵 $\boldsymbol{R}_y$ 改写为

$$\boldsymbol{R}_y = (\boldsymbol{U}_T \mid \boldsymbol{U}_n)\begin{pmatrix} \boldsymbol{\Lambda} + \sigma_n^2\boldsymbol{I} & 0 \\ 0 & \sigma_n^2\boldsymbol{I} \end{pmatrix}(\boldsymbol{U}_T \mid \boldsymbol{U}_n)^H \tag{8.13}$$

式中，$\boldsymbol{\varLambda}$ 是由目标信号矩阵特征值构成的对角矩阵，$\boldsymbol{\varLambda}+\sigma_{\mathrm{n}}^2\boldsymbol{I}$ 对应的特征向量构成信号子空间 $\boldsymbol{U}_{\mathrm{T}}$，$\sigma_{\mathrm{n}}^2\boldsymbol{I}$ 对应的特征向量构成噪声子空间 $\boldsymbol{U}_{\mathrm{n}}$。由于噪声与信号子空间正交，构造频控阵雷达谱函数

$$P_{\mathrm{FDA-MIMO}} = \frac{1}{\boldsymbol{a}^{\mathrm{H}}(r,\theta)\boldsymbol{U}_{\mathrm{n}}\boldsymbol{U}_{\mathrm{n}}^{\mathrm{H}}\boldsymbol{a}(r,\theta)} \tag{8.14}$$

通过搜索谱峰值，确定目标的距离和方位 $(r_{\mathrm{s}},\theta_{\mathrm{s}})$。

（3）频控阵雷达动目标空距频聚焦处理。

① 空距频聚焦信号处理。将频控阵信号模型扩展至多普勒域，考虑发射 L 个脉冲，对于一个运动目标，考虑目标多普勒，则频控阵雷达运动目标的信号模型表示为

$$\boldsymbol{y}_{\mathrm{mov}} = \alpha(r_{\mathrm{s}},\theta_{\mathrm{s}},f_{\mathrm{d}})\big[\boldsymbol{a}_{\mathrm{d}}(f_{\mathrm{d}})\otimes\boldsymbol{a}(r_{\mathrm{s}},\theta_{\mathrm{s}})\big]+\boldsymbol{n} \tag{8.15}$$

式中，$\boldsymbol{a}_{\mathrm{d}}(f_{\mathrm{d}})=[1 \quad \mathrm{e}^{\mathrm{j}2\pi f_{\mathrm{d}}T_p} \quad \cdots \quad \mathrm{e}^{\mathrm{j}2\pi(L-1)f_{\mathrm{d}}T_p}]^{\mathrm{T}}$ 为慢时间 t_m 下的多普勒导向向量。定义空距频聚焦向量 $\boldsymbol{\kappa}_{\mathrm{mov}}(r,\theta,f_{\mathrm{d}})=\boldsymbol{a}_{\mathrm{d}}(f_{\mathrm{d}})\otimes\boldsymbol{a}(r,\theta)$，则有

$$\boldsymbol{y}_{\mathrm{mov}} = \alpha(r_{\mathrm{s}},\theta_{\mathrm{s}},f_{\mathrm{d}})\boldsymbol{\kappa}_{\mathrm{mov}}(r_{\mathrm{s}},\theta_{\mathrm{s}},f_{\mathrm{d}})+\boldsymbol{n} \tag{8.16}$$

式中，f_{d} 为多普勒频率，当目标径向运动速度为匀速 v_0 时，$f_{\mathrm{d}}=2v_0/\lambda$，当目标做机动，具有加速度 a_{s} 时，$f_{\mathrm{d}}=2(v_0+a_{\mathrm{s}}t_m)/\lambda$。

② 高分辨稀疏域多普勒提取。为了准确提取和估计多普勒信息，同时克服对非匀速运动目标多普勒发散的影响，采用稀疏分数阶傅里叶变换实现高分辨的多普勒特征提取和估计，采用 Chirp 基构造稀疏分解字典，设定搜索精度和范围，假设中心频率 f_l' 的搜索范围为 $f_l'\in[0,F]$，搜索个数为 L_1，中心频率分辨率为 $\Delta f'=F/L_1$，调频率 μ_m 的搜索范围为 $\mu_m\in[0,K]$，搜索个数为 L_2，调频率分辨率为 $\Delta\mu=K/L_2$，则构造的过完备 Chirp 字典为 $L_1\times L_2$ 维矩阵：

$$\boldsymbol{G}_{\mathrm{s}} = \begin{bmatrix} g_{\mathrm{s}}(f_1',\mu_1) & g_{\mathrm{s}}(f_1',\mu_2) & \cdots & g_{\mathrm{s}}(f_1',\mu_{L_2}) \\ g_{\mathrm{s}}(f_2',\mu_1) & g_{\mathrm{s}}(f_2',\mu_2) & \cdots & g_{\mathrm{s}}(f_2',\mu_{L_2}) \\ \vdots & \vdots & \ddots & \vdots \\ g_{\mathrm{s}}(f_{L_1}',\mu_1) & g_{\mathrm{s}}(f_{L_1}',\mu_2) & \cdots & g_{\mathrm{s}}(f_{L_1}',\mu_{L_2}) \end{bmatrix} \tag{8.17}$$

式中，$g_{\mathrm{s}}(f_l',\mu_k)=\exp(\mathrm{j}2\pi f_l't_m+\mathrm{j}\pi\mu_kt_m^2),l=1,2,\cdots,L_1;k=1,2,\cdots,L_2$，$f_l'=2v_l/\lambda$，$v_l$ 为目标初速度分量，$\mu_k=2a_k/\lambda$，a_k 为目标加速度分量。

对于信号的稀疏表示，集合 $\boldsymbol{g}=\{g_j;j=1,2,\cdots,J\}$，其元素是张成整个希尔伯特空间 $H=R^P$ 的单位向量，且 $J\geqslant P$，称集合 $\boldsymbol{g}$ 为原子库（字典），集合中的元素为原子。任意信号 $\boldsymbol{y}\in H$ 都可以展开为一组原子的线性组合，即对信号 $\boldsymbol{y}$ 做如下逼近：

$$\boldsymbol{y} = \sum_{j=1}^{J}\beta_j g_j \tag{8.18}$$

式中，j 为原子个数，系数 β_j 的大小表示信号与原子的相似程度。

改写为慢时间-频率模型，在频控阵雷达回波信号的某个距离-方位单元 (r_i, θ_i) 处进行慢时间维 $y_{\text{mov}}(t_m)|_{(r_i,\theta_i)}$ 处理，得到

$$\rho_y(t_m, f)|_{(r_i,\theta_i)} = \sum_{j=1} \beta_j(t_m)g_j(t_m, f) \tag{8.19}$$

式中，$\rho_y(t_m, f)|_{(r_i,\theta_i)}$ 为信号 $y_{\text{mov}}(t_m)|_{(r_i,\theta_i)}$ 的稀疏时频分布，$g_j(t_m, f)$ 为稀疏表示的原子，采用 l_1 范数最小化来求解式（8.19）的信号稀疏表示问题：

$$\rho_y|_{(r_i,\theta_i)} = \arg\min_{\rho_y} \left\| \rho_y(t_m, f)|_{(r_i,\theta_i)} \right\|_1, \ \text{s.t. } o\{\rho_y(t_m, f)|_{(r_i,\theta_i)}\} = b \tag{8.20}$$

式中，b 为实数，o 为 $J \times P$ 维稀疏算子。式（8.20）可松弛为不等约束，即

$$\rho_y|_{(r_i,\theta_i)} = \arg\min_{\rho_y} \left\| \rho_y(t_m, f)|_{(r_i,\theta_i)} \right\|_1, \ \text{s.t. } \left\| o\{\rho_y(t_m, f)|_{(r_i,\theta_i)}\} - b \right\|_2 \leqslant \varepsilon \tag{8.21}$$

当 $\varepsilon = 0$ 时，式（8.20）和式（8.21）具有相同的形式。当 o 为分数阶傅里叶变换时，b 为分数阶傅里叶变换域幅值，则稀疏分数阶傅里叶变换表示为

$$\mathcal{F}^\alpha|_{(r_i,\theta_i)} = \arg\min_{\mathcal{F}^\alpha} \left\| \mathcal{F}^\alpha(t_m, f)|_{(r_i,\theta_i)} \right\|_1, \ \text{s.t. } \left\| o\{\mathcal{F}^\alpha(t_m, f)|_{(r_i,\theta_i)}\} - f(\alpha, u) \right\|_2 \leqslant \varepsilon \tag{8.22}$$

式中，$\mathcal{F}^\alpha(t_m, f)$ 为稀疏分数阶傅里叶变换谱，α 为旋转角，u 为稀疏分数阶傅里叶变换域，(α, u) 与信号中心频率 f' 和调频率 μ 的关系为

$$\begin{cases} f' = u \csc \alpha \\ \mu = -\cot \alpha \end{cases} \tag{8.23}$$

采用式（8.17）所述的过完备 Chirp 字典作为稀疏分数阶傅里叶变换的分解字典。

（4）遍历所有检测单元，进行动目标信号空距频域检测。

构建空距频域检测单元图 $\left| \mathcal{F}^\alpha(t_m, f)|_{(r_i,\theta_i)} \right|$，作为检测统计量，与给定虚警概率下的检测门限进行比较。若检测统计量低于检测门限，则判决为没有动目标信号，并继续处理后续的检测单元；若检测统计量高于检测门限，则判决为存在动目标信号，并记录空距频域的最大峰值坐标：

$$\{\alpha_0, u_0\} = \arg\max_{\alpha, u} \left| \mathcal{F}^\alpha(t_m, f)|_{(r_i,\theta_i)} \right| \underset{H_0}{\overset{H_1}{\gtrless}} \eta \tag{8.24}$$

式中，η 为检测门限，峰值位置 (α_0, u_0) 对应动目标回波信号的中心频率和调频率 $(f_0', \mu_s) = (u_0 \csc \alpha_0, -\cot \alpha_0)$。

（5）目标运动参数估计。

根据动目标所在空距频域中的峰值坐标估计目标的运动参数，即初速度估计值 $\hat{v}_0$ 和加速度估计值 $\hat{a}_s$：

$$\begin{cases} \hat{v}_0 = \dfrac{\lambda}{2} u_0 \csc \alpha_0 \\ \hat{a}_\mathrm{s} = -\dfrac{\lambda}{2} \cot \alpha_0 \end{cases} \qquad (8.25)$$

于是，根据式（8.14）和式（8.25）就可完成动目标距离、方位和速度的高分辨估计，实现对匀速或匀加速动目标的空距频聚焦处理。

8.3　仿真与分析

8.3.1　噪声背景下的仿真分析

根据式（8.16）所示的频控阵 MIMO 雷达空距频信号处理模型进行仿真分析。图 8.6 至图 8.9 分别给出了单目标（匀速和匀加速运动目标）和多目标条件下的频控阵 MIMO 雷达空间谱，包括方位－多普勒谱、距离－多普勒谱，其中横坐标为归一化的多普勒。仿真参数设置如下：发射和接收阵元数 $M = N = 16$，积累脉冲数 $L = 101$，发射载频 $f_0 = 1\mathrm{GHz}$，频偏 $\Delta f = 30\mathrm{kHz}$，SNR 分别为 0dB 和 $-15\mathrm{dB}$，采样频率 $f_\mathrm{s} = 1000\mathrm{Hz}$，匀速运动目标速度为 $v_0 = -39\mathrm{m/s}$（$-260\mathrm{Hz}$），匀加速运动目标初速度 $v_0 = -39\mathrm{m/s}$（$-260\mathrm{Hz}$），加速度 $a_\mathrm{s} = 2\mathrm{m/s^2}$（13.4Hz/s）。

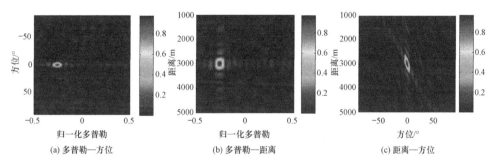

(a) 多普勒—方位　　　(b) 多普勒—距离　　　(c) 距离—方位

图 8.6　噪声背景下匀速运动目标的频控阵 MIMO 雷达空间谱（SNR = 0dB）

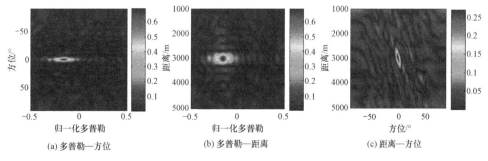

(a) 多普勒—方位　　　(b) 多普勒—距离　　　(c) 距离—方位

图 8.7　噪声背景下匀加速运动目标的频控阵 MIMO 雷达空间谱（SNR = 0dB）

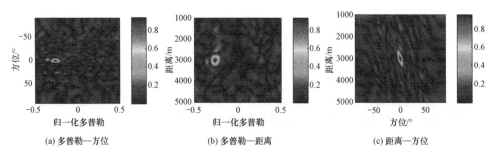

图 8.8　噪声背景下匀速运动目标的频控阵 MIMO 雷达空间谱（SNR = −15dB）

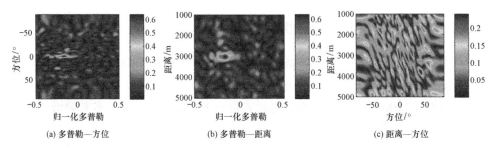

图 8.9　噪声背景下匀加速运动目标的频控阵 MIMO 雷达空间谱（SNR = −15dB）

可以看出：① 区别于静止目标，运动目标的频控阵 MIMO 雷达空间谱具有多普勒特征，与运动速度相对应，如图 8.6(a)和图 8.7(a)所示；② 非匀速运动目标的多普勒谱发散，跨越多个多普勒单元，不利于目标能量的积累和运动参数的估计；③ 利用频控阵 MIMO 雷达空间谱能在方位−距离−多普勒多维度区分多目标分量；④ 随着 SNR 降低，噪声强度增大，但通过角度−多普勒或距离−多普勒谱很容易检测到运动目标。此外，可以发现与多普勒信息相关的谱的输出比距离−方位谱更好，因为运动目标的能量在多普勒域中累积，提升了 SNR，从而有利于低可观测运动目标的检测。

由于频控阵 MIMO 雷达的收发单元及脉冲数较多，其运算量也成倍增加，为了克服对非匀速运动目标多普勒发散和大运算量的影响，实现高分辨的多普勒特征提取和估计，提高空−距−频聚焦处理过程中参数搜索和变换计算的效率，可以采用稀疏时频分析（STFD）的方法[26, 27]，借鉴稀疏分解的局部优化思想，将稀疏分解的局部优化思想引入时频分析，如稀疏傅里叶变换（Sparse FT，SFT）、稀疏 FRFT（Sparse FRFT，SFRFT）等，突破传统 FFT 算法运算量随采样点线性指数增加的不足，通过频谱重排，窗函数滤波，降采样 FFT 等处理，使运算量近似保持线性增加，提高大数据量条件下的运算效率，实现高分辨时变信号积累和时频表示。

为了克服多普勒偏移对非均匀运动目标的影响，获得更好的多普勒分辨率，根据图 8.4 中的流程图进行 SRDF 处理，将 STFD 用于高分辨率稀疏表示。图 8.10

至图 8.13 所示为针对不同 SNR 在目标距离单元中的 FDA-MIMO 谱。SFT 和 SFRFT 分别用于不同运动状态的多普勒聚焦和高分辨率稀疏处理。观察发现，目标峰值明显，克服了动目标 FDA-MIMO 结果的多普勒扩展效应。因此，可以基于稀疏表示 SRDF 实现动目标的三维高分辨率聚焦处理。

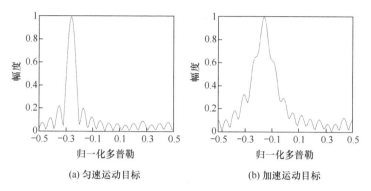

(a) 匀速运动目标　　　　　　　(b) 加速运动目标

图 8.10　SRDF 目标单元处归一化多普勒谱（SNR = 0dB）

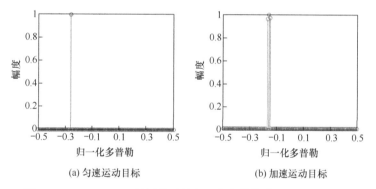

(a) 匀速运动目标　　　　　　　(b) 加速运动目标

图 8.11　SRDF-STFD 目标单元处归一化多普勒谱（SNR = 0dB）

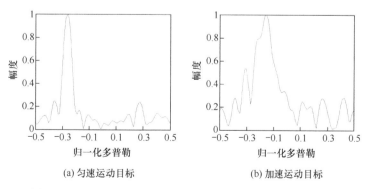

(a) 匀速运动目标　　　　　　　(b) 加速运动目标

图 8.12　SRDF 目标单元处归一化多普勒谱（SNR = −15dB）

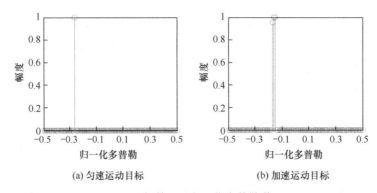

(a) 匀速运动目标   (b) 加速运动目标

图 8.13　SRDF-STFD 目标单元处归一化多普勒谱（SNR = −15dB）

8.3.2　杂波背景下的仿真分析

本节验证所提 FDA-MIMO 雷达 SRDF 处理在杂波背景下的性能。假设杂波服从威布尔分布，与噪声背景下的 FDA-MIMO 频谱相比，发现杂波背景的功率高于噪声背景的功率。图 8.14 至图 8.17 中给出了杂波背景下运动目标的空间谱，单位为 dB。传统上，杂波频谱应该与目标混合在一起，如使用相控阵雷达，而对于 FDA-MIMO 雷达，它们可在多普勒和距离域中分离 [见图 8.14(a) 和图 8.14(b)]，因为杂波分布在零距离"频率"[见式（8.15）]和零多普勒频率附近。也就是说，使用 FDA-MIMO 雷达，杂波会出现在与目标相同的角度但不同的距离上，并且可以有效抑制。因此，这种优势可以用于强杂波背景下的运动目标检测，如海上目标检测。当 SCR = −15dB 时，目标距离单元处的 FDA-MIMO 谱如图 8.18 和图 8.19 所示。由于杂波和运动目标可以沿距离和多普勒方向分离，杂波的多普勒谱幅度仍然低于运动目标，因此基于稀疏表示的 SRDF 具有良好的检测性能。

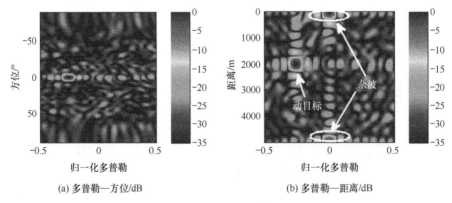

(a) 多普勒—方位/dB   (b) 多普勒—距离/dB

图 8.14　杂波背景下匀速运动目标的频控阵 MIMO 雷达空间谱（SCR = 0dB）

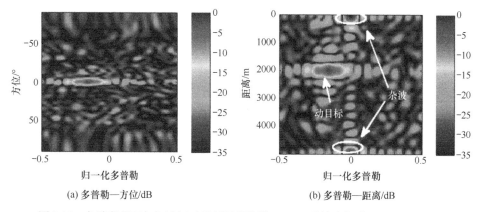

(a) 多普勒—方位/dB

(b) 多普勒—距离/dB

图 8.15 杂波背景下匀加速运动目标的频控阵 MIMO 雷达空间谱（SCR = 0dB）

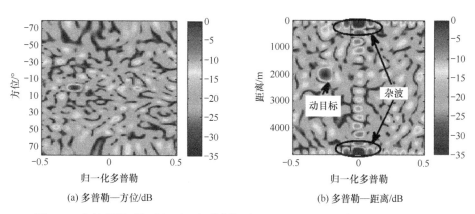

(a) 多普勒—方位/dB

(b) 多普勒—距离/dB

图 8.16 杂波背景下匀速运动目标的频控阵 MIMO 雷达空间谱（SCR = -15dB）

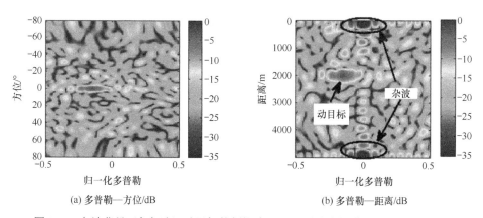

(a) 多普勒—方位/dB

(b) 多普勒—距离/dB

图 8.17 杂波背景下匀加速运动目标的频控阵 MIMO 雷达空间谱（SCR = -15dB）

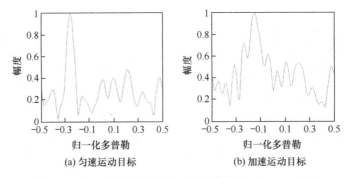

(a) 匀速运动目标   (b) 加速运动目标

图 8.18   SRDF 目标单元处归一化多普勒谱（SCR = 0dB）

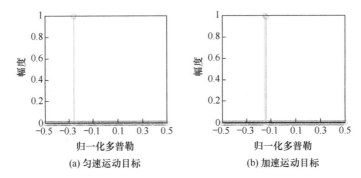

(a) 匀速运动目标   (b) 加速运动目标

图 8.19   SRDF-STFD 目标单元处归一化多普勒谱（SCR = −15dB）

8.3.3   性能分析

1. 多目标的 FDA-MIMO 空间谱

多目标的 FDA-MIMO 空间谱如图 8.20 和图 8.21 所示。

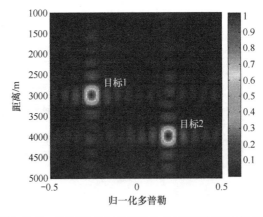

图 8.20   相同方位角、不同距离和多普勒的多目标频控阵 MIMO 雷达空间谱

设置两种场景：一种是相同方位角、不同距离和多普勒的多目标频控阵 MIMO 雷达空间谱（$\theta_1 = \theta_2 = 0°$，$r_1 = 2990\text{m}$，$r_2 = 3990\text{m}$，$f_{d1} = -0.26$，$f_{d2} = 0.19$）；另一种是相同距离、不同方位角和多普勒的多目标频控阵 MIMO 雷达空间谱（$r_1 = r_2 = 2990\text{m}$，$\theta_1 = 0°$，$\theta_2 = 29°$，$f_{d1} = -0.26$，$f_{d2} = 0.19$）。观察发现，FDA-MIMO 雷达 SRDF 处理的空间谱可在角度、距离和多普勒多个维度上区分多个目标。

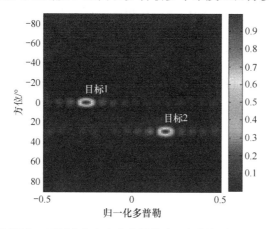

图 8.21 相同距离、不同方位角和多普勒的多目标频控阵 MIMO 雷达空间谱

2. 不同 SCR 条件下检测性能分析

计算相控阵（PAR）和 FDA-MIMO 的检测概率 P_d，在每个信噪比下运行 10^5 次蒙特卡罗仿真，虚警概率 $P_{fa} = 10^{-3}$。服从威布尔分布的杂波中有匀速和加速运动目标，SCR 在-25dB 和 5dB 之间以 1dB 的间隔递增。双参数检测器用于 SRDF 域处理。PAR 和 FDA-MIMO 雷达的 P_d 与 SCR 曲线如图 8.22 所示。

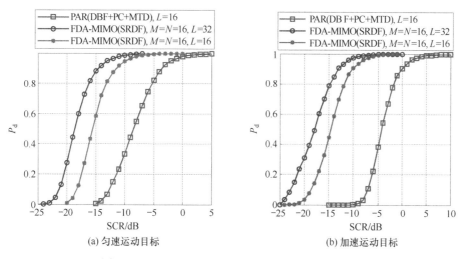

(a) 匀速运动目标　　　　　　　(b) 加速运动目标

图 8.22 PAR 和 FDA-MIMO 雷达的 P_d 与 SCR 曲线

由于使用和积累了更多自由度信号（来自不同维度的样本），基于 SRDF 的检测方法与使用 PAR［数字波束形成（DBF）、脉冲压缩（PC）、MTD］的传统方法相比显示出明显的优势。在相同的检测概率 $P_d = 0.8$ 下，$L = 16$ 的 FDA-MIMO 所需 SCR 约为-15dB，比 PAR 的相应地小 10dB。此外，与不同样本数的 SRDF 的 SCR～P_d 曲线相比，可以看到更多的采样点有助于提高检测性能。与匀速运动目标和加速运动目标的检测曲线相比，可以发现由于多普勒偏移，FDA-MIMO 的检测概率损失约为 0.2，PAR 的检测概率损失约为 0.4，因为 PAR 的相参积累是基于 FFT 滤波器组处理的。

3. 运动参数估计性能分析

在图 8.17 的相同条件下，使用所提 SRDF 对 PAR 和 FDA-MIMO 雷达的参数估计结果和计算时间如表 8.1 所示。

表 8.1　参数估计结果和计算时间（SCR = -15dB）

	$\hat{f}_0$/Hz	Δf_0/Hz	$\hat{\mu}$/(Hz/s)	$\Delta \mu$/(Hz/s)	$\bar{t}$/s
PAR[1]	-272	12	—	—	4.89
PAR[2]	-265	5	10.6	2.8	10.53
FDA-MIMO	**-260**	**0**	**13.3**	**0.1**	**12.64**

* 计算机配置：Intel Core i7-4790 3.6GHz CPU；16G RAM；MATLAB R2014a。
PAR[1]: DBF + PC + MTD；PAR[2]: DBF + PC + FRFT；FDA-MIMO: SRDF (SFRFT)。

通过计算绝对误差来比较估计性能，绝对误差定义为

$$\left|\Delta f_0\right| = \left|f_0 - \hat{f}_0\right|, \quad \left|\Delta \mu\right| = \left|\mu - \hat{\mu}\right| \tag{8.26}$$

表 8.1 表明，由于 SRDF 具有良好的能量聚焦性和高分辨能力，FDA-MIMO 在低 SCR 环境下的性能大大优于传统的 PAR。然而，由于三维联合优化过程，所提方法花费了更多的时间。

参 考 文 献

[1] P. Antonik, M. C. Wicks, H. D. Griffiths, et al. Range dependent beamforming [C]. *Diversity, International Waveform Conference, And Design*, 2006.

[2] Zhang Z, Kayama. Dynamic space-frequency-division multiple-access over frequency-selective slow-fading channels [C]. *2006 IEEE 63rd Vehicular Technology Conference*, 2006: 2119-2124.

[3] W. Q. Wang, H. C. So, A. Farina. An overview on time/frequency modulated array processing [J]. *IEEE Journal of Selected Topics in Signal Processing*, 2017, 11(2): 228-246.

[4] H. C. So, M. G. Amin, S. Blunt, et al. Introduction to the special issue on time/frequency modulated array signal processing [J]. *IEEE Journal of Selected Topics in Signal Processing*, 2017, 11(2): 225-227.

[5]   Xu J, Liao G, Zhang Y, et al. An adaptive range-angle-Doppler processing approach for FDA-MIMO radar using three-dimensional localization [J]. *IEEE Journal of Selected Topics in Signal Processing*, 2017, 11(2): 309-320.

[6]   Qin S, Zhang Y D, Amin M G, et al. Frequency diverse coprime arrays with coprime frequency offsets for multitarget localization [J]. *IEEE Journal of Selected Topics in Signal Processing*, 2017, 11(2): 321-335.

[7]   Liu Y, Ruan H, Wang L, et al. The random frequency diverse array: a new antenna structure for uncoupled direction-range indication in active sensing [J]. *IEEE Journal of Selected Topics in Signal Processing*, 2017, 11(2): 295-308.

[8]   Chen X L, Chen B X, Guan J, et al. Space-range-Doppler focus-based low-observable moving target detection using frequency diverse array MIMO radar [J]. *IEEE Access*, 2018, 6: 43892-43904.

[9]   Chen B X, Chen X L, Huang Y, et al. Transmit beampattern synthesis for FDA radar [J]. *IEEE Antennas, Wireless Propagation Letters*, 2018, 17(1): 98-101.

[10] Chen B X, Huang Y, Chen X L, et al. Multiple-frequency CW radar, the array structure for uncoupled angle-range indication [J]. *IEEE Antennas, Wireless Propagation Letters*, 2018, 17(12): 2203-2207.

[11] 陈宝欣，关键，董云龙，等. 多频连续波雷达与角度距离联合估计方法[J]. 电子学报，2020, 48(2): 375-383.

[12] 陈小龙，陈宝欣，黄勇，等. 频控阵雷达空距频聚焦信号处理方法[J]. 雷达学报，2018, 7(2): 183-193.

[13] 王文钦，张顺生. 频控阵雷达技术研究进展综述[J]. 雷达学报，2022, 11(5): 830-849.

[14] P. F. Sammartino, C. J. Baker. The frequency diverse bistatic system [C]. *2009 International Waveform Diversity and Design Conference*, 2009: 155-159.

[15] W. Khan, I. M. Qureshi, S. Saeed. Frequency diverse array radar with logarithmically increasing frequency offset [J]. *IEEE Antennas and Wireless Propagation Letters*, 2015, 14: 499-502.

[16] Chen H, Shao H. Sparse reconstruction based target localization with frequency diverse array MIMO radar [C]. *2015 IEEE China Summit and International Conference on Signal and Information Processing (ChinaSIP)*, 2015: 94-98.

[17] Gao K D, Shao H Z, Chen H, et al. Impact of frequency increment errors on frequency diverse array MIMO in adaptive beamforming and target localization [J]. *Digital Signal Processing*, 2015, 44: 58-67.

[18] M. Secmen, S. Demir, A. Hizal, et al. Frequency diverse array antenna with periodic time modulated pattern in range and angle [C]. *2007 IEEE Radar Conference*, 2007: 427-430.

[19] Wang W Q, Shao H. Range-angle localization of targets by double-pulse frequency diverse array radar [J]. *IEEE Journal of Selected Topics in Signal Processing*, 2014, 8(1): 106-114.

[20] Wang W Q. Subarray-based frequency diverse array radar for target range-angle estimation [J]. *IEEE Transactions on Aerospace and Electronic systems*, 2014, 50(4): 3057-3067.

[21] Qin S, Zhang Y D, Amin M G, et al. Frequency diverse coprime arrays with coprime frequency offsets for multitarget localization [J]. *IEEE Journal of Selected Topics in Signal Processing*, 2017, 11(2): 321-335.

[22] Liu Y, Ruan H, Wang L, et al. The random frequency diverse array: a new antenna structure for uncoupled direction-range indication in active sensing [J]. *IEEE Journal of Selected Topics in*

Signal Processing, 2017, 11(2): 295-308.

[23] Xiong J, Wang W Q, Gao K. FDA-MIMO radar range-angle estimation: CRLB, MSE and resolution analysis [J]. *IEEE Transactions on Aerospace and Electronic Systems*, 2017, pp(99): 1.

[24] Liu Y, Ruan H, Wang L, et al. The random frequency diverse array: a new antenna structure for uncoupled direction-range indication in active sensing [J]. *IEEE Journal of Selected Topics in Signal Processing*, 2017, 11(2): 295-308.

[25] Li J, Li H, Ouyang S. Identifying unambiguous frequency pattern for target localisation using frequency diverse array [J]. *Electronics Letters*, 2017, 53(19): 1331-1333.

[26] 陈小龙，关键，何友，等. 高分辨稀疏表示及其在雷达动目标检测中的应用[J]. 雷达学报，2017, (03): 239-251.

[27] 陈小龙，关键，于晓涵，等. 雷达动目标短时稀疏分数阶傅里叶变换域检测方法[J]. 电子学报，2017, (12): 3030-3036.

第9章 回顾与展望

9.1 内容回顾

    针对复杂探测环境和目标特性下雷达动目标检测技术面临的问题，本书在国家自然科学基金等项目的支持下，详细介绍了雷达目标检测稀疏理论及应用。在系统收集和整理国内外文献的基础上，结合团队近年来的研究成果及开展的大量探测实验和数据分析，形成了初步的稀疏域雷达目标检测理论方法，为开展该领域的工作提供了丰富的数学模型、分析结论和参考资料。本书利用动目标回波在分数域中的稀疏特性，结合稀疏表示技术和分数域处理方法的优势，分别从基于稀疏优化分解和基于 SFT 快速算法的角度，在稀疏分数阶表示域中实现雷达回波的高分辨率、低复杂度时频表示，并进行目标检测和运动参数估计，为长时间观测条件及杂波背景下的雷达动目标探测问题提供了新的技术途径。本书的主要思路及内容如图 9.1 所示。

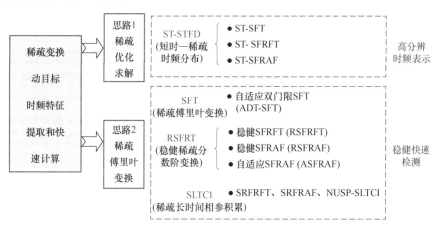

图 9.1 本书的主要思路及内容

本书的研究成果主要包括以下几个方面。

（1）结合分数阶变换方法和稀疏表示优化算法的优势，发展并建立了 ST-SFRRD 信号处理模型。在此基础上，提出了两种雷达动目标检测和分类方法，即 ST-SFRFT 和 ST-SFRAF 变换技术，通过加入滑动的短时窗函数，实现了时变信号的时间－稀疏域高分辨表示。

（2）为了提高稀疏分数阶表示的计算效率，提高算法对大数据量条件下机动信号的处理能力，介绍了基于 SFT 的 SFRRD 快速实现方法，分别提出了基于 SFT 的 SFRFT 和 SFRAF 动目标检测方法，描述了其定义和实现原理，给出了算法的检测流程，并从计算复杂度和多分量信号分辨能力等多个方面对算法性能进行了对比分析。

（3）针对传统基于 FFT 的子空间检测运算量大，SFT、RSFT 算法在低 SCR 下重构信号可靠性差，检测性能下降的问题，详细阐述了基于 ADT-SFT 的动目标检测方法。在 SFT 框架中加入两级自适应检测门限，首先在降采样 FFT 形成的各个频率通道中引入 CFAR 检测，抑制频域强杂波点对稀疏度及频点估值的影响；然后利用哈希逆映射得到的疑似目标多普勒频率构造子空间检测器，完成目标检测。相比于需要逐个搜索多普勒频率构建检测器的传统子空间检测算法，ADT-SFT 算法仅需对少量疑似目标多普勒频率进行搜索，进而构造子空间检测器，因此能够较大限度地降低计算复杂度，满足实际工程对运算量的需求，适合强杂波背景下的动目标检测。

（4）为进一步提升强杂波背景下的 SFRRD 动目标检测性能，详细介绍了两种杂波抑制和动目标检测方法。首先，将 ADT-SFT 算法扩展到分数域，提出了基于稳健 SFRFT（RSFRFT）的雷达动目标检测方法，提高了 SFRFT 算法的稳健性和低 SCNR 下动目标信号重构的可靠性；然后，将自适应滤波方法引入 SFRAF 域，提出了 SFRAF 域动目标自适应检测算法，在不需稀疏度先验信息的条件下，保留了信号能量，较大限度地抑制了杂波，实现了杂波背景下动目标的快速有效检测。

（5）针对机动小目标跨距离和多普勒单元导致时域和频域能量发散、LTCI 运算效率低、抗杂波和参数估计能力弱等问题，详细阐述了稀疏 LTCI（SLTCI）动目标检测方法。首先介绍了雷达长时间积累的概念和内涵，然后从参数搜索 LTCI 和非参数搜索 LTCI 两个角度，介绍了稀疏域 LTCI 动目标检测方法、LTCI 域动目标与杂波虚警点特征差异分类和杂波抑制技术。突破了 LTCI 高效计算方法、杂波背景下的快速稳健稀疏 Radon 变换方法设计及计算、长时间积累模式下的强杂波抑制及剔除等关键问题。基于海上动目标探测实验，针对加速或变加速海面动目标，验证了算法的有效性。

（6）将稀疏表示引入阵列雷达信号处理，建立了针对运动目标的频控阵 MIMO 雷达信号模型，构建空（方位）—距（距离）—频（多普勒）聚焦因子，充分利用频控阵 MIMO 雷达提供的发射波形自由度、阵元位置自由度、波束方位与距离相关性以及长驻留时间的特点，提出了基于稀疏表示的空距频聚焦（SRDF）和多维参数联合估计方法。仿真验证表明，SRDF 方法对杂波背景下运动目标检测和参数估计的性能均优于相控阵雷达级联处理模式（波束形成 + 脉压 + 频域处理）。

基于稀疏优化和稀疏分解的雷达动目标检测方法既有联系又有区别。联系在于均利用了动目标回波信号的稀疏特性，在稀疏域进行目标检测和参数估计；区别在于基于稀疏优化分解的 ST-SFRRD 方法结合了稀疏表示方法和分数阶变换方法的优势，且加入了滑动的时变窗函数，能够反映频率随时间的变化情况，相比传统时频分析具有抗杂波、无交叉项、高分辨等优点，但其优化分解过程较为复杂，且字典的设计需要先验信息。基于 SFT 的 SFRRD 运算效率高，适合长时间序列分析，但存在稳健性差、低 SCNR 检测性能下降的问题。通过改进，提出的 ADT-SFT 算法、RSFRFT 算法以及 SFRAF 域自适应检测方法均提高了基于 SFT 的 SFRRD 算法对杂波背景的适应能力。在实际工程中，可根据实际需求，如目标探测类型、雷达体制及观测时间和环境等，选择合适的目标检测方法，以发挥算法的性能，达到最优效果。

9.2　研究展望

稀疏表示域动目标检测方法结合了稀疏信号处理方法和传统信号处理方法的优势，在获得目标高分辨时频表示的同时，能够抑制杂波，改善信杂比，提高动目标检测和参数估计性能；此外，结合 SFT 快速算法可以有效提高运算效率，适合长时间序列的快速分析。尽管稀疏域雷达信号处理有了很大的发展，但随着雷达探测体制和技术的发展，仍有很多新问题有待进一步研究与探索。下面列举一些主要的研究方向。

9.2.1　稀疏表示与新体制雷达信号处理

ADT-SFT 算法、RSFRFT 算法和 SFRAF 域自适应检测算法增强了 SFRRD 方法对复杂背景的适应性，提高了其在低信杂/噪比条件下的稳健性和目标检测性能，但需要在较大数据量（通常大于 2^{10}）的前提下才具有明显的运算效率优势，更适合在具有长时间处理能力的雷达中应用[1-4]，如 MIMO 雷达[5]、外辐射源雷达[6]、泛探雷达[7]等。

正交频分复用（OFDM）波形外辐射源雷达是一种通过被动接收非协作方发射的 OFDM 波形信号来对目标进行跟踪或定位的双/多基地雷达。然而，该雷达的目标信息提取过程面临着弱目标被同时接收到的直达波和多径回波所淹没的问题。文献[8]在 OFDM 波形外辐射源雷达监测通道回波信号的距离－多普勒（R-D）域数据稀疏模型的基础上，将外辐射源雷达弱目标信息提取问题转化为外辐射源雷达 R-D 域数据的稀疏分量估计问题，利用杂波和目标 R-D 域数据稀疏特征的差异，提出了一种基于迭代收缩阈值算法（Iterative Shrinkage Threshold Algorithm，ISTA）的复数化深度展开网络（CV-ISTA）的外辐射源雷达弱目标信息提取方法，提升了弱目标检测能力。文献[9]将稀疏恢复技术引入机载雷达端射阵的空时自适应处理（Space-Time Adaptive Processing，STAP），提出了端射阵机载雷达稀疏恢复非平稳杂波抑制方法：首先，通过稀疏恢复理论建立杂波回波数据的欠定方程；接着，利用 FOCUSS 法迭代求解得到杂波的空时谱分布，并重构出每个距离单元的杂波协方差矩阵；然后，以最远可检测距离单元为参考单元对杂波数据进行补偿并进行目标约束；最后，利用补偿后的数据进行空时自适应处理。

稀疏在阵列雷达中的另一个应用是空域稀疏性，即稀疏阵列，降低阵元间的互耦效应、扩展阵列孔径和降低硬件成本，突破奈奎斯特采样率的稀疏结构阵列[10]。相比于传统阵列稀疏阵列，能够通过增大阵元间距提升虚拟自由度、抑制互耦和降低噪声相干性。同时，其低冗余特性也可减少资源浪费，进而提升运算速度。因此，将稀疏阵列与雷达结合起来，可以挖掘其分集特性和虚拟孔径扩展特性。文献[11]从介绍和探究主流稀疏多极化阵列结构优化的方式，介绍了其在稀疏多极化 MIMO 雷达、稀疏极化频控 FDA 雷达和稀疏极化 FDA-MIMO 雷达、稀疏多极化智能超表面等方面的应用。

9.2.2　稀疏表示与高分辨成像

稀疏微波成像系统在降低数据率、降低系统复杂度并提升系统成像性能等方面具有潜在的优势，是近年来微波成像领域的一个研究前沿与热点。稀疏微波成像是指将稀疏信号处理理论引入微波成像领域而形成的微波成像新理论、新体制和新方法，即通过寻找被观测对象的稀疏表征域，在空间、时间、频谱或极化域稀疏采样获取被观测对象的稀疏微波信号，经信号处理和信息提取，获取被观测对象的空间位置、散射特性和运动特性等几何与物理特征。中国科学院空天信息创新研究院吴一戎院士团队提出稀疏微波成像概念[12]，开展了以 SAR 应用为代表的稀疏微波成像原理、方法和实验，并在 3D-SAR 成像、宽角 SAR 成像、运动目标检测、图像增强等方面取得了成功应用。

由于合成孔径雷达检测的目标环境通常较复杂，接收平台的回波信号中不仅包括电磁波经过目标直接返回的回波，而且包括电磁波经过目标与环境背景（地面、海面等）多次反射的干扰回波（即"多径效应"），造成雷达图像中存在多径"鬼影"，引起雷达对目标识别、检测等性能的恶化。文献[13]提出了基于 SAR 参数化稀疏成像模型的延展目标多径抑制方法，在稀疏目标与环境背景产生多径效应的情况下，实现对直线形延展目标的高质量成像。该方法的核心是延展目标的多径观测模型和图像重构算法。延展目标的多径观测模型有效增强了 SAR 观测模型对点、线目标在不同回波路径下散射特征的描述能力；而图像重构算法将各条回波路径下的散射能量都集中到真实目标区域，能够极大地抑制目标与环境背景产生的多径鬼影，实现直线形延展目标的高质量成像。

阵列三维 SAR 在环境监测、安检以及基于微波成像的 RCS 测量中有着重要的应用价值。但是，基于匹配滤波的三维成像结果质量较差，难以满足实际应用中对图像质量的高要求。文献[14]分别针对传统三维稀疏成像算法结构损失导致运算时间较高、成像算法惩罚权重失衡导致成像精度有限等问题，开展了快速和高精度的三维稀疏成像算法研究，利用复值非凸惩罚项的近端算子对成像优化问题求解，获得了高精度的三维成像结果。

9.2.3 稀疏表示与深度学习

所提的基于稀疏优化分解的 ST-SFRRD 动目标检测方法，其优化分解过程较复杂，且字典的设计需要先验信息。在后续工作中，一方面，可开发低复杂度的分解算法，使其能应用在实际的雷达系统中；另一方面，可结合聚类分析思想，研究自适应过完备字典的构造算法，在分析大量同类雷达回波数据的基础上，通过深度学习方法，如深度置信网络（Deep Belief Networks，DBN）等，对观测数据进行学习，以获得自适应的过完备字典。作者团队基于 CNN 代替 FT 和 FRFT，用于信号频率信号和 LFM 信号的检测和估计[15]，预先训练的 CNN 模型可以建立各种单频信号或 LFM 信号与二维参数域之间的关系，实现 LFM 的参数自动估计。

近年来，深度神经网络技术在计算机视觉、机器翻译、推荐系统等领域中取得了突破性的进展。然而，巨大的内存消耗和计算成本阻碍了神经网络在移动端智能设备上的大规模部署与应用。因此，模型压缩技术应运而生，它通过压缩网络模型的参数量和计算量来提高模型在资源受限环境下的推理效率。模型稀疏近年来已被广泛研究，旨在通过减小模型运行时的内存和带宽占用来提高深度神经网络的推理效率。文献[16]提出了一种稀疏卷积神经网络加速器芯片的硬件架构，研究了用于稀疏矩阵运算加速、池化运算加速和激活函数运算加速的稀疏神经网络计算单元的硬件微架构，在此基础上研究了高效片上存储架构和存储模式，设计了模型的全局均匀非结构化稀疏训练和量化方法，并结合稀疏矩阵运算硬件加速技术保证了芯片的性能和效率。传统的卷积神经网络加速器及推理框架在资源约束的 FPGA 上部署模型时，往往面临设备种类繁多且资源极端受限、数据带宽利用不充分、算子操作类型复杂、难以适配且调度不合理等诸多挑战。文献[17]提出了一种面向嵌入式 FPGA 的卷积神经网络稀疏化加速框架，通过软/硬件协同设计方法，从硬件加速器与软件推理框架两个角度进行联合优化，实现了单周期多数据的传输，有效地减少了通信代价，显著降低了计算规模和 DSP 乘法器等资源占用。

9.2.4 稀疏表示与目标识别

目前，深度学习在 SAR 目标识别领域的应用研究已取得了标志性的成果，但其仅从数据中学习分类任务相关的语义信息，而缺乏对数据内在先验信息或物理知识的有效利用，极大地限制了其在实际应用中的鲁棒性和泛化能力。在深度网络模型中，融合或嵌入先验知识以引导模型进行特征学习和推理，不仅可以增强特征的表示能力，而且能使模型具有更好的可解释性。文献[18]基于特征数据的稀疏性，提出了一种稀疏先验引导 CNN 学习的 SAR 图像目标识别方法。该方法利用 CNN 提取 SAR 图像目标的高维语义特征，通过稀疏先验引导模块，利用特征的稀疏性，将目标特征映射到由字典张成的线性子空间中，并学习其内在的低维子空间结构，获取判别性的稀疏编码用于分类任务。海洋环境下的杂波较强，慢速微弱目标的多普勒频率往往会落入海杂波多普勒频宽，传统动目标检测方法难以检测出目标回波。为了解决此类问题，文献[19]以稀疏分解理论为基础，依据海杂波与目标在振荡属性和稀疏特性上的差异，首先利用可调 Q 因子的小波变换算法分别获得对应的自适应完备字典，接着运用形态成分分析算法得到对应的目标稀疏系数和杂波稀疏系数，然后将稀疏系数与各自的自适应字典相乘，得到目标分量与杂波分量。为了应对基于数字射频存储的各种欺骗干扰信号，文献[20]提出了一种基于稀疏表示分类的欺骗干扰识别算法：首先，通过小波包分解重构将信号划分为不同的频段；然后，对信号提取三阶累积量切片特征构造特征矩阵，并利用奇异值分解对特征进行降维，提取主要分量；最后，利用稀疏表示分类在不同频段上对信号进行分类识别，利用决策融合的方法对分类结果进行整合。经验证，该方法具有很好的抗噪性能，能够有效识别几种常见的欺骗干扰信号。

参 考 文 献

[1] Chen X L, Yu X H, Huang Y, et al. Adaptive clutter suppression, detection algorithm for radar maneuvering target with high-order motions via sparse fractional ambiguity function [J]. *IEEE Journal of Selected Topics in Applied Earth Observations, Remote Sensing*, 2020, 13: 1515-1526.

[2] 陈小龙, 黄勇, 关键, 等. MIMO 雷达微弱目标长时积累技术综述[J]. 信号处理, 2020, 36(12): 1947-1964.

[3] 陈小龙, 关键, 何友, 等. 高分辨稀疏表示及其在雷达动目标检测中的应用[J]. 雷达学报, 2017, 6(3): 239-251.

[4] 关键, 陈小龙, 于晓涵. 雷达高速高机动目标长时间相参积累检测方法[J]. 信号处理, 2017, 33(3A): 1-8.

[5] Chen X L, Chen B X, Guan J, et al. Space-range-Doppler focus-based low-observable moving target detection using frequency diverse array MIMO radar [J]. *IEEE Access*, 2018, 6: 43892-43904.

[6] 万显荣, 易建新, 占伟杰, 等. 基于多照射源的被动雷达研究进展与发展趋势[J]. 雷达学报, 2020, 9(6): 939-958.

[7] 郭瑞, 张月, 田彪, 等. 全息凝视雷达系统技术与发展应用综述[J]. 雷达学报, 2023, 12(2): 389-411.

[8] 陶平安. 基于稀疏特征学习的 OFDM 波形外辐射源雷达目标信息提取方法研究[D]. 南昌大学，2022.

[9] 侯铭，谢文冲. 端射阵机载雷达稀疏恢复非平稳杂波抑制方法[J]. 现代雷达，2023，45(2)：52-59.

[10] 刘永祥，师俊朋，黎湘. 稀疏阵列 MIMO 雷达参数估计研究进展[J]. 中国科学：信息科学，2022, 52: 1560-1576.

[11] 悦亚星，李天宇，周成伟，等. 稀疏多极化阵列设计研究进展与展望[J]. 雷达学报，2023，12(2): 312-331.

[12] 吴一戎，洪文，张冰尘. 稀疏微波成像导论[M]. 北京：科学出版社，2018.

[13] 袁跳跳，王岩，匡辉，等. 基于 SAR 参数化稀疏成像模型的延展目标多径抑制方法[J]. 信号处理，2011, 26(3): 300-307.

[14] Wang Y, He Z, Yang F, et al. 3D sparse SAR image reconstruction based on Cauchy penalty and convex optimization [J]. *Remote Sensing*, 2022, 14(10): 2308.

[15] Chen X, Jiang Q, Su N, et al. LFM Signal detection and estimation based on deep convolutional neural network [C]. *2019 Asia-Pacific Signal and Information Processing Association Annual Summit and Conference (APSIPA ASC)*, Lanzhou, China, 2019: 753-758.

[16] 伍元聪. 稀疏神经网络芯片设计关键技术研究[D]. 电子科技大学，2022.

[17] 谢坤鹏，仪德智，刘义情，等. SAF-CNN：面向嵌入式 FPGA 的卷积神经网络稀疏化加速框架[J]. 计算机研究与发展，2023, 60(5): 1053-1072.

[18] 康志强，张思乾，封斯嘉，等. 稀疏先验引导 CNN 学习的 SAR 图像目标识别方法[J]. 信号处理，2023, 39(4): 737-750.

[19] 黄瀚仪，胡仕友，郭胜龙，等. 基于稀疏分解的海面微动目标识别[J]. 系统工程与电子技术，2023, 45(4): 1016-1023.

[20] 周红平，马明辉，吴若无，等. 基于稀疏表示分类的雷达欺骗干扰识别方法[J]. 系统工程与电子技术，2022, 44(9): 2791-2799.

附录 A 雷达数据库与海杂波抑制

A.1 加拿大 IPIX 数据库

A.1.1 雷达探测环境

1993 年，加拿大麦克马斯特大学使用 IPIX（Intelligent pixel-processing）雷达在达特茅斯地区进行了一系列海杂波数据测量和采集实验，得到了大量海杂波和目标的标准实测数据。IPIX 雷达位于 OHGR，置于面向大西洋的悬崖边上，纬度/经度为 44°36.72′ N 和 63°25.41′ W，距平均海平面 100 英尺，面向大海的视野是 130°。图 A.1 中显示了 IPIX 雷达环境及位置。

图 A.1 IPIX 雷达环境及位置

A.1.2 雷达参数

雷达峰值功率为 8kW，天线直径为 2.4m，笔形波速宽度为 0.9°，天线增益为 44dB，旁瓣小于−30dB，瞬时动态范围大于 50dB。雷达带宽为 5MHz，对应的分辨率是 30m，PRF 为 1000Hz。雷达工作在驻留模式，每组数据采样时间是 131s，对应 131072 个点。数据文件命名格式：19931108_213827（年/月/日/时/分）；极化方式：HH/VV/HV/VH（可调）。IPIX 雷达的详细配置参数如表 A.1 所示。

表 A.1 IPIX 雷达的详细配置参数

雷达参数	数 值	雷达参数	数 值
发射频率/GHz	9.39	波束宽度/°	0.9
波长/m	0.032	天线副瓣/dB	< −30
脉冲长度/ns	200	天线转速/rpm	0～30
脉冲重频/Hz	1000	掠射角/°	0.305
天线高度/m	30	极化方式	HH/VV/HV/VH
天线增益/dB	45.7	距离分辨率/m	15

A.1.3 数据介绍

网站公开的 14 组数据均为 IPIX 雷达工作在驻留模式的实测数据，每组数据均有 14 个距离单元，每个距离单元含有 131072 个 I、Q 通道数据，其中目标距离单元表示目标所在的距离单元，合作目标为铁丝网包裹的直径为 1m 的泡沫球体；次目标距离单元表示受目标回波影响的距离单元，其他距离单元表示非目标距离单元。IPIX 数据的命名方式及介绍如表 A.2 所示。

表 A.2 IPIX 数据的命名方式及介绍

编 号	文 件 名	主目标单元	次目标单元
17	19931107_135603_starea.cdf	9	8：11
18	19931107_141630_starea.cdf	9	8：11
19	19931107_145028_starea.cdf	8	7：9
25	19931108_213827_starea.cdf	7	6：8
26	19931108_220902_starea.cdf	7	6：8
30	19931109_191449_starea.cdf	7	6：8
31	19931109_202217_starea.cdf	7	6：8
40	19931110_001635_starea.cdf	7	6：8
54	19931111_163625_starea.cdf	8	7：10
280	19931118_023604_stareC0000.cdf	8	7：10
283	19931118_035737_stareC0000.cdf	10	8：12
310	19931118_162155_stareC0000.cdf	7	6：9
311	19931118_162658_stareC0000.cdf	7	6：9
320	19931118_174259_stareC0000.cdf	7	6：9

A.2 南非 CSIR 数据库

为了进一步分析海杂波数据特性，弥补 IPIX 雷达数据的不足，南非科学与工业研究理事会（CSIR）的国防和安全部门分别于 2006 年和 2007 年在南非的比勒陀利亚进行了两次系统完善的雷达数据采集实验，并于 2007 年和 2009 年公布了所获得的数据。由于采集了大量的海杂波和不同类型目标的雷达数据，对雷达系统的开发、目标检测和跟踪算法的研究具有非常重要的学术价值。

CSIR 雷达部署在奥弗山测试范围（Overberg Test Range，OTB）的 3 号测量站（MS3）上，位置分别为南纬 34°36′56.52″和东经 20°17′17.46″。部署现场的平面图如图 A.2(a)所示，实验架设位置如图 A.2(b)所示。Fynmeet 动态雷达横截面积（RCS）测量设备由 CSIR 开发，并由 CSIR、南非军备公司（ARMSCOR）和南非空军（SAAF）共同拥有。本质上讲，它是经过校准的相干 RCS 测量设备，工作频率为 6.5～17.5GHz。

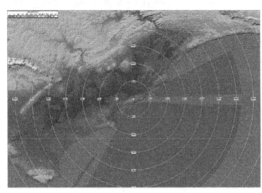 

(a) 部署现场平面图　　　　　　　　　　　(b) 2006年实验架设位置（OTB）

图 A.2　CSIR 雷达环境及位置

在实验期间布置了以下外围记录设备：两个气象站分别以 15min 和 1h 的间隔记录环境状况，定向记录波浪浮标以 30min 为间隔记录重要的波浪高度、最大波浪高度、波浪方向和波浪周期。实验期间，4 天采用 3 艘合作船只，分别为 WaveRider 刚性充气船（RIB）、Machann 快艇和 Timothy 渔船，如图 A.3 所示，用来记录回波数据等测量结果。测量实验定义了一系列海杂波和回波数据测量，包括在不同发射频率下针对不同波形、方位角和范围的测量。该测量实验采用的原理是，只要环境条件发生显著变化，就会重复进行这组测量。实际上，这组测量每天重复一次。在计划阶段，整个测量过程需要 6.5～7.0h。因此，实验定义了测量的子集（例如仅在单个频率、单个方位角的情况下），仅需要较少的时间来完成。最小的测量子集需要 2h 完成。

实验对海杂波成功记录并预处理了 156 个测量数据集，总计超过 160min。此外，记录了 113 个目标回波测量数据集（127min），使实验过程中记录的数据集总数达到 269 个，总记录时间为 289min。大多数数据集都记录了固定频率的波形。

在子集中，大多数数据集在 9GHz 和 6.9GHz 的发送（Tx）频率下以 15m 的分辨率记录。由于实验期间经历的平均风速较高，因此大多数数据集都是以 165°N 的天线方位角记录的。只要有可能，就在不同的方位角（通常以 15°的间隔）进行测量。定期记录了其他频率（8GHz 和 10.3GHz）及其他波形的测量结果，从而可以研究不同波形和 Tx 频率的海浪杂波与船回波特性之间的相关性。

(a) WaveRider刚性充气船（RIB）　　　　　　　(b) Machann快艇

(c) Timothy渔船

图 A.3　CSIR 数据实验合作船只

A.3　海军航空大学导航雷达数据库

针对雷达海上目标探测技术研发和验证对实测数据的迫切需求，作者所在团队在国内率先提出"雷达对海探测数据共享计划"（Sea-Detecting Radar Data-Sharing Program，SDRDSP），旨在利用 X 波段固态全相参雷达等多型雷达开展海上目标探测实验，获取不同海况、分辨率、擦地角条件下海杂波数据和海上目标回波数据，并同步获取海洋气象水文数据、目标位置与轨迹的真实数据，形成信息全记录的雷达实验数据集。截至 2023 年 6 月，《雷达学报》的"雷达对海探测数据共享计划"已发布雷达对海探测数据 6 期，数据发布页面和实验地点如图 A.4 和图 A.5 所示。雷达主要采用固态导航雷达（见图 A.6），采集有雷达凝视、扫描两种模式的双极化海杂波与目标回波数据，采集的典型海上目标为海上浮漂及金属球和渔船（见图 A.7），已共享的以探测数据如表 A.3 所示。

图 A.4 《雷达学报》的数据发布页面

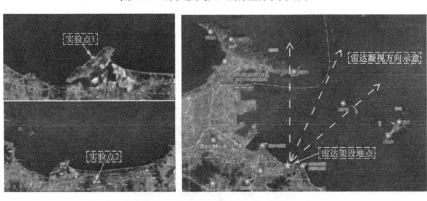

图 A.5 雷达数据采集不同的实验地点

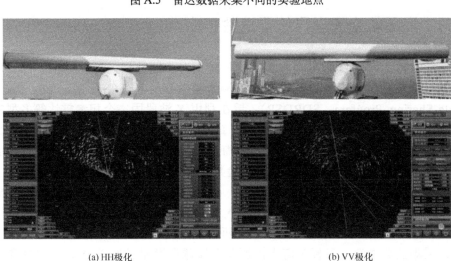

(a) HH极化 　　　　　　　　　　　　　　　　(b) VV极化

图 A.6 固态相参导航雷达

(a) 海上浮漂   (b) 金属球和渔船

图 A.7 采集的典型海上目标

表 A.3 已共享的雷达对海探测数据

年 期	极化方式	数 据 简 介
2019 年第 1 期	HH	3 组数据，主要为扫描和凝视观测模式下的海杂波数据，目标为海面非合作目标
2020 年第 1 期	HH	2 组数据，主要为凝视观测模式下的海杂波数据、海杂波 + 目标数据，目标为锚泊船只和航道浮标
2020 年第 2 期	HH	2 组数据，为海面动目标跟踪实验数据，目标为海面合作目标（小型快艇）
2020 年第 3 期	HH	1 组数据，为雷达目标 RCS 定标实验数据，目标为 RCS 为 $0.25m^2$ 不锈钢球，由渔船拖动或漂浮
2021 年第 1 期	HH	5 组数据，为云雨气象条件下的雷达不同转速扫描实验数据，海面无合作目标
2022 年第 1 期	HH、VV	142 组实测数据（HH 极化和 VV 极化数据各 71 组）双极化、多海况海杂波和目标数据

A.4 稀疏域雷达海杂波抑制与目标检测

在稀疏域雷达目标检测理论研究的基础上，作者团队开发了"稀疏域雷达海杂波抑制与目标检测"软件，其界面如图 A.8 所示。该软件可利用动目标雷达回波在分数域的稀疏特性，结合稀疏表示技术和分数域处理方法的优势，分别从基于稀疏优化分解和基于 SFT 快速算法的角度，在稀疏分数阶表示域中实现雷达回波的高分辨、低复杂度时频表示，设计稀疏域杂波抑制方法，并进行目标检测和运动参数估计。

"稀疏域雷达海杂波抑制与目标检测"软件利用 MATLAB 软件来运行，具体的操作步骤如下。

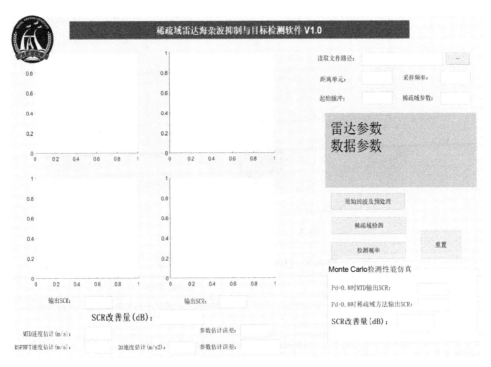

图 A.8 "稀疏域雷达海杂波抑制与目标检测"软件界面

（1）打开"稀疏域雷达海杂波抑制与目标检测"软件。

（2）单击"读取文件路径"按钮，选择待处理的数据，显示出待处理的数据并选择。

（3）单击"原始回波及预处理"按钮，显示参数预设值［采样频率、起始脉冲、SCR（dB）］，图形显示数据的距离－脉冲二维图、距离－多普勒二维图，观察并分析。

（4）输入"距离单元"数据，输入"稀疏域参数 1"数据，单击"稀疏域方法 1（匀速运动目标）"按钮，图形分别显示目标的频谱、稀疏傅里叶变换（SFT）、自适应双门限 SFT（ADT-SFT）结果，观察并分析。

（5）输入"稀疏域参数 2"数据，单击"稀疏域方法 2（动目标）"按钮，图形分别显示目标的频谱、稀疏分数阶傅里叶变换（SFRFT）、稳健 SFRFT（RSFRFT）结果，观察并分析。典型 X 波段对海雷达探测数据中的动目标检测结果如图 A.9 所示。

（6）单击"检测概率"按钮，图形显示不同方法（MTD 方法、稀疏域方法 1、稀疏域方法 2）的检测概率曲线，通过曲线分别得出检测概率为 90% 时所提方法与传统方法（MTD）的 SCR 改善量，如图 A.10 所示。

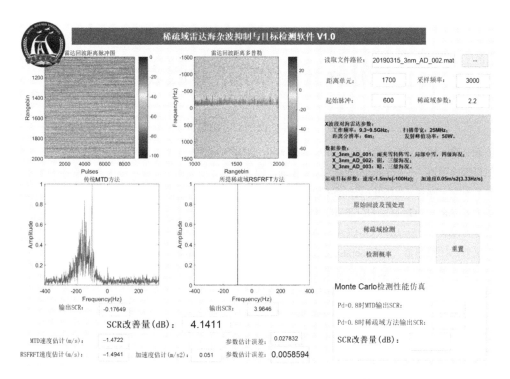

图 A.9　典型 X 波段对海雷达探测数据中的动目标检测结果

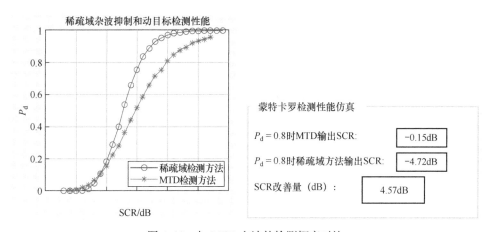

图 A.10　与 MTD 方法的检测概率对比

附录 B 缩略语对照表

信杂（噪）比　　Signal to Clutter/Noise Ratio，SCR/SNR
恒虚警检测器　　Constant False Alarm Rate，CFAR
单元平均 CFAR　　Cell Average-CFAR，CA-CFAR
选大 CFAR　　Greatest Of-CFAR，GO-CFAR
选小 CFAR　　Smallest Of-CFAR，SO-CFAR
广义似然比检测器　　Generalized Likelihood Ratio Test，GLRT
自适应匹配滤波　　Adaptive Matched Filter，AMF
动目标显示　　Moving Target Indication，MTI
动目标检测　　Moving Target Detection，MTD
傅里叶变换　　Fourier Transform，FT
频率调制　　Frequency Modulation，FM
短时 FT　　Short-Time FT，STFT
小波变换　　Wavelet Transform，WT
快速 FT　　Fast FT，FFT
时频分布　　Time-Frequency Distribution，TFD
Wigner-Vill 分布　　Wigner-Vill Distribution，WVD
平滑伪 WVD　　Smoothed Pseudo WVD，SPWVD
分数阶傅里叶变换　　FRactional FT，FRFT
线性调频　　Linear FM，LFM
雷达视线距离　　Radar Line Of Sight，RLOS
短时 FRFT　　Short-Time FRFT，STFRFT
距离徙动　　Range Cell Migration，RCM
多普勒徙动　　Doppler Frequency Migration，DFM
Keystone 变换　　Keystone Transform，KT
Radon 线性正则变换　　Radon Linear Canonical Transform，RLCT
广义 RFT　　Generalized RFT，GRFT
相邻互相关函数　　Adjacent Cross Correlation Function，ACCF
Radon 线性正则模糊函数　　Radon Linear Canonical Ambiguity Function，RLCAF
离散多项式相位变换　　Discrete Polynomial-Phase Transform，DPPT
压缩感知　　Compressive Sensing，CS
有限等距约束　　Restricted Isometry Property，RIP

基追踪　　Basis Pursuit，BP

基追踪降噪　　Basis Pursuit DeNoising，BPDN

谱投影梯度法　　Spectral Projected Gradient，SPG

线性表示方法　　Linear Representation Methods，LRM

离散 WT　　Discrete WT，DWT

离散余弦变换　　Discrete Cosine Transform，DCT

离散 FRFT　　Discrete FRFT，DFRFT

匹配追踪　　Matching Pursuit，MP

波达方向　　Direction Of Arrival，DOA

雷达散射截面积　　Radar Cross Section，RCS

脉冲重复频率　　Pulse Repetition Frequency，PRF

稀疏时频分布　　Sparse Time-Frequency Distribution，STFD

稀疏傅里叶变换　　Sparse FT，SFT

稀疏分数傅里叶变换　　Sparse FRFT，SFRFT

稀疏分数模糊函数　　Sparse FRAF，SFRAF

稀疏分数阶表示域　　Sparse Fractional RepResentation Domain，SFRRD

短时 STFD　　Short Time STFD，ST-STFD

正交匹配跟踪算法　　Orthogonal Matching Pursuit，OMP

正则化正交匹配跟踪　　Regularized Orthogonal Matching Pursuit，ROMP

压缩采样匹配跟踪　　Compressive sampling Matching Pursuit，CosaMP

高阶模糊函数　　High-order Ambiguity Function，HAF

多项式傅里叶变换　　Polynomial FT，PFT

多项式相位变换　　Polynomial Phase Transform，PPT

二次调频　　Quadratic FM，QFM

科学与工业研究中心　　Centre of Scientific and Industrial Research，CSIR

充气橡皮艇　　Rigid Inflatable Boat，RIB

全球定位系统　　Global Position System，GPS

分数阶模糊函数　　FRactional Ambiguity Function，FRAF

稀疏成分分析　　Sparse Component Analysis，SCA

形态成分分析　　Morphological Component Analysis，MCA

基追踪降噪法　　Basis Pursuit DeNoising，BPDN

自适应双门限 SFT　　Adaptive Dual-Threshold SFT，ADT-SFT

脉冲重复周期　　Pulse Repetition Period，PRP

杂噪比　　Clutter-to-Noise Ratio，CNR

自适应匹配滤波　　Adaptive Matched Filter，AMF

自适应 MTI　　Adaptive MTI，AMTI

稳健 SFRFT　　Robust SFRFT，RSFRFT

最小均方　　　Least Mean Square，LMS

均方误差　　　Mean Square Error，MSE

自相关函数　　　Auto Correlation Function，ACF

长时间相参积累　　　Long-Time Coherent Integration，LTCI

检测前跟踪　　　Track Before Detection，TBD

先检测后跟踪　　　Detection Before Track，DBT

相参处理间隔　　　Coherent Processing Interval，CPI

三次相位信号　　　Cubic Phase Signal，CPS

一阶距离徙动　　　First-order Range Migration，FRM

二阶距离徙动　　　Second-order Range Migration，SRM

三阶距离徙动　　　Third-order Range Migration，TRM

Keystone 变换　　　Keystone Transform，KT

Radon-FRFT　　　Radon-FRFT，RFRFT

Radon-FRAF　　　Radon-FRAF，RFRAF

Radon-Lv 分布　　　Radon Lv's Distribution，RLVD

Radon 多项式 FT　　　Radon-Polynomial FT，RPFT

相位差分 Radon-Lv 分布　　　Phase Differentiation and RLVD，PD-RLVD

Radon-瞬时自相关函数　　　Radon Instantaneous Auto-correlation Function，RIAF

非均匀采样尺度变换　　　Non-Uniform resampling and Scale Processing，NUSP

时间反转二阶 Keystone 变换　　　Time Reversal Second-order Keystone Transform，TR-SKT

二阶匹配傅里叶变换　　　Second Order Matched Transform，SOMT

迭代收缩阈值算法　　　Iterative Shrinkage Threshold Algorithm，ISTA

空距频聚焦处理　　　Space-Range-Doppler Focus，SRDF

空时自适应处理　　　Space-Time Adaptive Processing，STAP

频率分集阵列　　　Frequency Diverse Array，FDA

深度置信网络　　　Deep Belief Networks，DBN